JN165478

# 第1部　自然界に生きる植物

## 第1章　琉球弧の地形 ―現在の地形形成環境と地形形成プロセス―

南西諸島の複雑な地形・地史は、豊かな植物多様性の一因となっているが、最近の研究進展を踏まえて、専門外の研究者や一般市民に誤解されやすい点を中心に解説する。

①沖縄島南部に形成された裾礁タイプのサンゴ礁。陸側から小規模な礁池、礁原、礁縁と続き、礁縁の高まりでは白波が砕け散っている

②西表島の岩盤河川流域の風化速度が大きく、河床を削る力を持つ粗粒の礫がほとんどないため、岩盤が露出する河川になる

③宮古島の砂丘。風の作用で生物起源の白砂による高まりが形成されている

④喜界島の隆起サンゴ礁段丘。約10万年で200m以上も隆起したとされる。遠方には現在形成されているサンゴ礁もみえる

⑤「隆起準平原」とされてきた奄美大島の地形。デービス理論に基づかない地形学的な再研究が必要

⑥沖縄島中部の丘陵地形。泥岩が乾湿風化を受けて細かく破砕された粘土分の多い土壌が、繰り返し地すべりを発生させている。平坦面は琉球石灰岩の段丘である

⑦西表島の山地地形。新しい地質時代の砂岩であるが、風化・侵食速度が大きいために起伏の大きい地形が形成されている

⑧奄美大島の山地地形。千枚岩や粘板岩は風化に対する抵抗性が低く、降雨の多さと相まって頻繁に表層崩壊が発生し、速やかに侵食されている。侵食された谷が後氷期の海面上昇により溺れリアス海岸をつくる

⑨本部半島の山地地形。海洋プレート層序の地層・岩石が、それぞれの風化抵抗性に応じて複雑な地形を形成している

⑩本部半島のカルスト地形。円錐カルストとされるが、気候条件によって制約された「熱帯地形」とみなすだけの根拠は乏しい

⑪秋吉台の塊状石灰岩。強固なブロック状をなすため物理的な破砕は受けにくく、主に化学的な溶解によって地形が形成される

⑫本部半島の層状石灰岩。層理面に沿って物理的に破砕されやすいため、物理的・化学的風化の組み合わせで地形が形成される

## 第2章 南西諸島における島嶼間の植物相比較

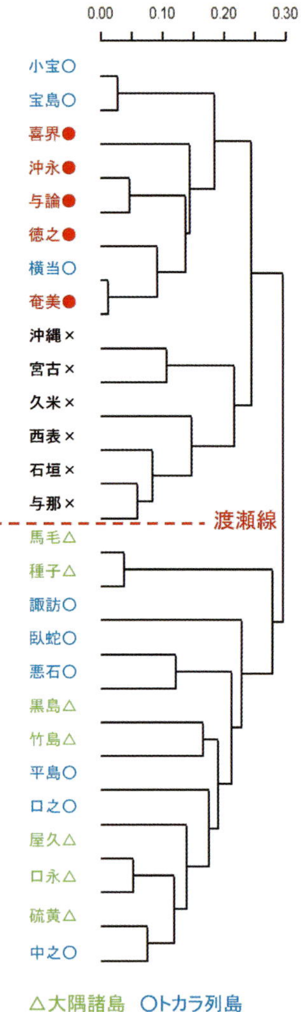


奄美大島の1534種など南西諸島の各島に分布する合計3328種の組成を比較した。人間活動・火山活動が少なく大面積の島で種数が多くなった。各島の自生植物相をクラスター分析で比較すると、図のように渡瀬線の北側と南側の島に分かれ、渡瀬線が重要な分布境界になっていた。ただし外来種を含めると若干不規則な分布となった

## 第3章 奄美大島と徳之島の山地照葉樹林

奄美大島・徳之島は、渡瀬線以南の南西諸島の非石灰岩地の自然林を一通り有し、亜熱帯から暖温帯にまたがる植生の垂直分布が顕著に見られる点でユニークである。

オキナワウラジロガシ（左）とウラジロガシ（右）の鹿児島大学博物館標本。右の鋸歯が鋭いことでも区別できるが、左の枝が黒っぽいのに対し、右の枝は白っぽいのがよい区別点

## 第4章 奄美大島の海岸の植生

砂浜や崖など地形に応じて多様な植物が生息していた。

①砂丘に多いグンバイヒルガオ（伊須）

②岩場に生育するオキナワギク（ホノホシ海岸）

## 第5章 九州島南部と薩南諸島の外来植物事情

鹿児島県外来種リストには約500種の外来植物が載っているが、さらに増加が見込まれる。

①モクマオウを這い登るオウゴンカズラ

②新たに確認されたキンチャクソウの1種 *Calceolaria mexicana*

③各地に拡がるショウジョウソウ

## 第6章　奄美大島の河川に生育する外来種

上流部には固有種が多い奄美の河川でも、下流部には多種の外来種が侵入している。

①住用川での調査

②住用川砂礫堆上での植生調査

③大川の河畔植生

④オオサクラタデの群落

⑤ナピアグラス（住用川）

⑥セイヨウミズユキノシタ（住用川）

⑦水面を埋め尽くすオオフサモ群落（小宿川）

⑧オオフサモ（左）とキクモ（右）

⑨沈水形のキクモ（手前）と、空中に伸びたオオフサモ（奥）

⑩外来種の多い水際の植物群落。キクモとともに、外来種のオオフサモ、セイヨウミズユキノシタ、オランダガラシも生育

## 第7章　薩南諸島にある植物関連の天然記念物

薩南諸島には植物関連の天然記念物が9件存在する。

①屋久島山頂部のヤクシマシャクナゲ

②奄美大島湯湾岳山頂部の植生

③奄美大島大和浜の樹高30mに達するオキナワウラジロガシ林

④屋久島一湊川のヤクシマカワゴロモの花

⑤薩摩黒島のシイ林の林床に自生するハラン群落

⑥宝島女神山の森林植生。山頂部は帽子をかぶせたようにウバメガシが覆う

⑦徳之島明眼の森の林内。石灰岩の岩壁が多く風葬地としても利用された

⑧喜界島荒木浜。隆起サンゴ礁の渚から内陸の海岸林まで植生が連続

⑨種子島阿嶽川の背の低いメヒルギ群落

## 第8章　奄美の植物研究、80年

奄美に生まれ育ち、植物の研究を続け、以下の植物のほか、多くの新種・新産地を発見した。

カミガモソウ

カケロマカンアオイ

ユワンオニドコロ

## 第9章　世界自然遺産地域の価値とその保全 ―小笠原諸島から学ぶ―

小笠原諸島の遺産価値を保全するための最大の課題は、外来種対策である。

①首都大学東京小笠原研究施設（父島）

②広域分布種オオハマボウ（左）と固有種モンテンボク（右）（撮影：加藤英寿）。左の種子は海流で散布されるが右の種子はされない

③オガサワラゼミを捕食するグリーンアノール（撮影：苅部治紀）

④乾性低木林（兄島）

⑤ムニンヒメツバキに設置されたグリーンアノールを捕獲するための粘着トラップ（兄島）

⑥外来種のノヤギの影響により枯死した固有種オガサワラビロウ（媒島）

⑦ノヤギの駆除後広がった外来種ギンネム（媒島）

# 第2部　人に利用される植物

## 第10章　奄美諸島先史時代の植物食利用

貝塚時代にはシイやタブノキなど野生植物の実を利用し、8〜12世紀からイネ、ムギ、アワ等を栽培するようになった。

①炭化種実のフローテーション法回収装置

②遺跡のサンプル土壌を装置に入れる

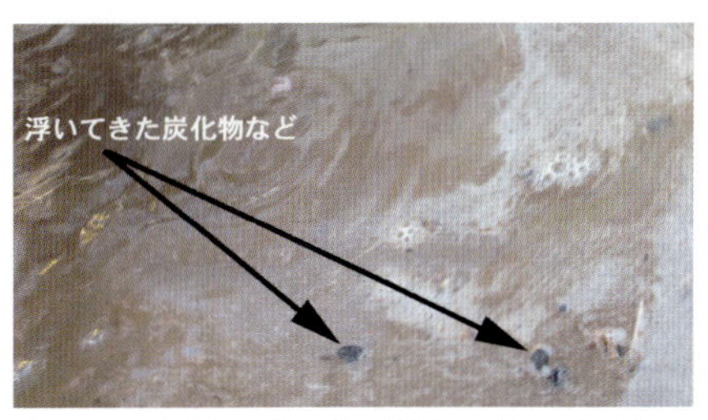


③浮上した炭化物は上図①の篩（ふるい）で回収される

④回収された炭化種子。左からシイ、イネ、コムギ、オオムギ

## 第11章　冬作と夏作 ―奄美群島の雑穀の系譜―

奄美群島では雑穀のアワ、キビ、モロコシの3種が栽培され、喜界島など石灰岩台地の島で1960年代までアワが普通にあった。栽培期が九州で夏作、沖縄では冬作晩生、トカラでは冬作早生だが、出穂特性も各地で異なっていた。

波照間島で栽培されていた雑穀。左からアワ、キビ、モロコシ

## 第12章　奄美群島の里山と植物利用

かつて、里の植物は様々な用途に利用された。

①ソテツ。防風、食用、田に入れる緑肥

②アダン。実は食用、枯葉は薪とした

③ルリハコベ。魚毒として利用

## 第13章　植物繊維を織る —奄美群島の染織文化—

植物から繊維をとりだし、糸を績み、布を織る人びと。その生活実践について、芭蕉布、葛布、芙蓉布を例に紹介する。

①
海岸と幹線道路の間のリュウキュウイトバショウ群落（宇検村）

②
道路脇のリュウキュウイトバショウ（宇検村）

③
リュウキュウイトバショウの偽茎断面（奄美市）

④
林間の開けた場所に生育するクズ（薩摩川内市上甑町）

⑤
サキシマフヨウの開花（薩摩川内市下甑町）

⑥
耕地脇に生育するサキシマフヨウ（薩摩川内市里町）

## 第14章　サトウキビの伝来と種の融合

サトウキビには様々な種があり、奄美群島には17世紀までに伝来した。

①
ススキの如く繁茂する *Saccharumspontaneum*（インド北部）

②
*S. officinarum*
*S. barberi*
S. sinense

③
路傍の *S. spontaneum*

④
琉球産物誌による「荻蔗」（左）および「崑崙蔗」（右）

## 第15章　薬としての唐辛子

奄美群島にはトウガラシ以外にキダチトウガラシもあり、2種が香辛料や野菜としてだけではなく、薬としても利用されている。

①島トウガラシ（アーグシュ）として販売されている小型果実のトウガラシ（与論島）

②魚の内臓の塩辛であるワタガラシに添えられたキダチトウガラシの果実（与論島）

## 第16章　薩南諸島のイモ類 ―ヤムイモとタロイモ―

薩南諸島では昔からヤムイモ（ヤマノイモの仲間）とタロイモ（サトイモの仲間）が利用されてきた。ヤムイモ類ではダイショ、タロイモ類では湿地に植えるタイモが良く栽培される。

①ダイショのくさび型をした葉

②ダイショの茎断面は四角形で、丸いヤマノイモと区別できる

③湛水状態で栽培されるタイモ

④植え付け前のタイモの苗

## 第17章　薩南諸島のカンキツ

自生種のシィクワーサー、外来種のクネンボやダイダイ等、それらから発生した種々の偶発実生由来種が在来カンキツとして薩南諸島に残っている。

①シィクワーサー

②クネンボ

③黒島ミカン（島ミカン）

④喜界ミカン（カーブチー）

⑤ケラジミカン

⑥シークー

⑦垂水1号（タンカン）

⑧カンキツグリーニング病で枯死したカンキツ樹（与論島）

⑨在来カンキツを用いた加工品（喜界島）

## 第18章　人による植物の利用 ―熱帯果樹―

亜熱帯気候の奄美群島には、多くの熱帯・亜熱帯果樹が導入され、栽培されている。

①奄美大島におけるマンゴー栽培（奄美市）

②パッションフルーツの果実と花

③奄美大島におけるパッションフルーツ栽培（奄美市）

④奄美大島におけるバナナ栽培と市場出荷風景（奄美市）

⑤奄美群島におけるパパイヤ栽培（徳之島町、右は野菜用パパイヤ、樋口真一氏提供）

⑥奄美大島におけるドラゴンフルーツ（ピタヤ）のポット栽培（奄美市）

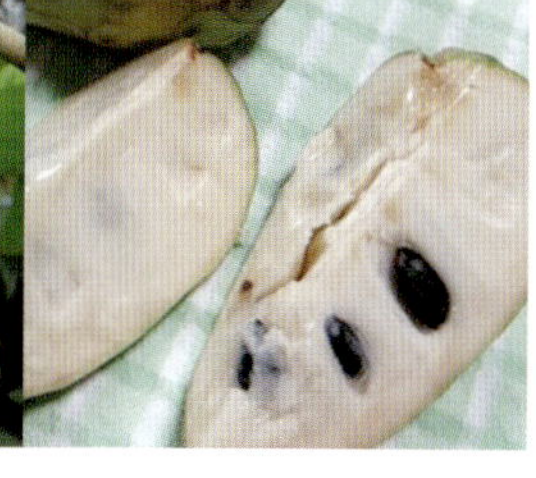

⑦奄美群島におけるアテモヤ栽培（与論町）

⑧
奄美群島におけるパイナップル栽培（徳之島）

⑨
グアバの結実状況と果実

⑩
奄美大島におけるアボカドの試作（奄美市）

⑪
奄美大島におけるスモモ（ガラリ）の栽培（大和村）

## 第19章 「生物多様性保全」を地方再生戦略に活かす

将来の生物多様性保全には、自然環境の位置情報を精度よく把握できるGIS（地理空間情報）の活用が重要になってくる。

①チューリッヒ（スイス）での生物多様性エクスカーション

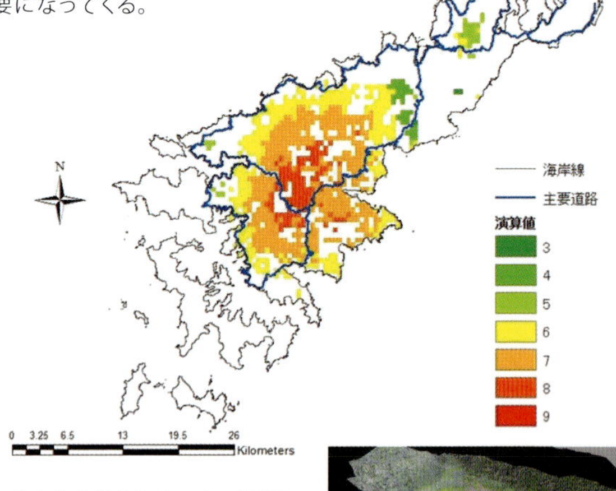


③生物多様性保全の高い地域と判断されたゾーニング図

②徳之島でのサトウキビ農薬散布用ドローン

④ドローンによる呑之浦マングローブ林の合成画像

# 奄美群島の
# 野生植物と栽培植物

鹿児島大学生物多様性研究会 編

南方新社

# はじめに

この本を手に取ってみようと思われた方の多くがご存知のように、奄美群島は2017年3月に国立公園となった。さらに2018年の世界自然遺産登録に向けて審査が進んでいる。国立公園や世界自然遺産に値するものとしては、アマミノクロウサギに代表される固有動物も重要であるが、動物は植物が作る森や草原の中で生きている。また植物からなる照葉樹林などの植生そのものが、自然遺産などにふさわしい価値を持っている。そのように奄美群島において植物は貴重な存在であり、鹿児島大学生物多様性研究会では同地域にみられる植物に関する今までの研究を本書にまとめることにした。同研究会では奄美群島の生物に関した本を年に1冊出版することにしているが、今回で3冊目となった。1冊目は生物全般、2冊目は動物、特に外来生物について取り上げた。今回は植物に関するトピックスについて19章に分けて紹介する。国立公園や世界自然遺産にとって、自然環境に生育する植物が第一に問題となる。しかし、狭い奄美群島では古くから人間が生活してきた。人間と植物は互いに影響し合いながら現在の自然が成立してきたし、今後も共存していかなければならない。そこで本書では2部構成とし、第1部の9章では自然界に生きる植物、第2部の10章では人に利用される植物について取り上げる。

第1部の内容の概略を述べると、まずは尾方と井村が第1章で野生植物が生育する環境としての琉球列島の地形・地史について説明する。琉球列島は複雑な地史を持っており、それが野生植物の分布に大きな影響を与えているからである。複雑なだけに不明なこと以前の仮説が否定されていることもあり、最近の研究進展を踏まえて専門外の研究者や一般市民に誤解されやすい点を中心に解説する。第2章では鈴木と宮本が、琉球列島に分布する植物相についての解析を示した。分布する種数が正確にはわかっていない島もまだあるが、最新のデータによる合計3110種に及ぶ自生植物種について島間で類似性を比較すると、動物相に基づく生物地理学的区分である渡瀬線で大きく2分される。第3章では相場が奄美大島と徳之島の山地林植生について述べているが、渡瀬線以南で台湾までの非火山性高島の中で標高600 m以上の山はここにしかなく、亜熱帯から暖温帯への変化が顕著に見られる点でユニークである。第4章では鈴木が奄美大島の海岸植生について説明する。海流散布によって熱帯からやってきた植物が多いが、海岸地形と関連して多様な植生がみられる。第5章では宮本と丸野が、移入植物について何処からどのようにして渡来したかを解析している。「鹿児島県外来種リスト」には約500種が挙げられ、実際にはそれ以上存在し今後も増加するだろうとしている。第6章では川西が、河川沿いに分布する植物でも上流部には固有種が多いのに、下流部には外来種が多数侵入している現状を報告している。第7章では、薩南諸島には植物の国指定天然記念物が9件もあるが、その指定に深く関わってきた寺田がそれぞれについて解説した。第8章では、話の内容を変えて、奄美大島で長年植物を研究してきた田畑が、子供の頃からの植物との付き合い、島外からやってきた植物研究者との数多くの共同研究について述べていて、戦後の奄美群島の植物研究史が見えてくる。奄美群島地域では世界自然遺産指定を目指すが、それに関連した保全上の課題を考えるための一助として、第9章では小笠原諸島の研究を長年続け同地域の自然遺産指定にも尽力してきた首都大の可知が、自然遺産地域保全の問題点について報告した。

第2部は、人間の生活と関わりの深い農作物を中心に解説する。まずは、文書の記録がない先史時代の植物利用について、高宮が第10章で報告している。遺跡の発掘物の研究から、先史時代にはスダジイやタブの実が重要な食物であったこと、8～12世紀からイネ、ムギ、アワ等を栽培するようになったことなどがわかってきている。第11章の竹井によれば、最近はほとんど利用されなくなってきたが、いわゆる雑穀と呼ばれるヒエやキビの仲間もかつては盛んに栽培されており、またそれらの生理特性が九州の品種と異なるという。第12章では、農地のほとんどでサトウキビなど市場作物を栽培するようになる以前の自給自足的生活をしていた頃には、里山で多くの野生植物が燃料、肥料、魚毒などに利用されてきたことを、盛口が報告している。落合による第13章でも、かつての自給自足的生活の中でバショウ類、クズ、サキシマフヨウなどから繊維を紡ぎ、織物とした歴史が述べられている。現在、奄美群島の農作物として最も作付面積が広いサトウキビは外来植物であるが、様々な品種があり、少なくとも17世紀には導入されてきていることを、寺内が第14章で世界のサトウキビの歴史と関連付けて説明している。サトウキビの原産地がニューギニア付近であるのに対して中南米原産のトウガラシは、2種類がもとになっている様々な品種が奄美群島に入ってきており、香辛料、薬用として利用されていることを第15章で山本宗立が報告している。日本のヤマイモを含むヤムイモやサトイモを含むタロイモ類も、多くの品種が奄美群島に導入され伝統的な行事にも利用されてきたが、さらに紫色の品種は食品加工の色素素材として今後の利用に期待が持てると、第16章で遠城が述べている。第17章では山本雅史が、奄美群島はカンキツ類の貴重な遺伝子資源の宝庫になっていると述べている。カンキツ（ミカン）類は基本的にインドのアッサムから中国の雲南地方を起源とする外来種で古事記の時代から日本に導入され、奄美群島には多くの古い品種が残っている。さらに数少ない日本の自生種のシィクワーサーも奄美には分布し、互いに交配し複雑な品種群を作っている。亜熱帯気候にある奄美群島の特性を生かして近年マンゴー、パパイヤなどの熱帯果樹の導入が盛んに行われている状況を、第18章で冨永が報告している。第19章では最近利用が活発化してきたGIS（地理情報システム）やドローンを使った植生把握や、GISによる位置情報を含んだ自然環境の高精度の把握と、それを活用した生物多様性保全の将来について、平が展望している。

以上19章の奄美群島の植物に関する最近の研究に基づいた報告が、この地域の植物についてより深く知っていただく機会となれば幸いである。なお本書の研究の多くは鹿児島大学が進めている「薩南諸島の生物多様性とその保全に関する教育研究拠点整備」、科研費（基盤A　26241027）などの予算によって行われた。また国、県、関係市町村の担当者、各種事業者、民間団体や研究家などの多くの皆様のご協力によって、ここに述べた研究がなされたことを記して感謝したい。

2018年3月

鹿児島大学生物多様性研究会
編集者　鈴木英治・宮本旬子・山本雅史

# 目　次

はじめに …………………………………… 鈴木英治・宮本旬子・山本雅史　3

## 第1部
## 自然界に生きる植物

第1章　琉球弧の地形 ―現在の地形形成環境と地形形成プロセス―
尾方隆幸・井村隆介　10

第2章　南西諸島における島嶼間の植物相比較 …… 鈴木英治・宮本旬子　26

第3章　奄美大島と徳之島の山地照葉樹林 ………………… 相場慎一郎　35

第4章　奄美大島の海岸の植生 ……………………………… 鈴木英治　60

第5章　九州島南部と薩南諸島の外来植物事情 …… 宮本旬子・丸野勝敏　70

第6章　奄美大島の河川に生育する外来種 ………………… 川西基博　78

第7章　薩南諸島にある植物関連の天然記念物 …………… 寺田仁志　92

第8章　奄美の植物研究、80年 …………………………… 田畑満大　112

第9章　世界自然遺産地域の価値とその保全 ―小笠原諸島から学ぶ―
可知直毅　129

## 第2部
# 人に利用される植物

第10章　奄美諸島先史時代の植物食利用 …… 高宮広土　140

第11章　冬作と夏作 ―奄美群島の雑穀の系譜― …… 竹井恵美子　148

第12章　奄美群島の里山と植物利用 …… 盛口 満　156

第13章　植物繊維を織る ―奄美群島の染織文化― …… 落合雪野　169

第14章　サトウキビの伝来と種の融合 …… 寺内方克　180

第15章　薬としての唐辛子 …… 山本宗立　198

第16章　薩南諸島のイモ類 ―ヤムイモとタロイモ― …… 遠城道雄　208

第17章　薩南諸島のカンキツ …… 山本雅史　216

第18章　人による植物の利用 ―熱帯果樹― …… 冨永茂人　231

第19章　「生物多様性保全」を地方再生戦略に活かす …… 平 瑞樹　248

# 第１部

# 自然界に生きる植物

# 第１章

# 琉球弧の地形
## ── 現在の地形形成環境と地形形成プロセス ──

尾方隆幸・井村隆介

## 1　はじめに

九州島から台湾島にいたる琉球弧の島々では、世界自然遺産候補となっている島や地域だけでなく、様々な地域で多種多様な生物がみられる。これらの生物の分布や進化を議論する上では、琉球弧の島々がどのようにできたのかを考えることが本質的に重要である。各島における生物相の発達は、その島の形成史によって大きく異なるからである。

周囲を海に囲まれた島が成立するには大きく分けると２つのパターンがある。１つは海底の隆起あるいは海水面の低下によって新たに陸地ができる場合（海底火山の成長も同様）で、もう１つは陸地の沈降あるいは海水面の上昇によって周囲を海に取り囲まれる場合である。前者の場合には、そこにいる陸上生物は島が成立してからやってきたものに限られるが、後者の場合は島になる前から存在していた生物と島になってからやってきた生物がいることになる。すなわち、島の成因によってその生態系がゼロからスタートするのか、あるいはある程度発達したところからスタートするのか、という大きな違いがある。

琉球弧の地学・自然史についてはこれまでにも数多くの普及書が刊行されてきた。例えば、木崎編（1980;1985）、氏家（1986）、河名（1988）、木村編（2002）などは一般にも広く読まれている。最近では、神谷（2007）が琉球弧の自然史について大胆な仮説を提示しているほか、琉球大学理学部「琉球列島の自然講座」編集委員会編（2015）の平易な解説書も出版された。また、サンゴ礁地域研究グループ編（1990）には数多くの自然地理学者によって当時の最新知見がまとめられており、日本サンゴ礁学会編（2011）では琉球弧を主体とするサンゴ礁研究の最前線が整理されている。日本全土を網羅するシリーズ（日本地質学会編 2001；野澤ほか編 2012）でも琉球弧で行われた研究成果がよく整理されている。

しかし、琉球弧の島々の地形の一般的な解説、特に最近の地球科学を踏まえた地形形成プロセス（地形形成作用）の紹介は、まだまだ不十分のようにみえる。前述した優れた普及書には地形プロセスに関する話題も含まれているが、今日の科学的知見に適合しなくなっている部分も少なからず存在する。このような状況が、一般市民だけではなく、専門外の研究者に対しても、地形プロセスに関する誤解を与えているケースを見受けることがある。

こうした背景を踏まえ、本稿では、琉球弧の地形、特に地形形成環境と地形プロセスについて、専門外の研究者や一般市民に誤解されやすい点を中心に解説する。まず地形を理解する前提になる地質について概観し、続いていくつかの代表的地形場を取り上げて、その成り立ちを地形形成作用の観点から考察する。

## 2　琉球弧の島々の分類と地質概観

琉球弧は、九州から台湾の間に連なる全長約 1200 km の島弧である（図 1）。ユーラシアプレートの下にフィリピン海プレートが沈み込む琉球海溝（最深部は 7000 m を超える）とほぼ平行に、太平洋（南東）側に並ぶ島々（種子島、奄美大島、沖縄島、宮古島、石垣島など）と、その西側（東シナ海側）に連なるトカラ列島の火山島が配列している。琉球弧のユーラシア大陸側には、水深 2000 m を超える沖縄トラフがあり、さらにその西側に東シナ海大陸棚が広がる。

島々の地形はいくつかのタイプに分類できる。最も知られたものとしては、目崎（1980；1985；1988）による「高島」「低島」の分類があり、さらに下位の区分として、「高島」は「火山島」「山地島」に、「低島」は「隆起サンゴ島」「台地島」「砂州島」に、それぞれ細分されている（図 1）。これらの下位区分は島の成因を踏まえたもので地球科学的な意味を持つが、「高島」「低島」の大別にはやや難がある。絶対的な標高でみると、必ずしも実態に即していない部分

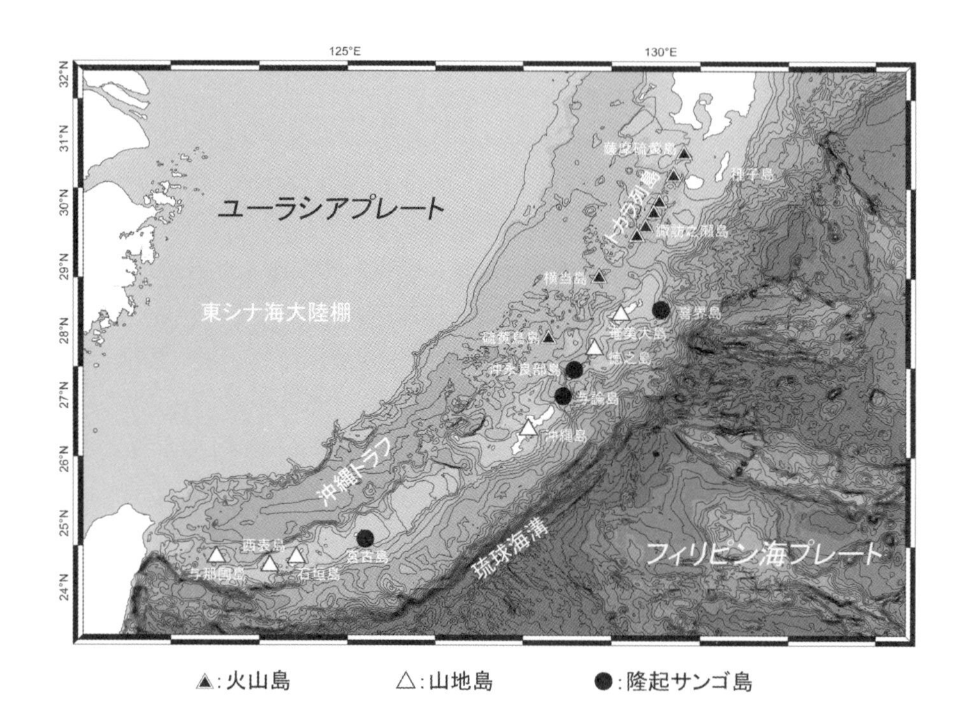


図1　琉球弧周辺の大地形と島々の分類
NOAA（アメリカ海洋大気局）のデータより作成。等深線は300 m間隔。主な島のみをプロット。
ひとつの島の中でも地形的多様性はあるが、より広い面積を持つ地形の特徴によって分類した。
トカラ列島には火山島が連なる

があるためである。たとえば、「高島」に分類される伊是名島の最高地点は約120 mに過ぎず、一方で「低島」に分類される喜界島は200 mを超える標高をもつ。こうした事情を踏まえ、尾方（2017a）は、「高島」「低島」をそれぞれ「山がちな島」「平らな島」として整理し直したが、成因論に踏み込む本稿では目崎の下位区分を用い、特に多くの島々が分類されている「火山島」「山地島」「隆起サンゴ島」について記述する。

### （1）火山島

火山島は、最も内側（東シナ海側）に位置する弧である。火山島からなる内弧には、北の鬼界カルデラからトカラ列島をへて、硫黄鳥島まで活火山が連続し、活発な噴火活動がみられる。これらの火山島は九州島から南に続く西南日本の火山フロントを形成している。硫黄鳥島以南では海上に顔を出した火山島はないが、海山や海丘として火山列はさらに南に続く。火山フロントを形成する火山列のさらに内側（西側）には水深 2000 m を超える沖縄トラフがあり、熱水活動や比較的新しい火山地形が確認されている（小林 2016）。

これらの火山島を構成する岩石の大部分は安山岩であるが、一部には玄武岩も認められる。海底ではデイサイトや流紋岩などの酸性火山岩類の活動の存在も明らかになっており、この周辺では従来知られていたよりも活発な火成活動が起こっていることが推定されている（横瀬ほか 2010）。

### （２）山地島

山地島は、前述した火山島の外側（太平洋側）、かつ後述する隆起サンゴ島の内側（東シナ海側）の弧である。地質学的には、琉球弧の中ほどに位置する沖縄諸島までは、西南日本弧の一部を構成する秩父・三宝山帯と四万十帯の延長とみなされ、その境界は本州から続く仏像構造線で区分される。これらの地層は、海洋プレートを構成する玄武岩、海洋プレート上で堆積した石灰岩・チャートと、大陸から運ばれた泥岩・砂岩・礫岩からなり、沈み込み帯島弧の付加体である。

この山地島の典型例が奄美大島と沖縄島北部で、いずれも仏像構造線が島を東西に分けている。東側に見られる四万十帯では、中生代白亜紀から新生代古第三紀にかけて海溝で変形した砂岩・泥岩がみられ、一部では著しく褶曲している。秩父・三宝山帯では、古生代ペルム紀から中生代白亜紀にかけて形成され、沈み込み帯で付加した玄武岩、石灰岩、チャートなど海洋プレート層序の地層が変形を受け、メランジュ（オリストストローム）を形成している。

### （３）隆起サンゴ島

隆起サンゴ島は、最も外側（太平洋側）に位置する弧で、新生代第四紀に形成された石灰岩の台地を主体とする新しい島々である。このタイプの島に広くみられる第四系の石灰岩は琉球石灰岩とよばれ、大陸に起源を持つ新第三系の泥岩や砂岩の上位に堆積している。

これらの新生界の層序は、奄美群島の喜界島・沖永良部島・与論島、沖縄島中南部、宮古島などに典型的にみられる。沖縄島中部など琉球石灰岩がまばらな地域では、新第三系の泥岩が地表に広く露出することも多い。琉球石灰岩には、サンゴ礁が隆起した礁性石灰岩と砕屑性石灰岩があり、造礁サンゴや石灰藻類の化石もよく観察される。

## 3　琉球弧の地形

### (1) 琉球弧のサンゴ礁地形―ダーウィンの沈降説は適用できない？―

サンゴ礁は、琉球弧の自然景観を明瞭に特徴づけるもののひとつである（写真1)。この海域の自然環境は造礁サンゴの生育条件（水温25～30℃）を満たしているため、島々をとりまくサンゴ礁が形成される。海水の温度条件を反映して、小規模なサンゴ礁が点在するのみの種子島から、大規模なサンゴ礁が発達する石西礁湖まで、サンゴ礁地形も漸移的に変化する（サンゴ礁地域研究グループ編 1990 など)。河川が発達しない与論島や宮古島などは、海域への土砂の流入が少なく、サンゴ礁の連続性がよい。

サンゴ礁の発達モデルとして最も有名なものは、ダーウィンの沈降説であろう。これは、時系列に従って裾礁、堡礁、環礁とステージを変えていくというモデルで、太平洋の島々での観察に基づくものとされている。まず、海洋プレート上のホットスポットが火山島となり、それをとりまくように裾礁が形成される。次いで、火山島をのせた海洋プレートが水平移動しながら沈降することによりラグーンの広い堡礁となり、さらに火山島が海面下に沈んで環礁になるというもので、それゆえに沈降説とよばれる。

写真1　沖縄島南部に形成された裾礁タイプのサンゴ礁。陸側から小規模な礁池、礁原、礁縁と続き、礁縁の高まりでは白波が砕け散っているのがわかる

ところが、このモデルは琉球弧には適用できない（尾

方 2017b)。それは琉球弧が沈み込み帯の大陸プレート側に位置する島弧であり、基本的には隆起の場であるためである。さらに島弧を構成する島々は、サンゴ礁の発達に適した低緯度海域から移動してきたものではなく、大陸から分離した付加体、もしくはその場で隆起したサンゴ礁からなる。琉球弧のサンゴ礁は、ダーウィンの沈降説が想定した海洋プレート上という地質学的な条件とは相いれないものと言える。

写真２　西表島の岩盤河川。流域の風化速度が大きく、河床を削る力を持つ粗粒の礫がほとんどないため、岩盤が露出する河川になる

それでは、琉球弧のサンゴ礁が裾礁である（裾礁しかない）ことをどのように解釈すればよいだろうか。その理由は気候条件に求められるであろう。琉球弧のサンゴ礁は分布の北限付近に位置しており、気候変動によって寒冷化すれば直ちにサンゴ礁の形成が止まるような地理的位置にある。そうした地理的条件によって、最も小規模なタイプのサンゴ礁である裾礁（のみ）が形成されていると考えられる。

写真３　宮古島の砂丘。風の作用で生物起源の白砂による高まりが形成されている

なお、海洋プレート（フィリピン海プレート）に起源をもつ大東諸島は、環礁がプレートの運動に伴って隆起した特異な島であるため一般には琉球弧に含めないが、ダーウィンの沈降説を適用できる日本唯一の地域と言える（尾方 2017b)。

写真４　喜界島の隆起サンゴ礁段丘。約 10 万年で 200 m 以上も隆起したとされる。遠方には現在形成されているサンゴ礁もみえる

## （２）琉球弧の河川・海岸地形―日本本土の常識は通用しない？―

河川や海岸には最も新しい地質時代である完新世に形成された平坦な地形が広がるが、その成り立ちは日本本土とは大きく異なる。奄美大島や徳之島、沖縄島北部、石垣島北部、西表島などの山地島には短いながらも河川水系が発達するが、河床にはしばしば岩盤が露出する（写真 2）。これは、温暖多雨な気候を反映して流域の岩盤が深層風化しやすく、河川に運ばれる粗粒の砂礫が少ないためである。河床を削る礫が少ないことによって河川の侵食力は弱く、硬い地層が露出するところには遷急点（滝）が形成されやすい。また運搬される土砂が少ないために、扇状地や三角州のような堆積地形の発達は悪い（尾方 2011）。

海岸には、風や波の営力で運搬された砂礫によって、砂丘、砂嘴、陸繋島のような堆積地形がみられる（写真 3）。これらの堆積物の多くは造礁サンゴや貝殻・有孔虫などの生物遺骸に由来するため、構成物は炭酸カルシウムが主体となり、日本本土とは異なる鮮やかな白いビーチがつくられる。有孔虫の遺骸は星砂（バキュロジプシナ）や太陽砂（カルカリナ）とよばれ、一般にも広く知られている。

サンゴ礁がよく発達する海岸では、リーフエッジが天然の防波堤の役割を果たしているため、波が地形を形成する作用はきわめて小さい（写真１参照）。

日本本土ではビーチサイクルとよばれる侵食と堆積の繰り返しが砂浜海岸の地形をつくっているが、そのような地形形成プロセスは琉球弧ではあまり認められない（尾方 2011）。

琉球海溝は、海洋プレートであるフィリピン海プレートが大陸プレートであるユーラシアプレートの下に沈み込む収束境界にあたり、地殻変動も活発である。琉球弧でも、琉球海溝に近い外弧では、隆起サンゴ礁段丘の発達がよい（写真 4）。特に奄美群島の喜界島は最近 10 万年で 200 m 以上も隆起しており（Inagaki & Omura 2006）、この隆起速度は日本で最大である（尾方 2015）。

### （３）琉球弧の山地・丘陵地形―「侵食輪廻」は通用するのか？―

山地島では、付加体の基盤岩が侵食されることによって現在みられる山地や丘陵が形成されている。地形発達に関するよく知られた理論として、デービスの侵食輪廻モデルがある（池田 2016a など）。これは、地形の発達を人の一生になぞらえ、隆起準平原から始まり、それが侵食されるにしたがって幼年期、壮年期、老年期へと移行し、やがて準平原に至り、さらにそれが隆起することによって初期地形に戻るというモデルである。

しかしながら、今日の科学では、デービスのモデルには問題があると考えられている（池田 2016b；尾方 2017b）。このモデルのうち、幼年期、壮年期、老年期へと移行する変化は実際に起こりうるものと言える。平坦な地形が侵食されれば谷が形成され、そのプロセスが継続すれば谷が徐々に険しくなっていくことは事実であり、この地形変化は砂山などを用いた簡単な実験でも再現することができる。その一方で、平準化された準平原がその形状を保ったまま急速に隆起することには物理的に無

写真５　「隆起準平原」とされてきた奄美大島の地形。デービス理論に基づかない地形学的な研究が必要である

理があり、隆起準平原の仮定と、地形が輪廻するというモデルは成り立たないとみるべきであろう。

琉球弧では、山地島の奄美大島などに高台の平坦面や定高性を持った尾根が形成されていることがある（写真5）。それらの地形は隆起準平原と解釈される場合があるが（佐藤 1959；町田ほか編 2001 など）、隆起準平原の考え方にそもそも無理がある以上、デービスのモデルを前提に地形を認定することは危険である。山地島にみられる山地・丘陵地形はどのように解釈したらよいだろうか。

基盤岩が侵食されて形成される地形は、地形構成物質、地形形成営力、地形変化継続時間の関数で決まる（松倉 2008 など）。より直接的には、地形構成物質は岩石物性、地形形成営力は気候特性、地形変化継続時間は陸上に露出した時間とみなせる。琉球弧にみられる山地・丘陵も、これらの変数を考慮しながらいくつかのタイプに分けて考える必要がある。理論的には以下のように整理されよう。

**地形構成物質**：岩石物性の観点からみると、秩父・三宝山帯の山地を構成する海洋プレート層序の地質（玄武岩・石灰岩・チャート）と、それ以外の山地・丘陵を構成する大陸起源の地層（砂岩・泥岩）に大別される。岩質によって卓越する風化作用は多様とはいえ、一般には前者の方が風化に対する抵抗性は高く、侵食されにくい地質条件にあると考えられる。

**地形形成営力**：琉球弧は温暖多雨な気候に特徴づけられるが、低緯度側の方がより高温多雨で、気候コントロールによる風化速度は大きくなる。全球的な気候変動もあり風化速度は時間的に一定ではないものの、寒冷化や温暖化は琉球弧全域に及ぶため、緯度によって漸移する風化環境はいずれの地質時代でも

表１　地形形成プロセスを決定する因子

| 主な地域 | 地質条件 | | 気候条件 | |
|---|---|---|---|---|
| | 年代層序区分 | 主な岩石 | 年平均気温* | 年降水量* |
| 沖縄島中南部 | 新第三系 | 泥岩 | 23.1℃(那覇) | 2040.8mm(那覇) |
| 西表島 | 新第三系 | 砂岩 | 23.7℃(西表島) | 2304.9mm(西表島) |
| 奄美大島・沖縄島北部(四万十帯) | 古第三系・白亜系 | 粘板岩・千枚岩 | 21.6℃(名瀬)<br>22.6℃(名護) | 2837.7mm(名瀬)<br>2018.9mm(名護) |
| 奄美大島・沖縄島北部(秩父帯) | 三畳系・ペルム系 | 玄武岩・石灰岩・チャート | 21.6℃(名瀬)<br>22.6℃(名護) | 2837.7mm(名瀬)<br>2018.9mm(名護) |

＊年平均気温と年降水量は気象庁による1981〜2010年の平均値

あまり変わらないと考えられる。

**地形変化継続時間**：地層が形成された時代と地形変化が始まった時代が一致しないことには注意を要するものの、古い付加体からなる地質の山地ほど、より長い時間にわたって侵食作用を受け続けた可能性が高い。少なくとも、古い地層からなる地域の方が、侵食作用を長期にわたって受け続けるポテンシャルは高いと考えられる。

写真６　沖縄島中部の丘陵地形。泥岩が乾湿風化を受けて細かく破砕された粘土分の多い土壌が繰り返し地すべりを発生させている。市街地が広がる平坦面は主に琉球石灰岩からなる段丘である

こうした理論的枠組みに基づいて琉球弧の島々をタイプ分けすると、表１のように整理される。それぞれのタイプについて地形形成プロセスを概括すれば、以下のようにまとめられる。

写真７　西表島の山地地形。新しい地質時代の砂岩であるが、風化・侵食速度が大きいために起伏の大きい地形が形成されている

**沖縄島中南部**：大陸起源の泥岩（島尻層群：新生界新第三系鮮新統）が侵食されて形成された丘陵である（写真６）。丘陵をつくるのはユーラシア大陸から運ばれた泥による地層で、約200万年前に沖縄トラフの拡大が本格的に始まるまでに形成された堆積岩である。陸上に露出して侵食を受けたのは第四紀更新世に入ってからであるが、高温多雨な環境と泥岩に含まれる粘土鉱物の相乗効果で乾湿風化が速やかに進み、細かく破砕された粘土分の多い斜面物質が地すべりを繰り返すことで、極めて短

写真8　奄美大島の山地地形。千枚岩や粘板岩は風化に対する抵抗性が低く、降雨の多さと相まって頻繁に表層崩壊が発生し、速やかに侵食されている

写真9　本部半島の山地地形。海洋プレート層序の地層・岩石が、それぞれの風化抵抗性に応じて複雑な地形を形成している

期間になだらかな丘陵を形成するに至った。

**西表島**：大陸起源の砂岩（八重山層群：新生界新第三系中新統）が侵食されて形成された山地である（写真7）。八重山層群は砂岩優勢の砂泥互層で、ユーラシア大陸から近い浅海底の堆積環境で形成された地層である。陸上に露出して侵食を受け始めたのは、早くても新第三紀中新世である。高温多雨な環境で深層風化が進み、抉るような斜面崩壊を繰り返し、その崩壊で生産された細粒の岩屑が河川で速やかに運び去られることによって現在の地形が形成されている。

**沖縄島北部や奄美大島の四万十帯**：大陸起源の堆積岩が侵食されて形成された山地・丘陵である（写真8）。地形をつくるのは、沖縄島北部では嘉陽層（新生界古第三系始新統・漸新統）および名護コンプレックス（中生界白亜系）、奄美大島では和野層（新生界古第三系始新統）および奄美コンプレックス（中生界白亜系）とされる地層で、前者は主にタービダイト、後者は主に泥岩が変質を受けた粘板岩や千枚岩からなる。粘板岩や千枚岩は物理的に風化しやすく、さらに高温多雨な気候の影響も受けて、速やかに侵食が進む。特に降雨イベントによる表層崩壊を起こしやすく、崩壊した岩屑は河川によって運び去られる。そうしたプロセスが繰り返されて現在の地形になったと考えられるが、侵食速度が大きいことを考えると、一方で隆起イベントも頻繁に起こっていると思われる。

**沖縄島北部や奄美大島の秩父・三宝山帯**：付加体の複雑な地質が侵食を受けた山地である（写真9)。沖縄島北部では本部ユニット（中生界三畳系および古生界ペルム系)、奄美大島では湯湾ユニット（中生界三畳系および古生界ペルム系）とされる付加体で、泥質岩を主体とする基質の中に海洋プレート層序を構成する玄武岩・石灰岩・チャートが混在する。それぞれの岩石の風化抵抗性によって異なる地形が形成されるが、四万十帯の山地に比べると相対的に風化速度が小さく、斜面安定性も高いため、結果として急峻な斜面を残すことが多い。特にチャートの岩盤は周囲の侵食から取り残されやすい。また、石灰岩の分布域では溶食によるカルスト地形がみられる。

### （4）琉球弧のカルスト地形―「熱帯地形」と言えるのか？―

石灰岩の溶解によって形成されるカルスト地形も、琉球弧を特徴づける地形である。沖永良部島、与論島、宮古島などに分布する琉球石灰岩には鍾乳洞が発達し、中・古生界の付加体の石灰岩が露出する沖縄島北部の秩父・三宝山帯には、円錐状や塔状のカルストもみられる（写真10)。

石灰岩をつくる主な構成物は炭酸カルシウムで、大気中の二酸化炭素を含んで弱酸性になった降雨によって効果的に溶解する。石灰岩地域の地表に降った雨の多くは地中に浸透していくが、生物活動の活発な土壌中には二酸化炭素が多く含まれるため、石灰岩はより効果的に溶食される。これらの化学的プロセスが、鍾乳洞やドリーネなどのカル

写真10　本部半島のカルスト地形。円錐カルストとされるが、気候条件によって制約された「熱帯地形」とみなすだけの根拠は乏しい

写真11　秋吉台の塊状石灰岩。強固なブロック状をなすため物理的な破砕は受けにくく、主に化学的な溶解によって地形が形成される

写真12　本部半島の層状石灰岩。層理面に沿って物理的に破砕されやすいため、物理的・化学的風化の組み合わせで地形が形成される

スト地形を発達させる。

石灰岩の溶解を主たるプロセスとするカルスト地形は、気候条件を反映すると考えられている。これまで、気候条件の違いがカルスト地形の多様性をもたらすという仮説のもと、琉球弧でもいくつかの研究が行われてきた。その結果、土壌中の二酸化炭素濃度が日本本土と異なることが明らかにされ、それが石灰岩の溶解速度をコントロールし、ひいては日本本土にみられるカルストとの地形の違いとして現れるという解釈が定着した（目崎 1984；河名 1988；漆原編 1996；町田ほか 2001など）。すなわち、溶解速度の小さい日本本土では傾斜の小さい台地状のカルストが形成され、溶解速度の大きい琉球弧では傾斜の大きい円錐カルストやタワーカルストができるとされた。

しかしながら、山地・丘陵の地形でも述べたように、地形を形成するプロセスは気候条件のみで決まるわけではない。これまでの研究で詳しく調査された九州の平尾台と沖縄の本部半島は、それぞれ秋吉帯と秩父・三宝山帯に位置しており、地質帯が異なる。また、露頭をよく観察すれば、前者が塊状石灰岩（写真11）であるのに対して、後者は層状石灰岩（写真12）であることもわかる。

地質条件の異なるところで気候条件のみを比較すると、判断を誤ることになる(尾方 2017c)。特に、本部半島のような層状石灰岩は、化学的な溶解だけではなく、層理面に沿った物理的な破砕も受けやすいはずである(尾方 2016)。また、タワーカルストとされる沖縄島北端の辺戸岬には仏像構造線が通っており、断層運動の影響も強く受けていると考えられる。琉球弧の石灰岩が溶解を受けやすい環境にあることは事実であるが、円錐カルストやタワーカルストを生み出す地質条件にも目を向ける必要がある（Ogata 2015)。

## 4　おわりに

本稿では、琉球弧の島々の地形が、地質条件と気候条件の複雑な組み合わせによって形成されてきたことを紹介した。琉球弧の生態系もそれらのもとで同様に進化してきたものである。琉球弧に生息する多種多様な生物はこの地形の上に展開しているので、その保全のためには地形形成プロセスをよく理解し、そのプロセスごと保護することが重要であると言える。

一方、現在のこの環境も過去からずっと同じであったわけではない。第四紀の気候変動、特に更新世の氷期―間氷期の繰り返しによる激しい氷床変動と海面変動は、現在に続く生物の分布や種の多様性にも多大な影響を及ぼしている。現在、琉球弧でみられる生態系は、長い自然史の結果であり、現在も進化の途中であると言える。その歴史性を、生物学者とともに、それぞれの最新の知見をもとに明らかにしていくことが筆者らの今後の課題である。

### 引用文献

池田敦(2016a)高校生に「大地形」をどう教えますか？―デービスはなぜえらいのか？―. 地理, 61 (1): 77-83

池田敦（2016b）高校生に「大地形」をどう教えますか？―教科書をアップデートさせましょう―. 地理, 61 (2): 98-105

Inagaki M, Omura A. (2006) Uranium-series ages of the highest marine terrace of the upper Pleistocene on Kikai Island, central Ryukyus, Japan. 第四紀研究, 45, 41-48

神谷厚昭（2007）『琉球列島ものがたり―地層と化石が語る二億年史―』ボーダーインク．189pp
河名俊男（1988）『琉球列島の地形』新星図書出版．127pp
木村政昭編（2002）『琉球弧の成立と生物の渡来』沖縄タイムス社．206pp
木崎甲子郎編（1980）『琉球の自然史』築地書館．282pp
木崎甲子郎編（1985）『琉球弧の地質誌』沖縄タイムス社．278pp
小林哲夫（2016）『鹿児島の離島の火山』北斗書房．65pp
町田洋ほか編（2001）『日本の地形７ 九州・南西諸島』東京大学出版会．355pp
松倉公憲（2008）『地形変化の科学―風化と侵食―』朝倉書店．242pp
目崎茂和（1980）琉球列島における島の地形学的分類とその帯状分布．琉球列島の地質学的研究，5: 91-101
目崎茂和（1984）日本の主要カルストの地形形成について．琉球大学法文学部紀要（史学・地理学編），27・28: 139-169
目崎茂和（1985）『琉球弧をさぐる』沖縄あき書房．253pp
目崎茂和（1988）『南東の地形』沖縄出版．158pp
日本地質学会編（2010）『日本地方地質誌８ 九州・沖縄地方』朝倉書店．648pp
日本サンゴ礁学会編（2011）『サンゴ礁学』東海大学出版会．362pp
野澤秀樹ほか編（2012）『日本の地誌 10 九州・沖縄』朝倉書店．672pp
サンゴ礁地域研究グループ編（1990）『熱い自然―サンゴ礁の環境誌―』古今書院．372pp
佐藤久（1959）奄美諸島の地形．九学会奄美大島共同調査委員会編『奄美（自然と文化）』，39-53
尾方隆幸（2011）琉球諸島のジオダイバーシティとジオツーリズム．地学雑誌，120: 846-852（口絵 viii：地形学とジオツーリズム―沖縄島の石灰岩とカルスト地形―）
尾方隆幸（2015）日本のジオパークにおける「地球科学」―多変量解析に基づく検討―．地学雑誌，124: 31-41．（口絵 v：奄美群島，喜界島のジオサイトとジオストーリー）
尾方隆幸（2016）沖縄地域の概要．目代邦康ほか編『シリーズ大地の公園―九州・沖縄のジオパーク―』古今書院．119-127
尾方隆幸（2017a）NHK「ブラタモリ」にみる地球科学のアウトリーチ効果．地理，

62 (6): 4-10
尾方隆幸（2017b）学校教育における地球惑星科学用語の不思議 . 地理 , 62 (8): 91-95
尾方隆幸（2017c）地球惑星科学教育の未来 . 地理 , 62 (11): 104-108
Ogata T. (2015) Geoecological systems on cone karst in tropical and subtropical regions, Eastern and Southeastern Asia. Japan Geoscience Union Meeting 2015, International comparison of landscape appreciation
琉球大学理学部「琉球列島の自然講座」編集委員会編（2015）『琉球列島の自然講座―サンゴ礁・島の生き物たち・自然環境―』ボーダーインク．207pp
氏家宏（1986）『琉球弧の海底―底質と地質―』新星図書出版．119pp
漆原和子編（1996）『カルスト―その環境と人びとのかかわり―』大明堂．325pp
横瀬久芳ほか (2010) トカラ列島における中期更新世の酸性海底火山活動．地学雑誌, 119: 46-68

# 第2章
# 南西諸島における島嶼間の植物相比較

鈴木英治・宮本旬子

## 1　はじめに

2017年2月、奄美大島、徳之島、沖縄島北部及び西表島世界自然遺産候補地に関する推薦書がユネスコ世界遺産センターへ提出された。その本文には、対象4地域には合計1808種類（亜種、変種、雑種を含む）の維管束植物が分布すると書かれている。奄美大島では1306種類、徳之島では956種類、沖縄島北部では1029種類、西表島では1162種類が分布するという。推薦書の数値の根拠となった報告書（国立大学法人鹿児島大学 2012）には、奄美群島に分布する植物は最少で1251種類、最多で1334種類であるという試算根拠となった植物リストが参考資料（宮本 2012）として掲載されている。1251種類とは主に公的標本庫に所蔵された植物標本に基づく分布情報を集積したもので、1334種類とは、標本所在が不明確な情報や雑種の分布情報なども含む数値である。その後、鹿児島大学総合研究博物館より奄美群島および周辺地域の植物目録が相次いで公表され（堀田 2013；志内・堀田 2015）、当該地域における分布情報を含む専門的な植物図鑑の出版も相次いだ。本稿の著者の鈴木は、大野隼人氏と田畑満大氏による奄美博物館所蔵の植物標本データを提供いただく機会を得、また鹿児島大学総合研究博物館標本庫（KAG）所蔵標本のデジタル画像データベースの構築に携わってきた。宮本は上記の試算以後も奄美群島の植物リストを更新し、在来植物と外来植物3037種類の分布情報を整理しつつあった。

奄美群島のやや北に位置するトカラ構造海峡には、生物地理学上の重要な境界線である渡瀬線が走る。南西諸島の植物相については、Nakamura *et al.*（2009）が約1800種のデータから琉球弧26島間の異同を解析し、主に動物の分布に基づく渡瀬線は植物の分布境界にもなっていると述べている。また、

Kubota *et al.*（2011）も 513 種の樹木の情報に基づいてトカラ構造海峡と島間の距離が種組成に影響していると指摘している。しかし、1800 種、513 種という数は必ずしも十分とは言いがたい。そこで著者らは、3037 種類の分布情報を土台に、信頼性が高い複数の分布情報を加え、植物相の地理的特性について改めて検討することにした。まず、Nakamura *et al.*（2009）の Appendix S1 の 1815 種の分布情報と、光田・永益（1984）に掲載されている屋久島の植物相について小野田雄介氏が公開している電子ファイル（https://sites.google.com/site/onodajp/research/yakushima、2017 年 9 月 18 日確認）の分布情報を追加した。次に、大野隼人氏と田畑満大氏による奄美博物館所蔵の約 6000 点の植物標本の分布情報を加え、さらに、現在データベース化されている KAG 所蔵標本 5 万点余のうち、該当地域 1 万 7000 点余の標本から約 1700 種の情報を追加した。これらの全体を整理して、本稿執筆時点までに 3328 種類の分布一覧表（以下「鈴木・宮本リスト」と呼ぶ）を作成した。なお種数には、種レベルだけでなく、亜種、変種、品種レベルで区分されている場合も含む。

## ２　植物種類数；どこに幾つ分布しているのか

まず、大隅諸島、トカラ列島、奄美群島、および琉球諸島の主要 27 島の位置を図１に、面積、標高、植物種類数を表１に、それに基づいて作成した面積 - 種類数関係を図２に示す。面積と種類数には有意な相関があり（$r^2$=0.701）、種数 =232 × 面積 $^{0.292}$ の式で表される。奄美群島の５島については、面積が大きいほど種類数が多く、小さいほど少ない。ただし上位３島、すなわち最も面積が大きい沖縄島、２位の奄美大島、３位の屋久島に注目すると、屋久島では 1768 種類と最も多くの植物が生育しており、２番目の奄美大島で 1658 種、３番目の沖縄島で 1459 種類の植物が確認されている。なお、屋久島の種数については光田・永益（1984）が約 1500 種としているが、それよりもかなり多い数値となった。20 年以上前に世界自然遺産に指定され、南西諸島の中では最も研究が進んでいるはずの屋久島でも、まだ未記録の種があるようだ。ついで、石垣島、西表島、徳之島、種子島、沖永良部島において、いずれも 1000 種類を超える植物がある。面積が３位でありながら最多の植物種類数を誇る屋

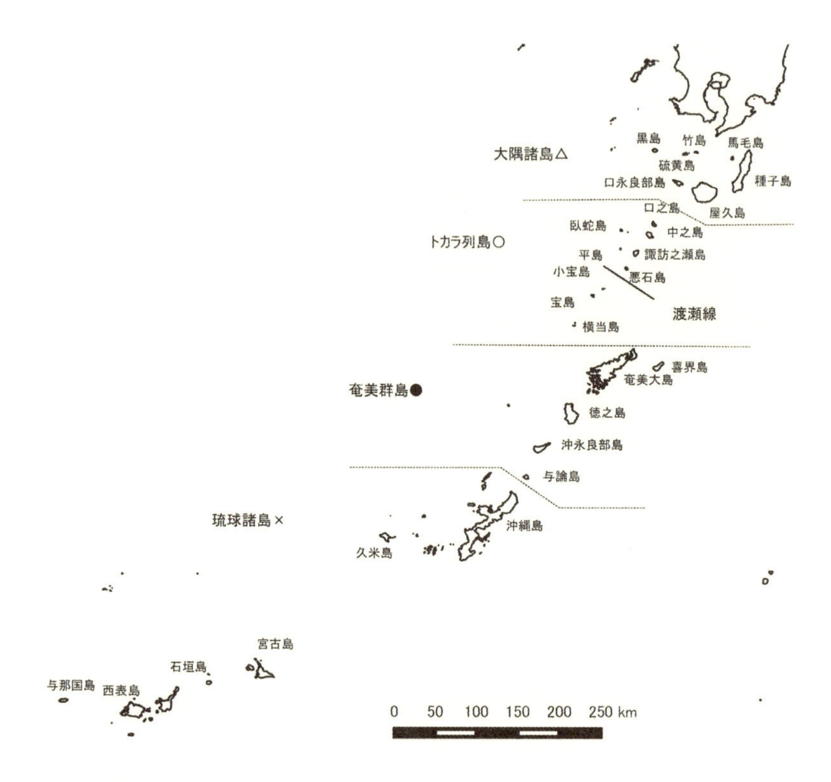


図1　南西諸島の調査した島の位置

久島の種多様性については、年間を通じて降水量が際立って多い上、対象島嶼内では唯一標高 1000 m を超えることが背景にあるだろう。

面積の割に種数が少ない島がいくつかあるが、横当島は無人島であって他の島と比べると調査が不十分なことが影響しているようだ。口永良部島、諏訪之瀬島そして硫黄島は、現在も活発に活動している火山であることが影響しているように思われる。沖縄島、種子島、宮古島も種数が少ないが、農業など人間活動が盛んであることが影響しているように思われる。ただし、面積以外にも標高と人口密度も説明変数として、目的変数の種数とした重回帰分析を行ったが、面積以外には有意な相関は見られなかった。

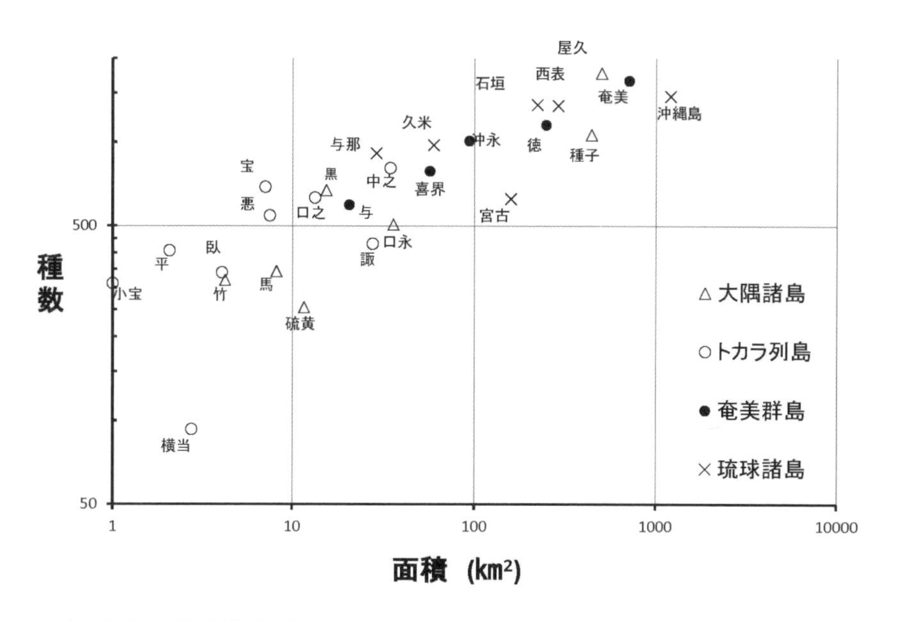


図２　主要島嶼の面積と植物種類数の関係。記号は表１に示す諸島に対応する

## ３　島間の類似度―植物相にトカラギャップは実在するのか―

世界的にみて、日本列島の生物相はどの地域と共通性が高いのか。一般には、九州島以北は中国北部、朝鮮半島、シベリアなどと似ているし、沖縄は台湾島や東南アジアと似ているという印象を持たれているかもしれない。生物地理学的には、トカラ列島付近を境界として北側は旧北区に属し、地中海沿岸からヒマラヤ、中国の秦嶺山脈以北との共通性がある。南側は東洋区に属し、台湾、中国南部、東南アジア、インドなどとの共通性がある。より詳細にはトカラ列島の中でも悪石島と小宝島の間のトカラ構造海峡に動物相の大きな変化（トカラギャップ）があり渡瀬線と呼ばれている。ほかにも南西諸島には、九州島と大隅諸島の間に主に昆虫相に基づく三宅線が、沖縄諸島と八重山諸島の間に主に鳥類相に基づく蜂須賀線が提唱されている。Nakamura *et al.* (2009) は、植物相についても渡瀬線で区分できるとしているが、志内・堀田 (2015) は「トカラ地域の植物分布と渡瀬線」と題して、北限地や南限地がトカラ構造海峡を

表１　主要島嶼に分布する植物種類数

| 島嶼群名 | 島名 | 面積（km²） | 標高(m) | 在来種類数 | 外来種類数 | 種類数計 |
|---|---|---|---|---|---|---|
| 大隅諸島 △ | 黒島 | 15.39 | 622 | 632 | 37 | 669 |
| | 薩摩硫黄島 | 11.63 | 704 | 241 | 13 | 254 |
| | 竹島 | 4.22 | 220 | 296 | 23 | 319 |
| | 馬毛島 | 8.17 | 72 | 326 | 17 | 343 |
| | 種子島 | 444.30 | 282 | 1029 | 33 | 1062 |
| | 屋久島 | 504.29 | 1935 | 1719 | 49 | 1768 |
| | 口永良部島 | 35.81 | 657 | 481 | 24 | 505 |
| トカラ列島 ○ | 口之島 | 13.33 | 628 | 602 | 29 | 631 |
| | 中之島 | 34.42 | 979 | 771 | 34 | 805 |
| | 臥蛇島 | 4.05 | 497 | 331 | 9 | 340 |
| | 平島 | 2.08 | 243 | 388 | 20 | 408 |
| | 諏訪瀬島 | 27.61 | 799 | 406 | 25 | 431 |
| | 悪石島 | 7.49 | 584 | 520 | 24 | 544 |
| | 小宝島 | 1.00 | 103 | 297 | 14 | 311 |
| | 宝島 | 7.07 | 292 | 648 | 42 | 690 |
| | 横当島 | 2.75 | 495 | 92 | 1 | 93 |
| 奄美群島 ● | 奄美大島 | 712.35 | 694 | 1534 | 124 | 1658 |
| | 喜界島 | 56.76 | 214 | 715 | 69 | 784 |
| | 徳之島 | 247.85 | 645 | 1112 | 40 | 1152 |
| | 沖永良部島 | 93.65 | 240 | 960 | 49 | 1009 |
| | 与論島 | 20.56 | 98 | 564 | 30 | 594 |
| 琉球諸島 × | 沖縄島 | 1208.33 | 503 | 1342 | 117 | 1459 |
| | 久米島 | 59.53 | 310 | 926 | 48 | 974 |
| | 宮古島 | 158.87 | 113 | 605 | 19 | 624 |
| | 石垣島 | 222.25 | 526 | 1304 | 57 | 1361 |
| | 西表島 | 289.61 | 469 | 1300 | 49 | 1349 |
| | 与那国島 | 28.95 | 231 | 863 | 48 | 911 |
| 合計 | | 4265.93 | | 3110 | 218 | 3328 |

超える例や不自然な分布の例を挙げ、「必ずしも地史的要因ではなく」、「個々の種が持つ生態的、生理的特性に起因するもの」や、種類によっては「人が運ぶことも考慮する必要がある」と述べている。渡瀬線の南北において、陸生動物ほど明瞭に植物相が変化するとは限らないのである。

ここでは、鈴木・宮本リストに基づいて、トカラ構造海峡の北側と南側の主要な島嶼群間で植物相が大きく異なるかどうかを再検討した。任意の２島間の種の類似度を算出して比較する方法としてはNakamura *et al.* (2009) と同じ方法で、ある種の植物が「有る：1」、「無い：0」のデータを使い、シンプソン・野村の共通度係数（共通種数÷種数が少ない方の島の種数）を計算した。種数が少ない島の種のすべてが種数の多い島にも出現する場合にはこの指数は1となり、共通種がない場合にはゼロとなる。(1－共通度係数) を植物相の島間の非類似度として、群平均法によりクラスター分析を行った結果が図3である。計算にはR（v.3.2.4）を使った。この非類似度は、種数が少ない島の種の中で他方の島に出現しない種数の割合なので、例えば値が0.1であれば1割の種が共通しないことを示す。また群平均法によってクラスターを作っているので、複数の島からなる2グループを結びつける場合には、2グループを構成する島同士ですべての組み合わせで非類似度を計算し、その平均値をグループ間の非類似度としている。

図3aは明らかな外来種と考えられるものを除く3110種を使って、デンドログラムを描いたものである。一見して、植物相によるグループは地理的な位置関係や地史的背景と大きな矛盾がないようである。クラスターは大きく2つに分かれ、上側のグループはトカラ列島の渡瀬線以南の小宝島から琉球諸島の南西端与那国島までが入り、下側のグループには渡瀬線以北のトカラ列島、大隅諸島が入った。渡瀬線は植物においても重要な境界であるという説を支持できるだろう。また上側のグループは琉球諸島と、渡瀬線以南の鹿児島側の島々に大きく二分されている。なお図3aでは、上から下に奄美群島のグループ、琉球諸島、渡瀬線以北の島のグループと並んでいるが、これは琉球諸島のグループが奄美群島のグループよりも渡瀬線以北の島に似ているという意味ではない。

以上の結果は、すでにNakamura *et al.*（2008）がすでに 約1800種で解析した結果によく似ており、彼らも植物相における渡瀬線の重要性を認めていた。ただ、Nakamura *et al.*（2009）では渡瀬線の北にある平島が渡瀬線以南のグループに入るなど少し矛盾した点があるが、データを増やすことにより、渡瀬線の重要性がより認められたようである。

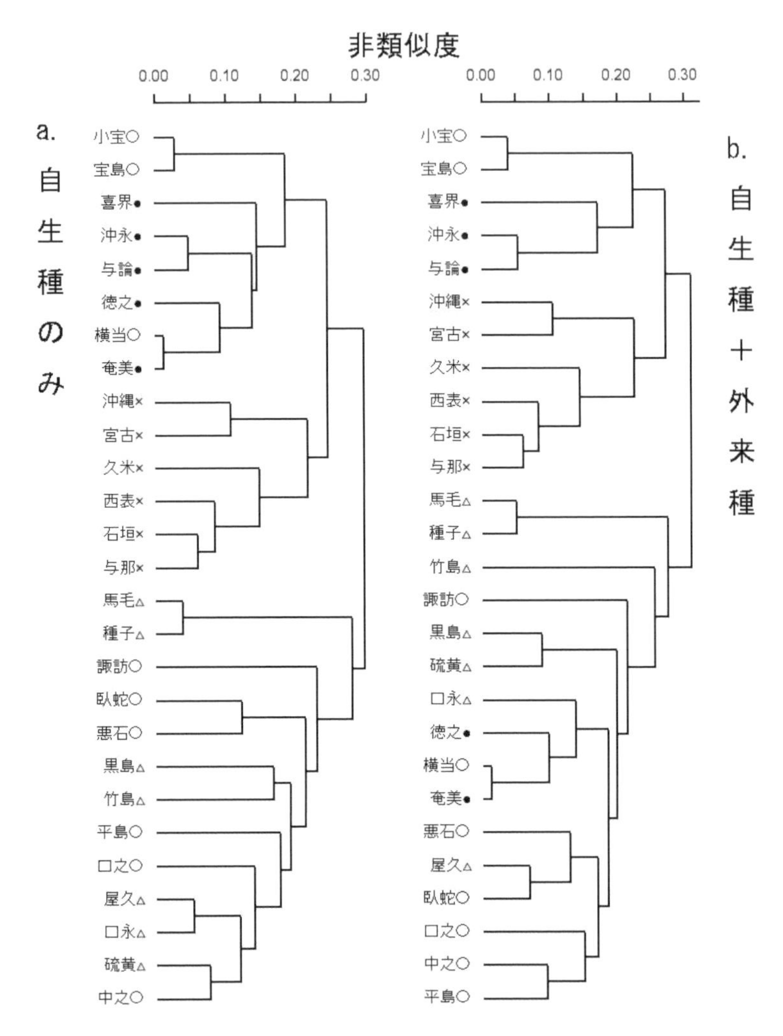


図３　島間の植物相の非類似度のクラスター分析結果。記号は表１に示す諸島に対応し、文字は島の名前の先頭２文字を示す

## ４　外来種の影響

上の解析では明らかに外来種と考えられる種は、本来その島に分布していない、変化が急な上にあまり採集されていないという問題もあるので、解析から

除いた。しかし実態としては多くの外来種が島に分布するようになっているので、外来種を含めた3328種でクラスター分析を行った結果が図３ｂである。大きくは変わらないが、図の上側の小宝から与那国までの南琉球グループは地理的なまとまりと矛盾が無いが、下側の馬毛島から平島までのグループに、渡瀬線より南側に位置する徳之島や奄美大島が含まれることになった。自生種だけで解析した結果よりも、島の位置関係との対応が悪い。外来種の存在が本来の植物相の分布パターンを乱していると言えるだろう。

## ５　植物相研究の課題

この十年余の間に、著者らが収集してきた奄美群島とその周辺地域の植物相の情報の蓄積も現地調査も十分とはいえない。しかし今ある情報のみからも、当該地域の植物相の多様性や自然史の一端がわかる。翻って、前述のように外来植物を含めた解析では地理的な位置関係との矛盾が生じるということは、たとえ外来生物の侵入や定着により種類数が増えるとしても、生物相が包含する地史的価値が失われることを示唆している。鈴木・宮本リストは、多数の植物研究者によって蓄積されてきた膨大な植物標本とそれに基づいて公表された出版物の情報に、わずかな自らの研究成果を加えながら、修正と更新を続けている。日々、地球規模で莫大な数の人や物が移動する現代においては、意図的な栽培植物の導入だけでなく、野生植物の想定外の分布の変化も容易に起こりうるので、今、この瞬間に、ある島に何種の植物が生育しているかを把握することは不可能である。インターネット上には動植物の画像やその撮影地情報が氾濫しているが、従来のような生物標本の蓄積や利用の重要性も失われたわけではない。少なくとも現状をより反映したリストにブラッシュアップしていくには、まだまだ努力が必要であるようだ。

### 参考文献

堀田満（2013）奄美群島植物目録．鹿児島大学総合研究博物館研究報告 No. 6．鹿児島大学総合研究博物館，鹿児島

国立大学法人鹿児島大学（2012）平成23年度琉球弧の世界自然遺産登録に向けた科

学的知見に基つく管理体制の構築に向けた検討業務報告書 . 国立大学法人鹿児島大学 , 鹿児島.

Kubota Y, Hirao T, Fujii S, Murakami M. (2011) Phylogenetic beta diversity reveals historical effects in the assemblage of the tree floras of the Ryukyu Archipeloago. Journal of Biogeography 38: 1006-1008

光田重幸・永益英敏（1984）屋久島原生自然環境保全地域のシダ植物相と顕花植物相. 環境庁自然保護局 屋久島原生自然環境保全地域調査報告書 : 103-286

宮本旬子（2010）奄美群島の植物. 鹿児島大学鹿児島環境学研究会編　鹿児島環境学 II: 65-83

宮本旬子（2012）国立大学法人鹿児島大学編. 平成 23 年度琉球弧の世界自然遺産登録に向けた科学的知見に基づく管理体制の構築に向けた検討業務報告書 . 参考資料 : 1-24. 国立大学法人鹿児島大学 , 鹿児島

宮本旬子（2016）奄美群島の植物相　在来種と外来種の多様性. 鹿児島大学生物多様性研究会編. 奄美群島の生物多様性　研究最前線からの報告 : 10-16. 南方新社, 鹿児島

Nakamura K, Suwa R, Denda T, Yokota M.(2009) Geohistorical and current environmental influences on floristic differentiation in the Ryukyu Archipelago, Japan Journal of Biogeography 36: 919-928

大野隼夫氏寄贈植物標本目録（奄美市立奄美博物館所蔵）
http://bunkaisan-amami-city.com/user-lib/2015-27.pdf

志内利明・堀田満（2015）トカラ地域植物目録. 鹿児島大学総合研究博物館研究報告 No. 7. 鹿児島大学総合研究博物館, 鹿児島

# 第３章
# 奄美大島と徳之島の山地照葉樹林

相場慎一郎

## 1　なぜ奄美大島と徳之島なのか

本章の主題は、奄美大島と徳之島の山地照葉樹林である。九州と台湾の間に連なる南西諸島の島々を見ると屋久島（最高標高 1936 m）が別格で高く、その他の島々は標高 1000 m に達しない。しかし、その中でも、鹿児島県側（薩南諸島）にはいくつか高い島があり、最高標高 500 m 以上に達するのは、北から順に、大隅諸島の黒島（620 m）・硫黄島（704 m）・口永良部島（657 m）、トカラ列島の口之島（628 m）・中之島（979 m）・諏訪之瀬島（796 m）・悪石島（584 m）、奄美群島の奄美大島（694 m）・徳之島（645 m）となる。沖縄県側（琉球諸島）では石垣島（526 m）と沖縄島（503 m）がわずかに 500 m を超え、西表島（470 m）は 500 m 未満であるのと対照的である。そして、高い山がある島の中でもなぜ奄美大島と徳之島なのか、その理由を述べることから本章を始めたい。

南西諸島の森林生態系を考える上で重要なキーワードとして、「渡瀬線」、「高島・低島」、そして「火山・非火山」がある。第２章でも述べられているように、渡瀬線（あるいはトカラギャップ）は屋久島と奄美大島の間のトカラ海峡（厳密にはトカラ列島の悪石島と小宝島の間）に引かれた生物の分布境界線で、この線よりも北では温帯系の生物が圧倒的に多いのに対し、南では熱帯系の生物が多くなる。たとえば、屋久島まではマムシが分布するが、小宝島より南にはハブ類が分布する。植物では針葉樹（スギ・モミ・ツガ・ヒノキなど）や落葉広葉樹の多く（アカシデ・ナナカマド・コハウチワカエデ・ヒメシャラ・タンナサワフタギなど）は屋久島が南限である一方、南方系の常緑広葉樹（イジュ・アカミズキ・シマミサオノキ・ムッチャガラ・ウラジロカンコノキなど）は奄美大島以南に分布が限られる（初島 1986；1991；島袋 1996）。その理由としては、地史（過去の陸地のつながり方）がもっとも重要と考えられている。しかし、奄美群島より南では冬が暖かく、1000 m を超える山がないため、屋久島の高地（冷温帯気候）に相当する場所が存在しないという気候の影響も無視できない。

次に、第1章で説明されているように高島・低島というのは、山地の有無に基づく区別のことである（目崎 1980；1985）。山地は平らな台地・段丘・低地などとの地形の違いに基づき絶対的な高さで区別されるわけではないが、高島（山地島）の最高標高はふつう 200 m 以上であるのに対し、低島（台地島）は 300 m 以下である。大隅諸島では、屋久島が高島、種子島（282 m）が低島で、明瞭なコントラストをなす。奄美群島では、奄美大島（加計呂麻島・請島・与路島を含む）と徳之島が高島、喜界島（214 m）・沖永良部島（240 m）・与論島（97 m）が低島である。沖縄諸島・先島諸島では、沖縄島・石垣島・西表島・与那国島（231 m）が高島、宮古島（115 m）が低島であるが、沖縄島でも高島的なのは北部（ヤンバル）だけで、南部は低島的である。逆に、奄美大島は大部分が高島的であるが、北東部（奄美市笠利町周辺）だけは低島的である。徳之島は高い山地があるので高島に分類されるが、南部低地は石灰岩台地になっている点で低島的な性質も併せ持っている。

さらに、高島には火山島と非火山島がある。大隅諸島西部（三島と口永良部島）とトカラ列島の島々はすべて新旧の火山島で、奄美群島の島々はすべて非火山島である。沖縄県では久米島・粟国島が古い火山である。「高島・低島」および「火山・非火山」という地形・地質に基づくと、南西諸島の島々は、(1) 火山性高島、(2) 非火山性高島、(3) 低島（火山起源の場合もあるが侵食により火山地形が失われている）の3つに分類することができる。

渡瀬線以南の非火山性高島は約 150 万年前にアジア大陸から切り離されたと考えられている（Osozawa *et al.* 2012）。島の面積が大きくて陸生生物の多様性が高く、堆積岩が基盤となっている山地に分布が限られる固有種（特定の限られた地域にだけ分布する種）がしばしば分布する。火山性高島では高い山地はあっても火山活動のため（あるいは島ができてから余り時間がたっていないため）に植生が貧弱であり、島の面積が小さいこともあって陸生生物の多様性は低い。奄美群島以南の低島では、隆起サンゴ礁起源の石灰岩が地質の大部分を占める。過去の海水面や地殻の変動の過程で島が完全に水没した可能性もあり、また、人間による開発が島の隅々まで及んでいるため、低島の陸生生物相も一般に貧弱である。代表的な例として、低島の多くにはハブ類やドングリをつけるブナ科植物が分布しない。

以上のように、「渡瀬線」、「高島・低島」、「火山・非火山」というキーワードで南西諸島の陸域の生態系を大まかに整理して把握することができる。奄美群島のうち奄美大島・徳之島は渡瀬線以南の非火山性高島である点で沖縄県の沖縄島・西表島と共通し、山地には多数の固有種を含む豊かな森林がある。それゆえ同じ世界自然遺産「奄美・琉球」として登録される予定であると理解できる。奄美大島・徳之島の固有種の代表的なものとして、動物ではアマミノクロウサギ・ルリカケス、植物ではウケユリ・カンアオイ類（日本産46種のうち９種が奄美群島固有種；Matsuda *et al.* 2017）などがある。同様に、西表島にはイリオモテヤマネコ、沖縄島にはヤンバルクイナなどの固有種が存在する。同じく南西諸島の非火山性高島であっても、屋久島は渡瀬線より北にある

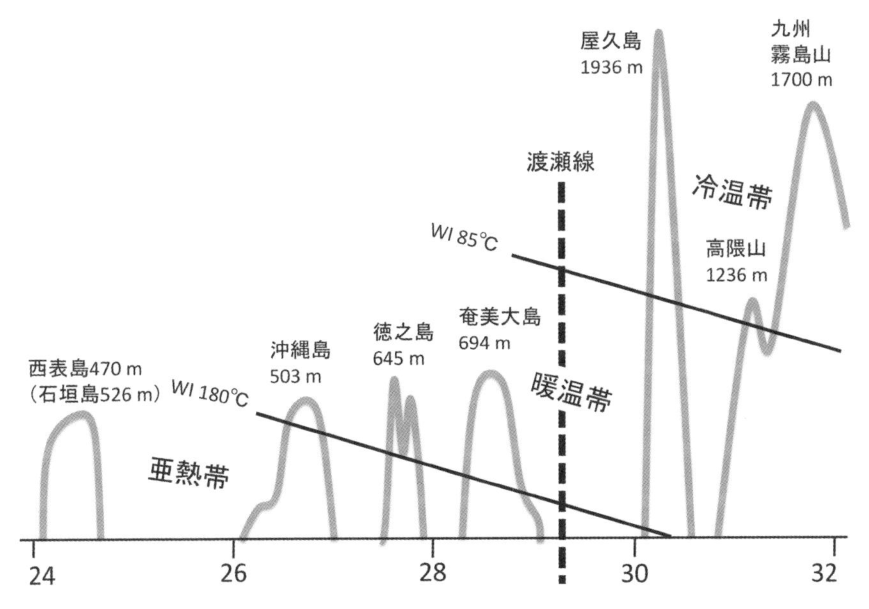


図１　九州南部から南西諸島にかけての陸上地形の概略と気候を示す模式図。WI は暖かさの指数（月平均気温が 5℃以上の月について月平均気温から 5℃を引いた値を積算したもの）

点でこれらの島とは生物相が大きく異なり、世界自然遺産としても別個になっている。奄美群島のうち喜界島・沖永良部島・与論島は非火山であっても低島なので生物相が貧弱である。三島・トカラ列島の島々は高島であっても、火山性高島なので生物相が貧弱である。

奄美大島と徳之島は、渡瀬線以南の非火山性高島の中でもっとも北方に位置し、しかも、600 m 以上の山を持つ点でユニークである。渡瀬線は生物の分布境界線であると同時に気候の境界線でもある。暖かさの指数によると、屋久島の南部海岸とトカラ列島口之島の北端を境界として、それより北は暖温帯、南は亜熱帯である（堀田 2013；米田 2016）。現在サンゴ礁が発達するのも、隆起サンゴ礁由来の石灰岩が広範に分布するのも、トカラ列島までである（木崎 1980）。しかし、標高があがると気温が低下するため、奄美大島と徳之島の山地は暖かさの指数でいえば暖温帯に属する（図 1）。気象庁の名瀬と伊仙における平年値（1981 ～ 2010 年）から気温逓減率を 100 m あたり 0.6℃として計算すると亜熱帯と暖温帯の境界（暖かさの指数 180℃）は、奄美大島では 280 m、徳之島では 305 m となる。沖縄県では海岸部の気温が高く山の高さも低いため、暖温帯に属する標高帯は沖縄島では 440 m 以上の山頂部のみで、石垣島・西表島には存在しない。奄美大島と徳之島は島内で亜熱帯から暖温帯への変化が顕著に見られる点でもユニークなのである。

なお、南西諸島では、沖縄諸島と先島諸島の間（慶良間海裂）でも生物相が大きく変化し、ここに引かれる生物の分布境界線を蜂須賀線（慶良間ギャップ）という。ただし、維管束植物相については、蜂須賀線を挟んだ生物相の変化は、地史の影響を考えなくても、沖縄諸島と先島諸島の間の距離が遠いことと、それに伴う温度環境の変化で説明可能だという（Nakamura *et al.* 2009）。渡瀬線と蜂須賀線の間に位置する奄美群島と沖縄諸島は生物相の共通性が高く、生物地理学の区分で中琉球と呼ばれる。同様に、渡瀬線以北を北琉球、蜂須賀線以南を南琉球と呼ぶ。

## 2　南西諸島の照葉樹自然林の概観

植物社会学という学問がある。多地点を調査するのに適した方法で、各地点で植物群落の階層（高木層、亜高木層、低木層など）ごとに維管束植物（種子植物とシダ植物）の出現種すべての被度（ある種の全個体の地上部の投影面積が調査面積に占める割合）を記録する。こうして得られた多地点のデータを、標徴種により規定される群集へと分類する。標徴種とは、その群集にのみ特徴的に結びつく種群のことである。植物社会学により日本全土の植生は、上位から下位の階層の順に、クラス、オーダー、群団、群集という階層的分類により体系化されている。ただし、標徴種の抽出も群集分類も多少とも主観的におこなわれるため、絶対的に確立した体系はない。ここでは、鈴木(1979)・宮脇(1980, 1989) などに近い、藤原（1981）の体系に基づき説明する。

小笠原諸島を除いた日本の照葉樹自然林（植物社会学ではヤブツバキクラス）は、まず、本州北部から屋久島の比較的高標高に分布するシキミ―アカガシオーダー（いわゆるカシ林；イスノキ林も含む)、本州南部から南西諸島全域の比較的低標高の非石灰岩地に分布するタイミンタチバナ―スダジイオーダー（いわゆるシイ林；タブノキ林も含む)、南西諸島の石灰岩地に分布するリュウキュウガキ―クスノハガシワオーダーの３つに大別される。ここで、自然林とは植林や人為活動起源の二次林（後述）を除いた原生的森林をさす。タイミンタチバナ―スダジイオーダーは、海岸林のシャリンバイ―ウバメガシ群団(＝トベラ群団、本州～南西諸島全域）と、通常の立地条件に成立するイズセンリョウ―スダジイ群団（九州以北）およびボチョウジ―スダジイ群団（種子島・屋久島以南）に分けられる（宮脇 1980；藤原 1981)。ここで問題になるのが、通常の立地条件に成立するタイミンタチバナ―スダジイオーダー（シイ林）を九州以北と種子島・屋久島以南で二分していることである。これは、ボチョウジ―スダジイ群団の標徴種であるボチョウジの北限が種子島・屋久島であることを反映している。しかし、植物群落の全体的な種組成や気候条件を考えると、シイ林には種子島・屋久島と九州の間（大隅海峡＝三宅線）よりも、屋久島と奄美群島の間（トカラ海峡＝渡瀬線）の違いの方が大きい。このことから、服部ほか（2012）は小笠原諸島を除く日本の照葉樹林を、奄美群島以南のオキナワジイ―ボチョウジオーダーと屋久島以北のスダジイ―ヤブコウジオーダー（カシ林・イスノキ林を含む）に二分した。これらの呼称は、奄美群島以南のスダジイをオキナワジイとして、屋久島以北に分布するスダジイと亜種（志内・

堀田 2015；大川・林 2106）または変種（島袋 1997；堀田 2013）として区別する見解によるものだが、最近の分子系統学的研究はこれを支持しない（瀬戸口 2012）。

宮脇（1980）・藤原（1981）らの体系では、屋久島を南限とする本土系の種群（落葉広葉樹類）とともに、屋久島を北限とする南方系の種群（ボチョウジなど）が重視されている（服部ほか 2012）。このため、屋久島の低地には奄美群島以南と共通の植物群落が存在する一方、山地には日本本土と共通の植物群落が存在することになり、「屋久島の植生は、日本列島の植生の縮図であり、要めである」と評価される（宮脇 1980）。しかし、屋久島を北限とする種群を重視することに客観的根拠は存在しない。南西諸島における維管束植物の北限種の分布は屋久島・種子島（61種）よりも奄美群島（166種）の方が多く、これは渡瀬線の存在と整合性がある（宮本 2010）。素直に考えれば、屋久島ではなく奄美群島を北限とする種群を重視する方が自然である。なぜ宮脇（1980）・藤原（1981）らの体系では屋久島を北限とする種群が重視されているのか？日本の植物社会学の体系化に大きく貢献した『日本植生誌』全10巻（1980～1989）の第1巻として屋久島のみの巻（宮脇 1980）が編まれ、そこで上記のような先入観（屋久島＝日本列島の縮図）のもとに日本全体の群落体系が構想されたからであろう。

## 3　奄美大島と徳之島の非石灰岩地（山地）森林

上記のように屋久島の扱いには問題があるが、渡瀬線以南の南西諸島の植生を概観するには、植物社会学の体系は有用である。それによると、奄美群島・沖縄諸島・先島諸島の自然林は、まず、石灰岩地に分布しスダジイを欠く森林（リュウキュウガキ―クスノハガシワオーダー）と、非石灰岩地（タイミンタチバナ―スダジイオーダー）のボチョウジ―スダジイ群団に大別される（図2、鈴木 1979）。石灰岩地のリュウキュウガキ―クスノハガシワオーダーの森林は喜界島と徳之島以南には広く分布するが、奄美大島（加計呂麻島・請島・与路島も）には存在しない。さらに、非石灰岩地の自然林は11の群集に分類される（表1、宮脇 1989）。リュウキュウマツが優占する群集やギョクシンカ―スダジイ群集

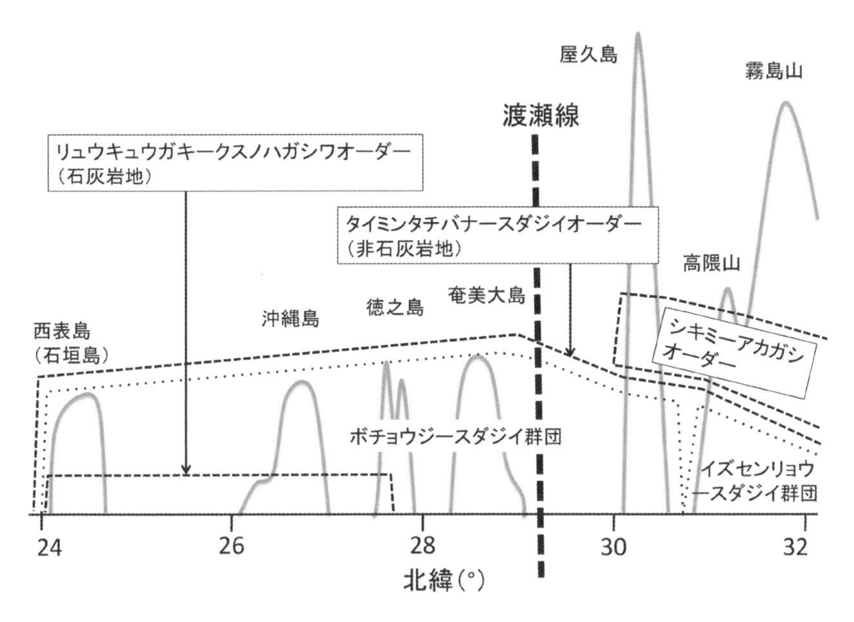


図２　九州南部から南西諸島にかけての植物社会学による照葉樹林の群落体系
（鈴木 1979；宮脇 1980）

表１　渡瀬線以南の南西諸島の主要な島々において植物社会学によって識別された非石灰岩地の照葉樹自然林群落（ボチョウジ―スダジイ群団）の分布。奄美大島・徳之島に分布する群集名の後には括弧内に記号を記した

| | | 奄美群島 | | | 先島諸島 | |
|---|---|---|---|---|---|---|
| | 群集名 | 奄美大島・徳之島 | 喜界島・沖永良部島 | 沖縄諸島 | 石垣島 | 西表島 |
| A, 低標高谷部に分布し、スダジイもオキナワウラジロガシも優占しない群落 | | | | | | |
| | ヤマビワソウーホソバタブ群集 | | | ○ | | ○ |
| | アワダンータブノキ群集 | | | | ○ | ○ |
| B, 斜面中部～谷部に分布しオキナワウラジロガシが優占する群落 | | | | | | |
| | オキナワウラジロガシ群集(b) | ○ | | ○ | ○ | ○ |
| C, 低標高谷部と山頂部以外に分布し、スダジイが優占する群落 | | | | | | |
| | ケハダルリミノキースダジイ群集(c1) | ○ | | | | |
| | アマミテンナンショウースダジイ群集(c2) | ○ | | | | |
| | アオバナハイノキースダジイ群集 | | ○ | | | |
| | オキナワシキミースダジイ群集 | | | ○ | | |
| | ケナガエサカキースダジイ群集 | | | | ○ | ○ |
| | アカハダクスノキースダジイ群集 | | | | | ○ |
| D, 山頂部に分布する群落 | | | | | | |
| | アマミヒイラギモチーミヤマシロバイ群集(d) | ○ | | | | |
| | オキナワテイショウソウーマテバシイ群集 | | | ○ | | |

は二次林（ただし、前者の多くは植林）なので含めていない。島ごとに異なる標徴種が存在するため細分されているが、地形と優占種（注1）に基づき大きく分けると、(A) 低標高谷部に成立し、シイもオキナワウラジロガシも優占しない2群集、(B) 標高380 m以下（ただし、徳之島では標高500 mまで分布；大野 1994）の斜面中部〜谷部に成立するオキナワウラジロガシ群集、(C) 山頂部と低標高谷部以外に普遍的に存在するシイ林6群集、(D) 山頂部に成立する2群集、という4タイプになる。

奄美群島にはAタイプは存在せず、先島諸島にDタイプは存在しない。また、奄美群島・先島諸島にはCタイプのシイ林が同じ島に2群集存在する島がある（奄美大島・徳之島・西表島・与那国島）。先島諸島のシイ林2群集のうち、アカハダクスノキ—スダジイ群集は隣接する石灰岩地に生育する種群（アカハダクスノキがその代表）が混じるのが特徴で、分布は限定的である。奄美大島・徳之島のシイ林2群集は低標高（標高100〜450 mのケハダルリミノキ－スダジイ群集）と中標高（標高300〜600 mのアマミテンナンショウ－スダジイ群集）に分かれて存在し、両島のみに標高600 m以上の山地が存在し、その中腹以上の気候が暖温帯に分類されることに対応している。

B〜Dタイプの森林を地形・気候と関連づけて整理すると、奄美大島・徳之島の非石灰岩地（すなわち山地）の極相的森林の垂直分布は以下のようになる。植生タイプをアルファベット大文字で区別したので、個別の群集はアルファベットの小文字で表した。

(b) 低標高（標高500 m以下）谷部〜斜面中部のオキナワウラジロガシ林（オキナワウラジロガシ群集）：亜熱帯が分布の中心

(c1) 低標高（標高100〜450 m）斜面中部〜尾根部のシイ林（ケハダルリミノキ—スダジイ群集）：亜熱帯が分布の中心

(c2) 中標高（標高300〜600 m）のシイ林（アマミテンナンショウ—スダジイ群集）：暖温帯が分布の中心

(d) 山頂部（標高500 m以上）の森林（アマミヒイラギモチ—ミヤマシロバイ群集）：暖温帯に分布

以上のように、奄美大島・徳之島は、沖縄諸島以南の低標高のみに分布（特に西表島で広く分布）するAタイプを除けば、渡瀬線以南の南西諸島の非石灰岩地の自然林を一通り有しており、また、亜熱帯から暖温帯にまたがる植生の垂直分布が顕著に見られる点でユニークである。

## 4　南西諸島の常緑ブナ科樹種

植物社会学の体系が示すように、南西諸島（冷温帯気候に属する屋久島の高標高を除く）の非石灰岩地では、一般にブナ科の常緑樹（スダジイ、マテバシイ、カシ類）が優占する。ブナ科樹種は移動性の低い果実（ドングリ）をつけるため、一般に大陸からの隔離の程度が大きい島ほど種数が少ない。前述のとおり、低島にはブナ科樹種が全く存在しない島もあり隔離の影響のためと思われるが、生育適地の非石灰岩地が少ないことも影響しているかもしれない。小型のドングリをつけるスダジイは大きめの低島（喜界島・沖永良部島等）や火山性高島（三島・トカラ列島等）にも分布するが、大型のドングリをつけるマテバシイとカシ類（常緑コナラ属）は一部の非火山性高島に分布が限られる。ただし、アマミアラカシは沖永良部島にも分布する（オキナワウラジロガシも分布するが植栽起源と考えられる；初島 1986)。ドングリは狩猟採集時代（日本本土の縄文時代と南西諸島の貝塚時代）のヒトの主要な食料と推定され（第10 章参照)、ヒトによる移動も考えられる点に注意する必要がある。

常緑ブナ科樹種は中国から東南アジアにかけて南方ほど種数が多くなる。しかし、日本本土に 12 種、台湾には約 40 種（Liao 1996）が分布するのに対し、南西諸島にはスダジイ（シイ属)・マテバシイ（マテバシイ属)・オキナワウラジロガシ・アマミアラカシ・アカガシ・ウラジロガシ・ウバメガシ（以上コナラ属）の７種しか分布しない。オキナワウラジロガシ（南西諸島固有種）とアマミアラカシ（日本本土等に分布する基本種アラカシと独立した分類群と認める場合）は渡瀬線以南のみに分布する。これと対照的に、本州北部から屋久島の高標高のカシ林を植物社会学でシキミ―アカガシオーダーと呼ぶことからわかるように、アカガシは屋久島が南限である。ウラジロガシは日本本土でアカガシと同所的に分布するが、南西諸島では屋久島のほかに、渡瀬線より南の奄美大島と徳之島を含むいくつかの島々に分布する（後述)。ウバメガシは日本本土の海岸林に生育するほか、南西諸島では黒島・種子島・屋久島・宝島・沖縄島・伊平屋島・伊是名島に分布し、奄美群島には分布しないので以下では触れない。ウラジロガシ・ウバメガシ・マテバシイは渡瀬線を越えて分布しており、どのようにして現在の分布が形成されたのか興味深い（志内・堀田2015）。

アマミアラカシは独立種（島袋 1996）とも、日本本土からヒマラヤにかけて分布するアラカシの変種（初島 1986；初島・天野 1994；堀田 2014；大川・林 2016）ともされるが、アラカシと差異を認めない研究者もいる。徳之島では低地の石灰岩地や崩壊跡地で優占し（宮脇 1989；大野 1994；大野・寺田1996；寺田ほか 2010）、奄美大島では低地河川沿いの岩礫地（宮脇ほか 1975）、二次林（田川ほか 1989）、林縁（寺田 2007）に多く出現する。日本本土のアラカシが二次林や一次遷移林（桜島の溶岩原など）に多く出現するのに似る。ただし、奄美大島（迫 1996）・徳之島（後述）とも中～高標高の非石灰岩地の原生的森林にも低頻度で出現し、大径木が盛んに萌芽する点でウラジロガシと共通し、ほとんど萌芽しないオキナワウラジロガシとは異なる。なお、トカラ列島にはアラカシが分布するが、植栽起源と考えられる（志内・堀田 2015）。

マテバシイは沖縄島のオキナワテイショウソウ―マテバシイ群集の優占種であり、伊平屋島・座間味島・久米島にも分布する（初島・天野 1994）が、奄美群島には奄美大島の数カ所と請島にしかないようだ（初島 1986）。渡瀬線より北（トカラ列島諏訪瀬島以北）には普通に分布するのに、奄美群島以南では分布が限られるのは不思議である。「近海山地」（初島・天野 1994）に分布することから、気候が暑すぎるとも考えられない。マテバシイは日本本土でも縄文時代に食用にされたと考えられ、薪炭材・救荒食料等として近年まで広く利用された（伊藤 1977；寺嶋 2016）。先史時代ヒトにより運ばれた可能性がある種である。

## 5　ウラジロガシとオキナワウラジロガシの混同問題

徳之島には各地にオキナワウラジロガシ林が存在する。ウラジロガシも分布するとされるが、個体数は少ないようで、鹿児島大学には徳之島産の標本は見当たらない。逆に、奄美大島にはオキナワウラジロガシは少なく、オキナワウラジロガシ林と呼べるような群生地は数カ所のみであり（堀田 2002；寺田 2007）、ウラジロガシの方がずっと多い。オキナワウラジロガシの分布は徳之島・奄美大島とも 500 m 以下に限られ、徳之島で多く奄美大島では散在的なのに対し、ウラジロガシは低地から山頂部まで広く分布し、奄美大島で多く徳之島では散在的というのが実態のようだ。

しかし、宮脇ほか（1974；1975；1989）の一連の植物社会学的研究では、奄美大島でもオキナワウラジロガシは頻繁に出現する一方で、ウラジロガシはごくまれにしか出現しない。湯湾岳山頂部（530 ～ 690 m）でオキナワウラジロガシが出現するとされている（宮脇ほか 1975）ことから、宮脇ほか（1974；1975；1989）はウラジロガシをオキナワウラジロガシとして誤同定している可能性が高い。同様に、田川ほか（1989）が湯湾岳山頂部に出現したとするオキナワウラジロガシもウラジロガシを誤同定したものであろう。宮脇ほか（1989）の付表を見ると、南西諸島全体のスダジイ林の総合常在度表では奄美群島にウラジロガシが出現する一方、奄美群島のスダジイ林群集表の方にはウラジロガシは全く出てこないという矛盾が見られる。総合常在度表で奄美群島にウラジロガシが出現する根拠のひとつとして、Miyawaki & Ohba（1963）が引用されている。したがって、宮脇らは 1963 年には正しく２種のカシを同定していたのが、1989 年に至って混同してしまった経緯がうかがえる。なお、宮脇らとは異なる植物社会学群落体系を提唱した服部ほか（2012）も、奄美大島でウラジロガシをオキナワウラジロガシと誤同定していると思われる。

Miyawaki & Ohba（1963）は奄美群島における植物社会学的研究の嚆矢であり、奄美大島と徳之島で 45 カ所の森林を調査している。奄美大島では 31 カ所中、低標高（200 ～ 380 m）の７カ所にオキナワウラジロガシが出現し、低～高標高（150 ～ 600 m）の 14 カ所にウラジロガシが出現した。徳之島では 14 カ所中、２カ所（150 ～ 200 m）でオキナワウラジロガシが出現し、２カ所（天城岳の 300 ～ 400 m）でウラジロガシが出現した。前述のとおり、この研究では両種が正しく同定されていると思われる。同様に、同定が正しいと思われる研究には以下のようなものがある。迫（1966）の奄美大島湯湾岳山頂部（650 ～ 670 m）の植生調査では、ウラジロガシとアマミアラカシが出現したが、オキナワウラジロガシは出現しなかった。寺師（1983）の奄美大島各地の 38 カ所（標高 100 ～ 660 m）の植生調査では、ウラジロガシは 580 m 以上の山頂部に出現したが、オキナワウラジロガシは出現しなかった。奄美大島金作原（標高 260 ～ 320m；清水ほか 1988；Hara *et al*. 1996；Oono *et al*. 1997）、住用川流域（標高 300m 以下；宮城ほか 1989）、役勝川上流域（川西 2012）でもオキナワウラジロガシは出現しないが、ウラジロガシはしばしば優占種のひとつとなる。ただし、金作原にはオキナワウラジロガシが全くないわけではないようだ（田川ほか 1989；松本ほか 2015）。宮城ほか（1989）は、住用川のウラジロガシ林を日本における南限であると指摘し、奄美大島のウラジロガシ林と沖縄島のオキナワウラジロガシ林が対比される（生態的に同位である）と考察した。ただし、先述のとおり、ウラジロガシは標高 600 m 以上の山頂部まで分布し、渓谷沿いの急斜面（宮城ほか 1989）や尾根（Oono *et al*. 1997）など地形を問わず出現するのに対し、オキナワウラジロガシの分布は標高 500 m 以下の斜面中部～谷部に限られ（迫 1971；宮脇 1989；大野 1994；Oono *et al*. 1997）、奄美大島・徳之島で両種が同所的に出現する例は知られていない。ウラジロガシは日本本土では照葉樹林の上限・北限近くまで出現し、その分布中心は暖温帯である一方、奄美群島以南の低標高に分布が限定されるオキナワウラジロガシの分布中心は亜熱帯である。徳之島で 1970 年代以降行われた研究では、低標高（標高 370 m 以下）でオキナワウラジロガシが優占する例が繰り返し報告されているが、ウラジロガシが出現した例はない（迫 1971；大野 1994；大野・寺田 1996；Oono *et al*. 1997；米田 2016；鵜川 2016）。

オキナワウラジロガシが奄美大島に少ない理由は定かではない。徳之島では標高 500 m まで分布する（大野 1994）ことから、奄美大島の低地が気候的にオキナワウラジロガシの生育に適さないわけではないだろう。一般に地形が急峻な奄美大島にはオキナワウラジロガシの生育に適した地形（緩やかな斜面中部～谷部）が少ないためという可能性はある。しかし、奄美大島大和村大和浜集落の裏山（標高 80 ～ 200 m）には、急峻な地形にもかかわらず巨木を含むオキナワウラジロガシ林（国指定の天然記念物）があり、神山として保護されてきたため残ったものだという（寺田 2007）。沖縄での例（仲間 1984；田里 2014）から推測して、オキナワウラジロガシは有用樹として古来利用されてきたと考えられる。大型（日本最大）のドングリを付けるため種子散布距離が短いと予想され、萌芽力もさほど強くない（米田 2016）ため、古来からの伐採圧により少ないと考えるのが妥当ではないか。

同様に、奄美大島では普通なウラジロガシが徳之島に少ない理由もよくわからない。ウラジロガシは奄美群島以南の南西諸島では、奄美大島・徳之島のほかには沖縄島と与那国島にしか分布せず、南西諸島南部だと気候が暑すぎるのではないかと想像される。ただし、沖縄島では稀だが与那国島には比較的多い（宮脇 1989；大川・林 2016）。台湾の低標高（500 m）にも分布する（Liao 1996）が、別種という見解もあり（Huang *et al.* 1999）、ウラジロガシの分布にも未解明の点がある。

## ６　奄美大島・徳之島の山地照葉樹林の種組成

植物社会学は広域における多様な植物群落を概観するには優れた方法であるが、森林の種組成や構造を詳しく分析するには不十分で、調査区内の樹木を１本ずつ同定して幹直径（通常胸の高さで測定するので胸高直径と呼ぶ）を測定する毎木調査をおこなう必要がある。これまで奄美群島で植物社会学的研究は多数おこなわれてきたが、毎木調査による研究は少なく調査区面積は最大でも 0.15 ha（50 m × 30 m）と小さいものがほとんどであった（寺師 1983；清水ほか 1988；田川ほか 1989；Hara *et al.* 1996；寺田 2007；寺田ほか 2014）。大面積調査区によるものは奄美大島金作原（100 m 四方、1 ha、標高 300 ～ 350m；石田ほか 2008）と徳之島三京（200 m 四方、4 ha、標高 200 m；米田 2016；鵜川 2016）の２カ所の原生的森林（非石灰岩地）のみであり、奄美群島の多様な森林の特徴を把握するにはまだ不十分である。そこで、これら既存の大面積調査区と異なる地域・標高の山地（非石灰岩地）の原生的森林に比較的大面積（0.25 ha、50 m 四方）の調査区を設けて、胸高直径２cm 以上の樹木について毎木調査をおこなった。両島の最高峰、湯湾岳と井之川岳を含む山域の国有林で伐採記録のない林分を選んだ。調査地の基岩はいずれも堆積岩であるが、徳之島の 350 m 地点のみ蛇紋岩の可能性がある（後述）。いずれの調査地も暖かさの指数を推定すると 180℃以下となり、暖温帯に属することになる。各調査区で 1000 本以上の樹木が調査され、４調査区を合わせると 6390 本、87 種の樹

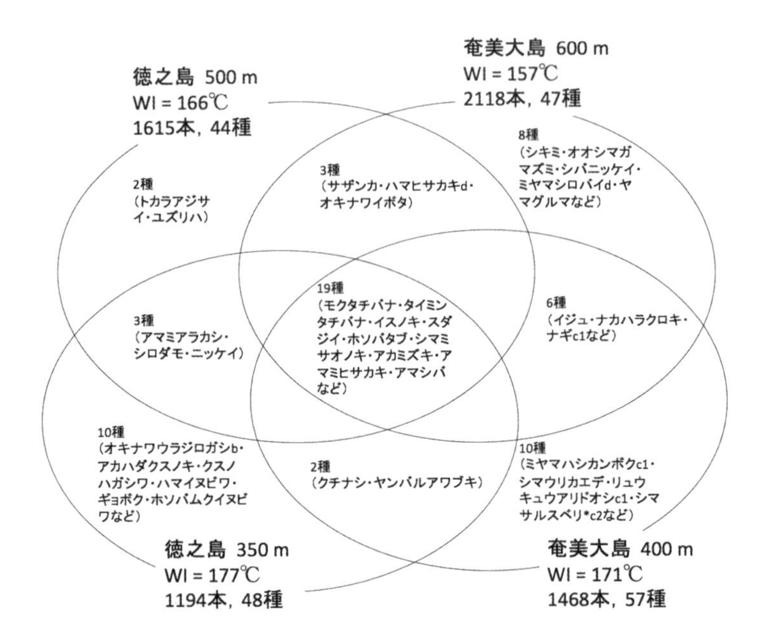


図3　奄美大島と徳之島に設定した4つの面積0.25 haの毎木調査区（胸高直径2 cm以上）に出現した樹種。* を付したシマサルスベリは調査区のすぐ外側に生育。調査区の標高、暖かさの指数（WI）の推定値、調査区あたりの本数と種数も示す。b、c1、c2 および d は植物社会学的群集の標徴種を表す（表1）

木が出現した。調査区あたりの樹木の種数を比べると、標高が上がると減少し、奄美大島の方が徳之島より多い傾向があった（図3）。ただし、本数あたりの種数を計算すると、徳之島の方が大きくなる。

4調査区全てに出現したのは19種であった。本数が多いのはモクタチバナ・タイミンタチバナ・イスノキ・スダジイ・ホソバタブなど屋久島以北の照葉樹林でも優占する種群であり、屋久島以北に分布しないのはシマミサオノキ・アカミズキ・アマミヒサカキ・アマシバの4種のみであった。なお、前述のとおり、本章では南西諸島に分布するシイをすべてスダジイとする見解を採用している。

中標高（奄美大島400 m・徳之島350 m）のみに出現したのは22種で、両島とも出現したのは2種（クチナシ・ヤンバルアワブキ）のみであり、そのほか奄美大島ではミヤマハシカンボク、徳之島ではオキナワウラジロガシの本数が多かった。ミヤマハシカンボクは奄美群島の標高100 〜 450 mに分布するとされるケハダルリミノキ―スダジイ群集（表１のc1）の標徴種である。ただし、奄美大島の400 m調査区のすぐ外側には、奄美群島の標高300 〜 600 mに分布するとされるアマミテンナンショウ―スダジイ群集（表１のc2）の標徴種であるシマサルスベリが生育していた。したがって、奄美大島400 m調査区は、ケハダルリミノキ―スダジイ群集とアマミテンナンショウ―スダジイ群集の両者に相当すると考えられる。一方、オキナワウラジロガシは比較的低標高（500 m以下）の斜面中部〜谷部に分布するオキナワウラジロガシ群集（表１のb）の標徴種であり、徳之島350 m調査区はオキナワウラジロガシ群集に相当する。

山頂部（奄美大島600 m・徳之島500 m）のみに出現したのは13種で、そのうち両島とも出現したのは３種（サザンカ・ハマヒサカキ・オキナワイボタ）だけであった。そのほか奄美大島ではシキミ・オオシマガマズミ・シバニッケイ・ミヤマシロバイ・ヤマグルマなど８種が出現し、徳之島ではトカラアジサイ・ユズリハの２種が出現した。ハマヒサカキとミヤマシロバイはアマミヒイラギモチ―ミヤマシロバイ群集（表１のd）の標徴種であり、トカラアジサイとユズリハは地理的群集区分種とされる（宮脇 1989）。したがって、奄美大島600 m調査区と徳之島500 m調査区は、ともにアマミヒイラギモチ―ミヤマシロバイ群集に相当する。サザンカ・シキミ・ヤマグルマ・ユズリハは九州や屋久島の山地照葉樹林にも多い種であり、奄美群島と屋久島以北の山地の間の連続性を示す例である（ただし、徳之島のユズリハは日本本土のものより台湾高地のものに近いという；初島 1980）。他方、ミヤマシロバイは熱帯アジア・ニューギニアから台湾にかけての熱帯・亜熱帯山地林（雲霧林）に分布し、奄美大島が分布北限（沖縄島と徳之島にも分布；初島・天野 1994）であり、イジュとともに奄美群島と熱帯の山地林の連続性を示す例である（迫 1966）。なお、奄美大島600 m調査区には、ケハダルリミノキ―スダジイ群集（標高100 〜 450 mに分布）の標徴種ナギとリュウキュウアリドオシ（胸高直径2cm以下）が出現し、これら２種を当該群集の標徴種とするのは不適切なことを示す。

奄美大島の２調査区のみに出現したのは６種（イジュ・ナカハラクロキ・ナギなど）、徳之島の２調査区のみに出現したのは3種（アマミアラカシ・シロダモ・ニッケイ）であった。ニッケイは徳之島・沖縄島・久米島・石垣島のみに固有という奇妙な分布を示し、人為導入の可能性も考えられる。

## 7　奄美大島・徳之島の山地照葉樹林の構造

九州や屋久島の照葉樹原生林と比べると、奄美群島以南の南西諸島の森林は概して巨木が少なく構造が貧弱である。高い山がない島々なので隅々まで伐採が及んでいるためなのか、それとも台風や冬の季節風の影響のためなのか。調査地の森林は奄美大島と徳之島の標高 300 m 以上の国有林ではもっとも原生的であるが、九州や屋久島に残存する照葉樹原生林と比べると大径木の数が少なく小径木の数が多い。

伐採などの撹乱を受けた森林は、切株からの萌芽更新や埋土種子の発芽などにより再生する。このような森林を二次林という。再生が進みモヤシ状の樹木が密生する二次林が形成された後は、樹木の平均サイズは増加する一方、面積

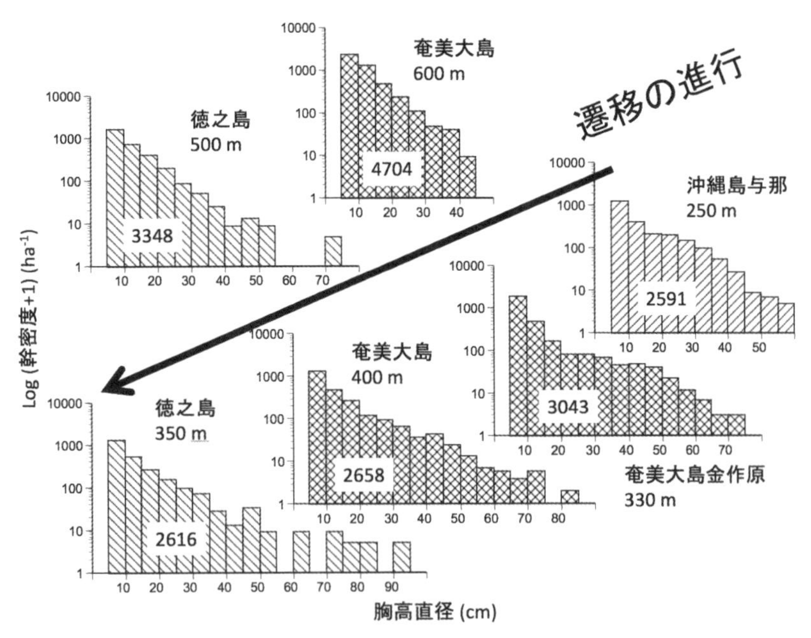


図４　中琉球（奄美群島・沖縄諸島）に設定された６個の毎木調査区の胸高直径階分布（胸高直径≧５cm）。縦軸は対数表示であることに注意。図中の数字は１ha あたりに換算した樹木本数を示す

あたりの本数は減少する。森林の最上層（林冠）に樹冠を持つ樹木は太陽光を優先的に浴びて大きく成長する一方で、下層の日陰に樹冠がある樹木は、耐陰性の強い低木性樹種を除いて枯れていく。このような撹乱後の植生の時間変化を遷移と呼ぶ。したがって、遷移の進行とともに、林冠を構成する大径木が増え、下層の中〜小径木が減少することが予測される。甲山ほか（1994）は、屋久島の照葉樹二次林を調査し、林分の最大胸高直径が発達段階を表す指標となることを指摘した。

いずれも中琉球に属し種組成が似ている奄美大島・徳之島・沖縄島の森林を、標高500 m以上（山頂部）と標高400 m以下（山地中腹）に分けて、最大直径が大きくなる順（すなわち、遷移の進行順）に並べると図４のようになる。奄美大島金作原と沖縄島与那のデータは、環境省のモニタリングサイト1000の１ ha調査区のデータを利用した（Enoki 2003；石田ほか 2008）。今回調査された森林は、これまで中琉球で調査された標高400 m以下の森林の中では比較的遷移が進んでいると考えられる。

## ８　奄美大島・徳之島の山地照葉樹林の優占種

森林では、本数が多い低木よりも本数が少なくても森林の上層を構成する大木がある方が優占種と呼ぶにふさわしい。そこで、幹の断面積を胸高直径から計算して種ごとに合計し、森林全体に占める割合に直した相対胸高断面積という数値で優占種を判断することが多い。中琉球の６調査区を比較すると、遷移の進行とともにスダジイとイジュの優占度が低下し、イスノキ・カシ類（オキナワウラジロガシ・アマミアラカシ・ウラジロガシ）の優占度が増加する傾向が読み取れる（図５)。九州・屋久島の照葉樹林でも、遷移が進んだ森林では通常スダジイよりもイスノキ・カシ類（ウラジロガシ・アカガシ・ツクバネガシなど)の優占度が高いのと共通する現象である。このように毎木調査の結果、思いのほか日本本土と共通性があることがわかった。

奄美大島の調査区ではスダジイとイジュの優占度が高く、オキナワウラジロガシは出現しなかった。前述のとおり、奄美大島にオキナワウラジロガシが少ないことには人為の影響が考えられる。徳之島の調査区ではスダジイの優占

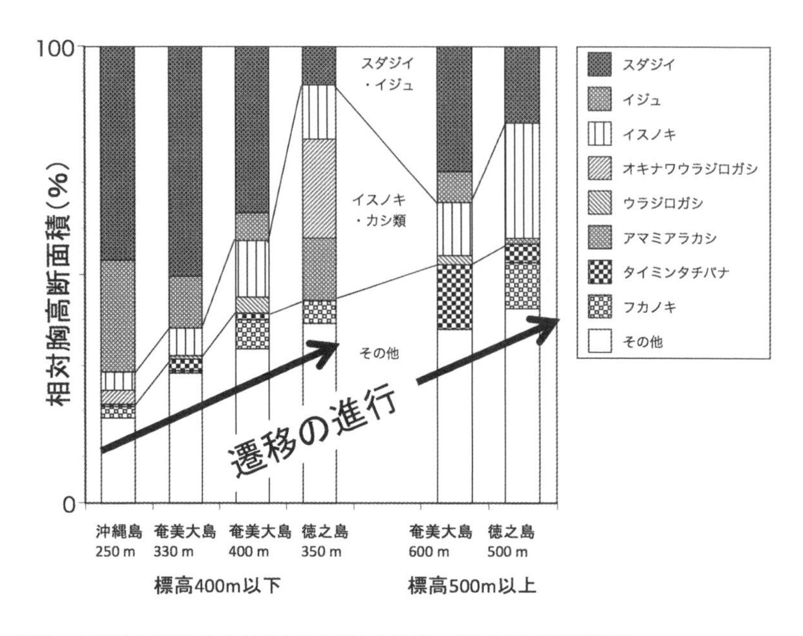


図5　中琉球6調査区における上位3種とウラジロガシの相対胸高断面積。

度は低く、イジュとウラジロガシは出現しなかった。そのかわりに徳之島350 mではオキナワウラジロガシとアマミアラカシ、500 mではイスノキの優占度が高い。奄美大島ではスダジイとイジュの優占度は二次遷移中期（伐採後20～50年）で高く老齢林では低く、老齢林ではイスノキの優占度が（少なくとも高木層において）高まる傾向がある（寺師 1983；清水ほか 1988；松本ほか 2015）。屋久島でも二次林ではスダジイの優占度が高いが、老齢林ではイスノキの優占度の方が高くなる（Aiba *et al.* 2002）。沖縄島ではイジュは老齢林にはなく、二次林のみに出現する（Kubota *et al.* 2005）。以上のことから、奄美大島の森林の方が徳之島の森林より二次林的であり、過去に人為の影響をより強く受けている可能性がある。

なお、徳之島350 m調査区は徳之島の低地石灰岩地で優占するアマミアラカシが優占度第2位であるほか、アカハダクスノキ・クスノハガシワ・ハマイヌビワ・ギョボク・ホソバムクイヌビワなど南西諸島の石灰岩地を特徴づける種が出現する。近くに蛇紋岩の露頭があることから、本調査区の基岩にも蛇紋岩が混じっている可能性がある。ただし、アマミアラカシは基岩が堆積岩の500 m 調査区にも出現する。

一方、本数の優占度を見ると、遷移のより初期に相当する沖縄島 250 m・奄美大島 330 m・奄美大島 600 m ではスダジイ・イジュ・タイミンタチバナ・イヌマキ・サクラツツジが多く、遷移がより進んだ段階に相当する奄美大島 400 m・徳之島 350 m・徳之島 500 m ではイスノキ・モクタチバナ・ショウベンノキが多くなっていた（図 6）。胸高断面積で上位に位置していたカシ類は、大径木はあっても小径木が少ないため図には示されていない。想定される遷移系列に従ってスダジイ・イジュが減りイスノキが増える点は胸高断面積の優占度と共通するが、その他の樹種の本数の優占度の傾向は、遷移では説明できないと思われる。現地での観察および南西諸島での先行研究によると、スダジイ・イジュ・タイミンタチバナ・イヌマキ・サクラツツジは尾根に多く出現し、イスノキ・モクタチバナ・ショウベンノキは谷に多く出現する傾向がある（Hara *et al.* 1996；Aiba *et al.* 2001；Enoki 2003；Kubota *et al.* 2004；Tsujino *et*

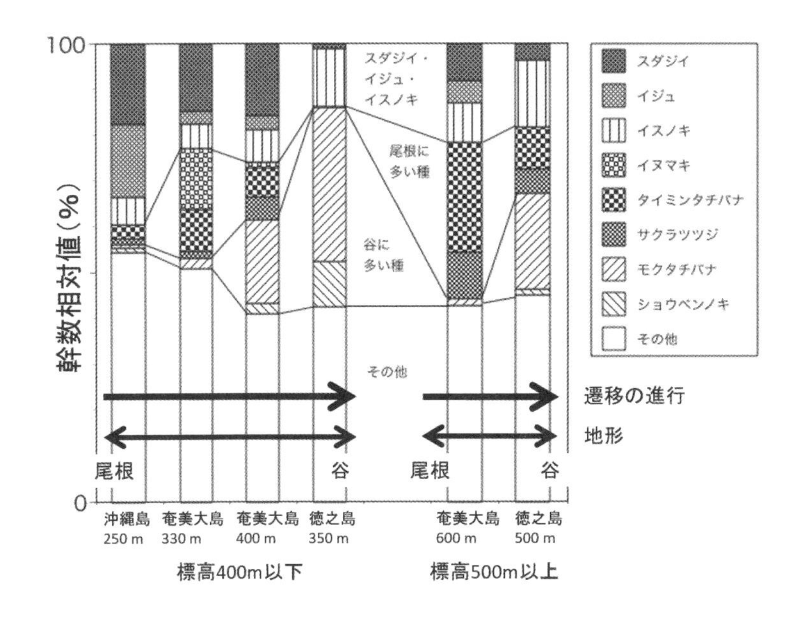


図６　中琉球６調査区における上位３種の幹数相対値。

*al*. 2006；Tsujino & Yumoto 2007)。イスノキは屋久島と沖縄島では尾根に多い（Enoki 2003；Kubota *et al*. 2004；Tsujino & Yumoto 2007）のに対し、奄美大島では谷に多い（Hara *et al*. 1996)。ただし、屋久島でイスノキがスダジイと共存する場合は、スダジイは尾根、イスノキは谷に出現し、これは奄美大島と同じ傾向である（Aiba *et al*. 2001)。したがって、沖縄島250 m→奄美大島330 m→奄美大島400 m→徳之島350 m（標高400 m以下)、および奄美大島600 m→徳之島500 m（標高500 m以上）という遷移系列は、尾根的な地形から谷的な地形へと変化する地形傾度の系列でもあり、谷的な地形では風当たりが弱いために強風による撹乱が少なく、そのために遷移がより進んだ状態に達しているのだと解釈できる。

上記の解釈は異なる調査区間の比較に基づくが、徳之島三京の4 ha調査区内の異なる地形の比較からも同様の解釈が得られる（米田 2016；2017)。その調査区では、尾根でスダジイ、谷でオキナワウラジロガシが優占し、スダジイは強風撹乱による高い死亡率を高い萌芽能力で補って個体群を維持していると推定されている。強風を受けやすい尾根では森林が絶えず破壊され、スダジイが優占する遷移初期の状態がスダジイの萌芽再生により維持されるのに対し、撹乱を受けにくい谷部では遷移が進んでオキナワウラジロガシが優占していると解釈できる。

以上のことから、奄美群島以南の南西諸島の森林が概して貧弱な構造を示すことは、人為の影響のためだけでなく、台風や冬の季節風による強風により頻繁にさらされるためでもあることが示唆される。

## 9　おわりに

奄美大島の調査区は、最大直径が小さくて密度が高く、スダジイ・イジュの優占度が高い一方で、オキナワウラジロガシを欠くことなどから、徳之島の調査区より二次林的である。最後に、この奄美大島と徳之島の違いが一般的な傾向だと仮定して、そう考えられる理由について考察して本章を閉じたい。強風の影響が両島で異なることは考えにくいので、奄美大島の方が伐採などの人為影響をより強く受けている可能性がある。奄美大島は集落がある海岸から急に山地となるが、山地の中には山越えの峠（三太郎峠など）や定高性のある盆地的な地形（井村 2010）があり、そこをヒトが根拠地として利用していた可能性が高い。湯湾岳の東にある大和村フォレストポリスにはかつて福元という集落があった（迫 1966）。このような山中の根拠地を経由することで、奄美大島のほぼ全域が焼畑や有用樹種の調達（丸木船の材料など）などをおこなう生活領域となっていたのではないだろうか。一方、井之川岳が位置する徳之島南部の場合は、集落の背後にまず広大な石灰岩台地があるため、そこが主要な生活領域とされ、さらにその奥に位置する非石灰岩山地にまで人手が及ぶことは少なかったのではないだろうか。

## 注

（１）植物群落または生物群集一般で量が多い種のことを「優占種」と呼ぶ。優占種となることを「優占する」と呼び、優占する度合いを「優占度」と呼ぶ。

## 謝辞

本研究の奄美大島の２調査区は、鹿児島大学大学院理工学研究科鈴木英治教授・博士前期課程学生永田貴文さんとの共同研究により設定された。徳之島の２調査区は鹿児島大学特任研究員澤田佳美さん、京都大学大学院農学研究科博士前期課程学生の小林慧人さん・多賀洋輝さんの助力により設定された。鹿児島森林管理署には入林許可を頂き、鹿児島県文化財課、奄美市教育委員会、鹿児島県大島支庁、天城町役場には調査許可取得の手続きのためにご協力いただいた。本研究は、公益財団法人自然保護助成基金第 26 ～ 27 期（2015 ～ 2016 年度）プロ・ナトゥーラ・ファンドの助成を受けたものである。

## 引用文献

Aiba S, Hill DA, Agetsuma N (2001) Comparison between old-growth stands and secondary stands regenerating after clear-felling in warm-temperate forests of Yakushima, southern Japan. Forest Ecology and Management 140: 163-175

Enoki T (2003) Microtopography and distribution of canopy trees in a subtropical evergreen broad-leaved forest in the northern part of Okinawa Island, Japan.

Ecological Research 18: 103-113

藤原一絵（1981）日本の常緑広葉樹林の群落体系－I. 横浜国立大学環境科学研究センター紀要 8: 67-134

Hara M, Hirata K, Fujihara M, Oono K (1996) Vegetation structure in relation to micro-landform in an evergreen broad-leaved forest on Amami Ohshima Island, south-west Japan. Ecological Research 11: 325-337

初島住彦（1980）植物相の由来．木崎甲子郎編，琉球の自然史，pp. 113-123. 築地書館，東京

初島住彦・天野鉄夫（1994）増補訂正琉球植物目録．沖縄生物学会，西原．

初島住彦（編）（1986）改訂鹿児島県植物目録．鹿児島植物同好会，鹿児島．

初島住彦（1991）北琉球の植物．朝日印刷，鹿児島

堀田満（2002）奄美の植物世界と人々．秋道智彌編，野生生物と地域社会，pp. 156-182. 昭和堂，京都

堀田満（2013）奄美群島植物目録．鹿児島大学総合研究博物館，鹿児島

Huang C, Zhang Y, Bartholomew B（1999）Fagaceae. Flora of China 4: 314-400

井村隆介（2010）奄美諸島の地形を読む．鹿児島大学鹿児島環境学研究会編，鹿児島環境学 II，pp. 150-158. 南方新社，鹿児島．

石田健・川口秀美・鳥飼久裕・高美喜男・川口和範（2008）奄美大島金作原国有林の森林調査結果とスダジイの結実動態から生態系管理を考える．第 119 回日本森林学会大会学術講演集 : D28

伊藤秀三（1977）長崎県の植生．長崎県，長崎．

川西基博（2012）奄美大島における河畔植生の概要と豪雨による撹乱状況．鹿児島大学奄美豪雨災害調査委員会編，2010 年奄美豪雨災害の総合的調査研究報告書 .pp. 147-156. 鹿児島大学地域防災教育研究センター，鹿児島．

甲山隆司・相場慎一郎・明石信廣・坂本圭児（1994）屋久島西部照葉樹林域の原生林と二次林の 10 年間の動態．日本自然保護協会編，屋久島原生自然環境保全地域調査報告書，pp. 61-69. 日本自然保護協会，東京

Kubota Y, Katsuda K, Kikuzawa K (2005) Secondary succession and effects of clear-logging on diversity in the subtropical forests on Okinawa Island, southern Japan. Biodiversity and Conservation 14: 879-901.

Kubota Y, Murata Y, Kikuzawa K (2004) Effects of topographic heterogeneity on tree species richness and stand dynamics in a subtropical forest in Okinawa Island, southern Japan. Journal of Ecology 92: 230-240.

Liao J (1996) Fagaceae. Flora of Taiwan 2nd ed. Vol. 2: 51-123

Matsuda J, Maeda Y, Nagasawa J, Setoguchi H (2017) Tight species cohesion among sympatric insular wild gingers (*Asarum* spp. Aristolochiaceae) on continental islands: Highly differentiated floral characteristics versus undifferentiated genotypes. PLoS ONE 12: e0173489

目崎茂和（1980）島の地形 . 木崎甲子郎編 , 琉球の自然史 , pp. 40-59. 築地書館 , 東京

目崎茂和（1985）琉球弧をさぐる . 沖縄あき書房 , 宜野湾

松本斉・大谷雅人・鷲谷いづみ（2015）奄美大島における保全上重要な亜熱帯照葉樹林の指標候補としての大径木．保全生態学研究 20: 147-157.

宮脇昭（編著）（1980）日本植生誌屋久島 . 至文堂 , 東京

宮脇昭（編著）（1989）日本植生誌沖縄・小笠原 . 至文堂 , 東京

宮脇昭・井上香世子・佐々木寧・藤原一絵・本多マサ子・原田洋・新納義馬・大野啓一・井手久登・鈴木邦雄・大野隼夫（1974）名瀬市の植生 . 名瀬市 , 名瀬

Miyawaki A, Ohba T (1963) Castanopsis sieboldii-Wälder auf den Amami-Inseln. 横浜国立大学理科紀要第二類 9: 31-48

宮脇昭・大山弘子・大野隼夫・奥田重俊・遠山三樹夫・河野耕三・原田洋・中島敦子・島袋眩・鈴木邦雄・大野照好・中村幸人・新納義馬（1975）奄美群島植生調査報告書 . プレック研究所 , 東京

宮城康一・新城和治・島袋敬一・横田昌嗣（1989）奄美大島住用川流域の植生 . 環境庁自然保護局編 , 南西諸島における野生生物の種の保存に不可欠な諸条件に関する研究 , pp. 107-128. 環境庁自然保護局 , 東京

宮本旬子（2010）奄美群島の植物 . 鹿児島大学鹿児島環境学研究会編 , 鹿児島環境学 II, pp. 65-83. 南方新社 , 鹿児島

仲間勇栄（1984）沖縄の杣山制度・利用に関する史的研究 . 琉球大学農学部学術報告 31: 129-180

Nakamura K, Suwa R, Denda T, Yokota M (2009) Geohistorical and current environmental influences on floristic differentiation in the Ryukyu Archipelago,

Japan. Journal of Biogeography 36: 919-928
大野照好（1994）徳之島の植生 . 南日本文化 27: 67-112
大野照好・寺田仁志（1996）徳之島の植生 . 鹿児島県立博物館編 , 奄美の自然 , pp. 91-113. 鹿児島県立博物館 , 鹿児島
Oono K, Hara M, Fujihara M, Hirata K (1997) Comparative studies on floristic composition of the lucidophyll forests in southern Kyushu, Ryukyu and Taiwan. Natural History Research, Special Issue No. 4: 17-79
Osozawa S, Shinjo R, Armid A, Watanabe Y, Horiguchi T, Wakabayashi J (2012) Palaeogeographic reconstruction of the 1.55 Ma synchronous isolation of the Ryukyu Islands, Japan, and Taiwan and inflow of the Kuroshio warm current. International Geology Review 54: 1369-1388
迫静男（1966）湯湾岳頂上付近の天然林の群落構造について . 鹿児島大学農学部学術報告 17: 13-21
迫静男（1971）徳之島の板根林について . 鹿児島大学農学部学術報告 21: 107-127
瀬戸口浩彰（2012）琉球列島における植物の由来と多様性の形成 . 植田邦彦編著 , 植物地理の自然史 , pp. 21-77. 北海道大学出版会 , 札幌
島袋敬一（1997）琉球列島維管束植物集覧改訂版 . 九州大学出版会 , 福岡
清水善和・矢原徹一・杉村乾（1988）奄美大島のシイ林における伐採後の植生回復 . 駒沢地理 24: 31-56
志内利明・堀田満（2015）トカラ地域植物目録 . 鹿児島大学総合研究博物館 , 鹿児島 .
鈴木邦雄（1979）琉球列島の植生学的研究 . 横浜国立大学環境科学研究センター紀要 5: 87-159
田川日出夫・川窪伸光・鈴木英治・甲山隆司（1989）奄美大島の植生 . 環境庁自然保護局編 , 南西諸島における野生生物の種の保存に不可欠な諸条件に関する研究 , pp. 75-105. 環境庁自然保護局 , 東京
田里一寿（2014）貝塚時代におけるオキナワウラジロガシ果実の利用について . 高宮広土・新里貴之編 , 琉球列島先史・原史時代の環境と分化の変遷 , pp. 111-125. 六一書房 , 東京
寺田仁志（2007）鹿児島県奄美大島大和村大和浜のオキナワウラジロガシ林 . 鹿児島県立博物館研究報告 26: 21-44

寺田仁志・大屋哲・久保紘史郎（2010）徳之島明眼の森・義名山の植生について．鹿児島県立博物館研究報告 29: 1-28

寺師健次（1983）奄美大島のスダジイ林について．森林立地 25: 23-30

寺嶋芳江（2016）里山林の照葉樹マテバシイと人間生活の関わりの歴史．琉球大学農学部学術報告．63: 89-95

Tsujino R, Takafumi H, Agetsuma N, Yumoto T (2006) Variation in tree growth, mortality and recruitment among topographic positions in a warm temperate forest. Journal of Vegetation Science 17: 281-290

Tsujino R, Yumoto T (2007) Spatial distribution patterns of trees at different life stages in a warm temperate forest. Journal of Plant Research 120: 687-695

鵜川信（2016）徳之島の常緑広葉樹林の更新．鹿児島大学生物多様性研究会編，奄美群島の生物多様性，pp. 30-39. 南方新社，鹿児島

米田健（2016）薩南諸島の森林．鹿児島大学生物多様性研究会編，奄美群島の生物多様性，pp. 40-90. 南方新社，鹿児島

米田健（2017）強風と豪雨が特徴づける奄美群島の森—自然とそこでの林業．国立公園 752: 9-11.

# 第４章

# 奄美大島の海岸の植生

鈴木英治

## 1　はじめに

本章では奄美大島の海岸植生について述べよう。奄美大島は、新生代の前第三紀中新世（約 2300 ～ 170 万年）の頃から激しい地殻変動によって隆起と沈降を繰り返してできてきた島である。さらに、第四紀にはサンゴ礁の発達に伴う琉球石灰岩が堆積してきた。結果的に複雑に入り組んだ海岸線を持つようになった。海に突き出した部分は岬状地形となり、浸食を受けて急な崖になっている部分も多い。一方岬と岬の間の窪みは海水の流れが弱く、浸食された土砂が堆積し、浜状地形となる。内陸からの河川もほとんどが浜状地形の部分から海に流れ込むので、陸上から供給される土砂もそこに堆積しやすい。奄美の海岸は基本的に浜状地形と岬状地形が交互に繰り返すが、後者の方が多い。岬状地形は徐々に浸食され表土が崩壊して植生が失われることがあり、浜では台風などで砂が流出することによる植生破壊が起こる。前者の破壊頻度は後者より少ないので、成立に長い年数を要する林は岬状地形に多く、浜状地形では短命だが成長の速い草本群落ができやすい。複雑な地形変化によって、海岸の植生も短い距離で次々と入れ替わっていく。

### （1）各植生の長さ比率

はじめに奄美大島で実際に見られる海岸植生にはどのようなものがあるか見てみよう。そのために、環境省自然環境保全基礎調査の植生調査情報提供による 1/2.5 万植生図の Shp ファイルデータ（http://gis.biodic.go.jp/webgis/index.html）を用いて、QGIS（ver.2.18）によって海岸線沿いの植生の長さを測定した（表１）。ただし海岸沿いが自然裸地の場合にはその内側の植生を調べた。全長は 451 km であったが、1469 個の植生に区分され、各植生の長さは最長

表１　奄美大島の海岸沿いの植生の長さ。植生タイプは環境省の植生図の名前を使っているが、類似したタイプは統合してある。植生の名前についている群団、群集、群落などの名称は、植物分類学で科、属、種のように階層構造を作って分類するのと同じように、植生区分の基礎になっている植物社会学のシステムで植物群落を階層的に区分するための用語である

| | 植生タイプ | 地形 | 総延長(m) | % |
|---|---|---|---|---|
| 自然〜半自然林 | アカテツ—ハマビワ群集 | 岬 | 110,490 | 24.5 |
| | リュウキュウマツ群落 | 岬 | 56,850 | 12.6 |
| | ソテツ群落 | 岬 | 32,278 | 7.2 |
| | ギョクシンカ—スダジイ群集 | 岬 | 29,513 | 6.5 |
| | ハドノキ—ウラジロエノキ群団 | 岬 | 25,802 | 5.7 |
| | モクマオウ類植林 | 浜 | 11,964 | 2.7 |
| | アダン群団 | 浜 | 5,444 | 1.2 |
| | ボチョウジ—イジュ群落 | 岬 | 4,377 | 1.0 |
| | マングローブ群落 | 湿地 | 3,729 | 0.8 |
| | オオハマボウ群集 | 浜 | 1,657 | 0.4 |
| | ハマボウ—サキシマスオウノキ群落 | 湿地 | 1,343 | 0.3 |
| | リュウキュウチク群落 | 岬 | 573 | 0.1 |
| | ガジュマル—クロヨナ群集 | 浜 | 355 | 0.1 |
| 自然〜半自然草地 | ススキ群落 | 岬 | 28,806 | 6.4 |
| | 海岸断崖地植生 | 岬 | 11,797 | 2.6 |
| | 砂丘植生 | 浜 | 5,915 | 1.3 |
| | ヨシ群落 | 湿地 | 2,162 | 0.5 |
| | コウライシバ群落 | 浜 | 1,212 | 0.3 |
| | 塩沼地植生 | 湿地 | 888 | 0.2 |
| | ダンチク群落 | 岬 | 490 | 0.1 |
| 人工 | 市街地、住宅地 | 浜 | 79,232 | 17.6 |
| | 農地・雑草地など | 浜 | 36,028 | 8.0 |
| | 合計 | | 450,905 | 100.0 |

4600 m、平均 307 m、中央値 176 m と短く分かれていた。表１には、その結果を自然から半自然状態の林と草地、そして人工的環境の３つに分けて示す。元データでは市街地、畑、雑草地、造成地等に分けられていたものを集めた人

工的な環境が全体の長さの26 %を占め、残り74 %は多少とも自然生育している自然〜半自然の海岸植生であった。林が全長の63 %を占め、草地は11 %であった。

地形との関係を調べるために表1では、各植生が比較的良くみられる地形を前段で述べた岬状地形と浜状地形、さらに浜状地形の中で湿地になっている部分を湿地として、3タイプに分けて示している。岬、浜、湿地のタイプごとに、全長の66.7 %、31.4 %そして1.8 %を占めた。各植生はここで区分された地形タイプ以外にも出現することもあるので、これらの数値は各地形タイプ長の比率を正確に示すものではないが、およその傾向はわかるだろう。次に、人工的海岸を除き各植生の特徴を述べる。

## 2　海岸林

### (1) 岬地形の海岸林

海岸線で林が成立している部分は全長の63 %を占めたが、その中で岬、浜、湿地はそれぞれ57.6 %、4.1 %、1.1 %となり、岬状地形に成立する森林がほとんどである。中でも最も多いのはアカテツ—ハマビワ群集で海岸線の24.5 %を占めた。本群集は海岸付近に限って分布する常緑広葉樹の低木林であるが、より内陸に分布する常緑広葉樹林であるギョクシンカ—スダジイ群集とボチョウジ—イジュ群落が、海岸線まで分布している場所もあり、それぞれ海岸線の6.5 %と1.0 %を占め、先のアカテツ—ハマビワ群集と合わせると32 %が常緑広葉樹の低木林になっている。

奄美の海岸を代表するアカテツ—ハマビワ群集であるが、実際に海岸林を歩いてみると、ハマビワはよく見かけるがアカテツはあまりない。アカテツ—ハマビワ群集という名称は植物社会学的な手法によって命名されている（宮脇ほか 1974)。この手法では、量よりも種の有無が重視され、トカラ列島の悪石島を分布の北限とし東南アジアやオーストラリアまで分布するアカテツが、日本の中で奄美以南を特徴づけるということで群集名に使われているのであろう。実際、宮脇ほか（1974）が、同群集を命名するために奄美大島で調査した20地点のうち、13地点にはアカテツが出現しないのだがこの群集に区分されている。出現した7地点でもアカテツが最も優占している地点はなく、ハマビワ、トベラ、ヤブニッケイ、シャリンバイなどが優占する。海岸の常緑広葉樹の低木林では他にハマヒサカキ（ツバキ科）も多く、奄美大島を北限として沖縄まで分布するシバニッケイ（クスノキ科）も海岸の常緑広葉樹林の植物で、トカラ列島以北に分布する同属のマルバニッケイ（クスノキ科）と入れ替わるように分布している。やはりトカラ列島以北から本州の海岸に分布するウバメガシやケウバメガシも奄美にはない。

アカテツ—ハマビワ群集についで、リュウキュウマツ群落が全体の15％を占めた。なお東北以南の日本の海岸線に見られるマツはクロマツであるが、クロマツの南限はトカラ列島の悪石島なので、奄美群島にあるマツは小宝島を北限とするリュウキュウマツである（志内・堀田 2015）。リュウキュウマツは奄美大島において植栽や天然更新により海岸線に限らず内陸の山地にも広く分布していた。しかし近年はマツクイムシによって奄美大島のリュウキュウマツは壊滅的な被害を受けており、リュウキュウマツ林が消失してその下にあった常緑樹の林になっている場所が多い。リュウキュウマツ林は植林や人為的な攪乱の後に自然に生育した遷移の途中相にあり、本来の森林としては前段に述べた常緑広葉樹林が成立する環境であろう。海岸線長の5.7％を占めるハドノキ—ウラジロエノキ群団も攪乱後に生育した二次林であり、常緑広葉樹林へと遷移していく。これらを合わせると52％が、奄美の海岸線の本来の姿としては常緑広葉樹林ということになる。

林のタイプの中でリュウキュウマツ林についで多いソテツ群集が7.2％を占めるというのも日本の他の地域ではあまり見られない景観である。急な崖に多い奄美の自生種であるが、かつてソテツは果実や幹から取れるデンプンを食糧としたり、窒素分が多い葉を農地の緑肥として利用するなど人間とのかかわりが深く（吉良・三好 2000、本書第12章）、どこまでが自然に分布したものなのかは判然としない。

### （2）浜地形の海岸林

以上に述べたように林は岬状地形に多いが、浜状地形にも林は成立する。表1に示したようにモクマオウ類植林、アダン群団、オオハマボウ群集、ガジュマルークロヨナ群集は砂浜に多く出現する。本州ではしばしば白砂青松といい、防砂のために植栽されたクロマツが多いが、奄美や沖縄では浜背後の一見松林にみえる林は、たいていモクマオウ（トクサバモクマオウとも呼ぶ）林である。浜自体が少ないので、奄美の海岸線の長さの2.7％を占めるに過ぎないが、浜の背後によく見かける。モクマオウは被子植物のモクマオウ科の樹木で、マツの葉のように細く緑の部分は茎で、葉は茎に輪生状についている長さ１mmほどの小さな鱗片である。オーストラリア、ポリネシア、東南アジアに広く分布し、日本には自生せず琉球列島と小笠原諸島に持ち込まれたものと言われている。奄美では自然にも増え侵略的な外来種の一種となっている。インドネシアのスマトラとジャワ島の間にあるクラカタウ諸島では、1883年の大噴火によって生物が絶滅してから14年後にはモクマオウが侵入し海岸林を作っており、海流によって容易に分布拡大ができる種と考えられる。奄美大島でも海岸の漂着種子を調べると多数のモクマオウの果実が打ち上げられており、浜にモクマオウ実生が定着している。このような種の場合、外来種といってもどこまでが人為的に持ち込まれたものか、自然に分布を拡大したものかを決定することは難しい。

海岸線の1.2％を占めるアダン（*Pandanus odoratissimus*）は、単子葉植物なので樹木とは呼べずアダン林とも言わないが、丈夫な茎と数mになる群落の高さで考えれば、前述のハマビワやハマヒサカキの低木林に劣ることはない群落を砂浜に作る。しかも茎が密生し、縁にトゲを持ち１m前後の葉が林冠を覆うので発達したアダン群落の中には人が入ることも困難であり、他の植物がほとんど存在しない。自然状態に近い浜では、草本群落の背後がアダン群落になっていることが多い。アダンはタコノキ科タコノキ（*Pandanus*）属の一種であり、タコノキ属は世界に600～700種存在すると言われる。ただし多くのタコノキ属は熱帯の内陸部を生息地としており、海岸生の種類は少なくアダンはトカラ列島の口之島が北限として、西はインド、南は赤道を越してオーストラリアまで広く分布している（Susanti 2010）。海岸線の0.4％を占めるオオハマボウ群落もアダンと同じ様な浜地形に見られる。これら二つの群落は、狭い浜では海岸の裸地に直に接している場合もあるが、広い浜では手前が草本の砂丘植生になっていることも多い。したがって表１で半自然～自然草地に区分した砂丘植生（長さ1.3 %）の背後にはオオハマボウやアダンの群落が存在することが普通である。

### (3) 湿地の海岸林　マングローブ

マングローブ群落は浜地形でも潮間帯に成立する。世界の亜熱帯から熱帯の海岸において川の河口付近で潮間帯にマングローブ林が広くみられる。過湿で塩分が多い立地に適応した樹木による群落で、ヒルギ科を中心とするが他の科も含み、過湿な土壌で生存するために多くの種が気根を持っている。また、定着しにくい立地に発根定着するために一般に大きな種子を持ち、中でもヒルギ科の種子は親木の上についている間にも子房の外まで伸びていく胎生種子とよばれる大型の種子をつける。日本ではメヒルギが鹿児島市喜入まで分布し、太平洋西岸におけるマングローブの北限になっている。奄美大島がオヒルギの北限、沖縄島がヤエヤマヒルギとヒルギモドキ（シクンシ科)、宮古島がヒルギダマシ（キツネノマゴ科)、西表島がマヤプシキ（ハマザクロ科）の北限になり、南に行くほど種数が増える。メヒルギは幹の基部周辺だけに気根を作るのに対して、オヒルギは、幹から地中に伸びていった根が途中から地上に出てから曲がり再び地中に入り、曲げた膝の様な形なので膝根（しっこん）と呼ばれる気根をつける。ヒルギ科は熱帯亜熱帯に約16属約200種が分布し、マングローブ地帯に生育する種が多いが、気根を持たずに内陸の熱帯林に生育する属も多い。

奄美大島におけるマングローブ林は、表１のように海岸線の0.8 %しか占めない。これは川の河口付近それも平坦で洲ができるような地形を持つ河口を生育環境としているので、そのような地形が奄美大島では限られていることが一因となっている。また河口付近は人間に利用されることが多く、コンクリートで護岸され植物が生育しにくくなっている箇所も多い。住用川と役勝川が集まる河口付近は広いマングローブ林が広がり、メヒルギが多いがオヒルギも混ざったマンクローブ林になっている（石原ほか 2004)。メヒルギ群落としては琉球列島では最も広い15 haの面積があるという（菅谷・吉丸 2007)。住用川周辺では内海、山間、大川にも群落がある。奄美大島南西部の瀬戸内町では、小名瀬、摺勝、浦にわずかにみられる。大島海峡を挟んで瀬戸内町の向かいにある加計呂麻島の呑ノ浦にはオヒルギが多いマングローブ林がある（寺田ほか

2010)。奄美大島北部にはメヒルギしか見られず、それも西岸だけしかマングローブは出現しない。手花部、龍郷の役場近く、屋入に群落があり、喜瀬に数本のメヒルギがあった。

マングローブの樹木が生育している背後が平坦な場合、海水が嵐の時に流入したり陸からの水の供給によって過湿状態にある立地ができやすい。そのようなマングローブ林の後背地には普通の樹木は生育しにくく、過湿に強いハマボウ—サキシマスオウノキ群落となり、他にシマシラキ、ミフクラギ、サガリバナなども出現する。奄美大島では住用川周辺､呑ノ浦などで見ることができる。なおハマボウとオオハマボウは近縁種であるが、前者は湿地、後者は砂地に多い。

## ３　海岸の草地

### (1) 岬地形の草地

岬地形には基本的に林が成立するが、あまりに急斜面で頻繁に崩壊するような斜面では、オキナワハイネズの様な木本だが高さ数十 cm にしかならない匍匐性の樹木が生えたり、草本が部分的に覆う植生になる。表１にあるススキ群落（6.4 %）は、ハチジョウススキが多く人為的攪乱地にできている草地もあるが、多くが自然崩壊跡地に出現した草原である。土壌が安定していれば、森林へと遷移するが、頻繁に崩壊を繰り返す場所では草原状態から森林へと遷移することが難しい。崖の様な場所にはハマホラシノブ、オニヤブソテツなどのシダ類の他、オキナワギク、サイヨウシャジンなどの希少種も分布する。

### (2) 浜地形の草地

海岸の中で浜は人が一番近づきやすく、海水浴などでなじみ深い場所であろう。代表的な植物としては、グンバイヒルガオ、ツキイゲ、などのツル性草本が全面に広がり、背後にアダン、クサトベラ、モンパノキなどの低木林ができる。ただし、奄美には浜は少ない。浜がどのようにして形成されるかを考えると、浜の砂は、大元は山で崩壊した土砂が川に入り、入り江状に窪んだ海岸にたどりついたものである。マングローブ林では流れてきた河口に土砂が堆積したものであるが、浜の場合には、土砂が一旦海に入り、海流によって別の場所まで運ばれて堆積することが普通である。島には大河はないので山から供給される土砂の量は少なくなり、浜はできにくい。さらに、亜熱帯である奄美地域では、サンゴ礁が発達していることが多い。サンゴ礁の海を見ているとサンゴ礁の外縁で波が砕けて、サンゴ礁の内側は波が穏やかになる。そうなると土砂が海岸まで到達しにくくなる。北海道から九州までの浜では、砂の供給が多いので、そこに生息する植物は砂が堆積してもその上に伸びだして生存し続ける性質を持つことが重要であり、砂に埋もれてはその上に伸びだし、埋もれては伸びだしということを何年も繰り返して、高さ数mの砂丘を形成することも稀ではない。

また亜熱帯気候にある奄美では、植物が低温に耐える必要性が少ない。たとえば海岸に生育するヒルガオ科にグンバイヒルガオとハマヒルガオがある。熱帯から亜熱帯に広く分布するグンバイヒルガオは、種子が海流散布で拡散するので北海道の海岸でも漂着した種子が発見されているが開花まで至る地域は九州南部までである。一方ハマヒルガオは奄美にも分布するがわずかしか見られず九州以北の浜に多い。グンバイヒルガオは地表上をツル状に茎が伸びていくのに対して、ハマヒルガオは地下茎を伸ばして葉だけ地上に出す。これはハマヒルガオの地下茎は低温への適応と考えられると同時に、ハマヒルガオは堆砂に適応しており、埋もれても上に葉を伸ばす性質を持っている。イネ科の植物でも奄美に分布するツキイゲの茎も同じような性質を持っており地表に茎を伸ばすが、同じイネ科で北日本に多いハマニンニクは地下茎で分布を広げる。

浜には砂が堆積するが、砂の粒径は海流の強さによって変わってくる。流れが激しい所では、砂が堆積することはなく、粒径が大きく流されにくい礫がたまった浜となる。同じ入り江でも海流の流れが激しい所は礫、穏やかなところは砂がたまっていることもある。奄美大島では東南部の太平洋に面した海岸に礫浜が多く、小湊、ホノホシ海岸などに見られる。礫は砂以上に植物の生育には過酷な状況であり、また礫浜は浜より急傾斜で幅も狭いことが多いので、植物は少ない。基本的に浜に生育している種がみられるが、オオキダチハマグルマ、グンバイヒルガオ、ハマヒルガオ、ヒメハマナデシコなどが多い。崖の下の海岸も礫や岩石が堆積していることが多い。海流によって運ばれた礫は、運搬の途中で角が取れて丸くなっているが、崖の下に堆積している礫や岩石は、崖から直接落下したものが多くそのような場合には角張っている。いずれにしても植物は少ない。

### (3) 湿地の草地

マングローブ林は潮間帯という潮の満ち引きによって海水や河川水が動く立地に成立するが、その背後には常に冠水した状態で水がほとんど動かない立地が存在することがある。水の動きがあると、たとえば水に溶けている酸素が消費されても、新しく酸素を含んだ水が流れ込むことによって供給されるが、停水状態ではその効果が期待できず生物にとってはより厳しい環境になりやすい。塩沼地植生はそのような立地であり、カヤツリグサ科のヒトモトススキなどが多い。基本的にマングローブ林とハマボウ―サキシマスオウノキ群落に隣接する立地になる。

## 4　おわりに

以上、奄美の海岸植生を地形と関連付けて概観した。人間が近づきやすい海岸はほぼすべての地域が程度の差はあれ人間の影響を受けた植生が成立している。それだけに国立公園や世界自然遺産への指定でも重要視されにくい地域ではあるが、海岸には海岸にしか見られない植生・植物が分布しており、その重要性は人里から離れた山中にある原生状態に近い植生と変わらないと言えよう。

### 参考文献

五十嵐恵美（2015）奄美大島の海岸植生の研究．鹿児島大学理学部地球環境科学科卒業論文

石原修一・藤本潔・川西基博・渡辺亮・田中伸治（2004）奄美大島マングローブ林の植生と立地の関係およびメヒルギ林の炭素蓄積量．森林立地 46: 9-19

吉良今朝芳・三好亜季（2000）奄美群島におけるソテツ利用．鹿大演習林研究報告 28: 31-37

宮脇昭・井上香世子・佐々木寧・藤原一絵・本多マサ子・原田洋・井手久登・鈴木邦夫・大野隼夫（1974）奄美名瀬市の植生．名瀬市．128pp

志内利明・堀田満（2015）トカラ地域植物目録．鹿児島大学総合研究博物館研究報告 7: 1-367

菅谷貴志・吉丸博志（2007）メヒルギと黒潮 屋久島の森のすがた．「生命の森」の森林生態学，165-172，文一総合出版

Susanti R (2010) Ecology and taxonomy of *Pandanus* species in Indonesia and Japan. 鹿児島大学理工学研究科学位論文

寺田仁志・大屋哲・前田芳之（2010）加計呂麻島呑之浦のマングローブ林について．鹿児島県立博物館研究報告 29: 29-50

# 第5章
# 九州島南部と薩南諸島の外来植物事情

宮本旬子・丸野勝敏

## 1　外来植物の定義

まず外来植物 alien plant とは何かを明確にしておこう。ヒトが生物を自然分布域外へ移動させることを移入または導入という。ヒトによって持ち込まれた生物の種、亜種、変種などを外来生物種と呼ぶ。ある地域の陸上や閉じた水域に自然分布している草木等を在来植物 native plant と呼び、在来植物が人為によって自然分布域外の場所で生育するようになると外来植物と呼ばれる。国内由来の植物も自然分布域外では外来植物とみなされる。2005 年に施行された外来生物法（特定外来生物による生態系等に係る被害の防止に関する法律）は 2013 年に改正され、2015 年に国が公表した「生態系被害防止外来種リスト」には 190 種類の国外産の植物と 10 種類の国内産の植物が含まれている。他の地域から入ってきた植物が環境や社会に何らかの影響を及ぼすことは容易に想像できる（川道 2001；自然環境研究センター 2008；日本生態学会 2002）。

都道府県の外来生物リストには当該自治体以外の国内各所を自然分布域とする種類を含むことがあるが、鹿児島県では特に事情が複雑である。県土は九州島南部地域と有人 32 島を含む 605 の島嶼からなり、南北 588 km に及ぶ。薩摩半島と大隅半島の南端以南は無霜地帯で、屋久島南部より低緯度の島々の低地は亜熱帯に相当する。吐噶喇海峡には生物地理学上の重要な境界である渡瀬線がある。屋久島を分布の南限、奄美大島を北限とする植物は多く、各島々には固有の種や亜種がある（宮本 2012；2016）。九州島と薩南諸島の間だけでなく、個々の島の間でも植物相が少しずつ異なるため、ある島では在来なのに、他の島では国内外来種となる植物もある。本稿では、完全に栽培管理下にある植物については言及しないが、国外由来の植物、国内の県外由来の植物、県内の自然分布域外由来の植物をすべて「外来植物」として扱う。

## 2　外来植物の種類数

2016年3月、鹿児島県は「鹿児島県外来種リスト」を公表した（鹿児島県2016および2017、以下「県リスト」と呼ぶ）。それに先立ち、著者らは、県リストの基本情報となる外来植物一覧表の作成に携わることになった。まず丸野が故初島住彦博士と故堀田満博士の著作物と、その根拠となっていた鹿児島大学総合研究博物館所蔵標本の整理を行ってきた過程で得られた情報に基づいて、過去に鹿児島県内で記録されたことがある外来植物名一覧表を作成し、宮本が図鑑、学術論文、様々な公的データベースの情報に基づいて、分類群名、原産地、推定侵入経路、環境影響などの付帯情報を付加した。その過程で、鹿児島県外来種対策検討委員会の維管束植物ワーキンググループメンバーへの聞き取りや、生育地の一部について現地調査も行った。その後、鹿児島県環境林務部の担当者や一般財団法人鹿児島環境技術協会の技術者らによる集約作業を経て公表された県リスト(2017)には、防除対策種71種類、重点啓発種374種類、定着予防種17種類、産業管理種18種類、その他20種類、合計500種類の外来植物が掲載されている。そこには、特定外来生物のオオキンケイギク、ナルトサワギク、ナガエツルノゲイトウ、アレチウリ、オオフサモ、オオバナミズキンバイ、スパルティナ属、ボタンウキクサ、アゾラ・クリスタータが含まれているし、改正前の外来生物法で要注意外来生物に指定されていたアメリカハマグルマ、ギンネム、コセンダングサ、シナダレスズメガヤ、セイタカアワダチソウ、セイヨウヒルガオ、タチアワユキセンダングサ、トキワツユクサ、ドクニンジン、ハルザキヤマガラシ、ブタクサ、ホテイアオイ、ワルナスビなども含まれている。

外来植物には耕作放棄や伐採などによる人為的撹乱地に侵入しやすいパイオニア植物も多く、景観を変えるほど繁茂することもあるが、遷移の進行や新たな人為的撹乱により一気に消えることもあり、種類の入れ替わりが激しい（瀧本・長谷川 2011）。県リストからおよその地域的傾向が見て取れる。分布不明種や県内各地で見られる種類を除いて、九州島内のみで記録がある植物は167種類、薩南諸島だけから確認された植物は92種類ある。アオノリュウゼツラン、オウゴンカズラ、クサセンナ、クダモノトケイソウ、チャラン、ニューギニアインパチエンス、ハブカズラ、ヒモゲイトウ、ヨウサイなどは栽培目的で持ち込まれたと推定される。園芸店などでこれらのラベルを見ると、「暖地以外では冬期室内栽培」などと注意書きがある。九州島以北では屋外では越冬できないか、開花してもなかなか結実には至らないが、鹿児島県内の無霜地帯や亜熱帯気候下では、野外で生育、繁殖し、地域の自然環境に影響を及ぼすこともありうる植物である。県リストの根拠に用いた著作物では、たまたま過去に採集、保管、記録された産地だけが掲載されていることもあり、県リストは過去から現在までの外来植物の分布地域を完全に網羅しているわけではない。清水・近田（2003）は屋久島と種子島以北に海外から帰化した植物が1200種以上あると述べている。県リストの500種類という数字は少なすぎる。ごく最近、著者らの現地調査で新たに確認した植物もあり、今後も種類数は増えるだろう。

## 3　外来植物の由来

外来植物の故郷はどこなのだろう。産地不明や広域分布種を除き、複数の大陸に原産地がある場合は重複して集計すると、ヨーロッパを含むユーラシア大陸を故郷とする種類が最も多く、ついでアメリカ、東南アジアという順になった。国内の他の都道府県に自然分布域がある国内外来植物が30種類余ある。自然分布が考えられる種類もあるが、アカギ、アブラギリ、シマツナソ、ツタノハヒルガオ、ハブカズラ、ハマタイゲキ、リュウキュウトロロアオイなどは沖縄から、イヌムラサキ、イワヨモギ、オオウシノケグサ、オオヤマフスマ、オニユリ、ガクアジサイ、カンチク、クマザサ、コウヤワラビ、コヒルガオ、ツルフジバカマ、マツバニンジン、ヤマハギ、レモンエゴマなどは九州中北部以北から本来は無かった地域へ持ち込まれた疑いがある（図1）。

侵入経路については、ヒトが意識的に植えた意図的導入、ヒトが植えた場所から周辺に自然に広がってしまった逸出、ヒトが意識しないで持ち込んでしまった非意図的導入の3つに大別できる（川道 2001）。具体的な持ち込み記録が無い場合は推定の域を出ないが、栽培植物の図鑑や日本農業年鑑に、観賞用、食用、薬用、緑肥、牧草、道路法面緑化など産業用の用途が明記されている分

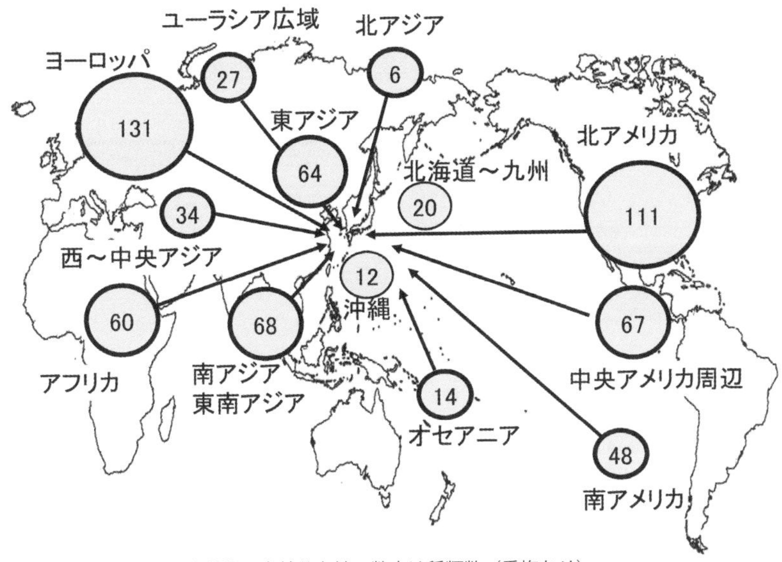


図１　鹿児島県内の外来植物の自然分布地。数字は種類数（重複あり）

類群や、大手種苗会社カタログに掲載されている植物については、県リストでは、逸出の可能性が高いとみなした。昭和以前から広く他の都道府県に分布記録があり、九州島と薩南諸島にも広く分布している海外由来の分類群については、国内へ導入された後、近隣地域から動物や風によって種子が運ばれるなど二次的に分布が拡大したと推定した。また、過去に他の地域で穀物や家畜飼料、緑化種苗、土石などに混入した記述がある種類については、非意図的導入の可能性が高いと判断した。複数の侵入経路を持つ種類が多いので、非意図的導入、二次的侵入、栽培からの逸出の件数にさほど差はないが、逸出例としては鉢花や観葉植物などに由来する種類が少なくないことがわかる（図２）。

ワーキンググループメンバーで奄美市在住の田畑満大氏は、近年、観光用の風景づくりや個人の観賞用として意図的に導入され周辺に逸出した種類が新たに在来植物や生態系に影響を及ぼすことを危惧している。アメリカハマグルマ、オウゴンカズラ、ベゴニア類、ホウライチク、ベンケイソウ類などは切られた植物体からの再生能力があり、チョウセンアサガオ類、インパチエンス類、センダングサ類、オオキンケイギクなどは種子繁殖によって短期間に個体数を

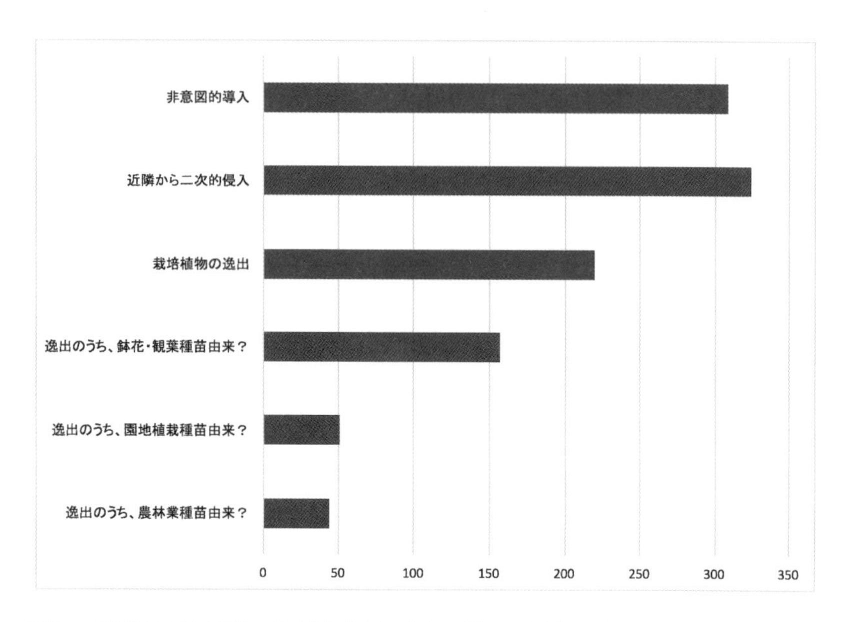


図２　鹿児島県の外来植物の推定侵入経路．数字は種類数（重複あり）

増やすことができ、引き抜いて放置した株から種子が拡散することもある。特に熱帯高地の温暖湿潤な森を原産地とする鉢花や観葉植物にとって、故郷の環境条件に似ている奄美群島の森林地域は生育や繁殖の適地といえる。自然度が高い地域に入り込む外来植物の影響は、都会の路傍雑草の影響と何が異なるか考えると、鉢花や観葉植物、観賞用の水草などを山野に捨てないことを、販売する時点で啓蒙する必要もありそうだ。

## 4　影響と対策

野外で生育や繁殖が可能な外来植物は在来植物と競合する。その在来植物が減れば、それに依存している動物にとっては生息条件が悪化する。逆に、外来植物の侵入により生息条件が好転する動物の数が増えて、従来の生態系が変わるかもしれない。長年、鹿児島の植物を見続けてきた外来種対策検討委員会の元委員や鹿児島県立博物館の植物担当の先生方らの話を聞いてみた。寺田仁志氏によると、多年生草本や竹類などは侵入当初は小規模な状態で推移するが、大株になると急に成長量が増えたり種子生産能力が高まったりして一気に生育面積を拡大することがあるという。県内各地の植物相の調査に従事していた大屋哲氏は、鹿児島県内各地にそれぞれ特有の外来植物群落がみられると指摘する。久保紘史郎氏は前勤務地の種子島では、草地のオオキンケイギクや海岸付近に植栽されたモクマオウ類の生育地が年々拡大し、在来の植生が後退して景観が刻々変化していく状況が印象にあるという。ヒトが具体的な影響に気づくのは、景観に顕著な変化が生じてからである。交雑により在来植物へ外来植物の遺伝子が浸透し、在来植物の固有性を失わせてしまう繁殖干渉や、通常なら草地から森林へ遷移が進むべきところ、外来植物の群落のままになってしまう遷移停止など、一見しただけでは把握しにくい影響もある。希少生物の生育地に安易に除草剤を撒くわけにはいかない。同じ種類でも場所によって効果的な防除方法が異なることが難点である（図3）。

そもそも、あらゆる外来植物を駆除すべきだろうか。実際、駆除できるのだ

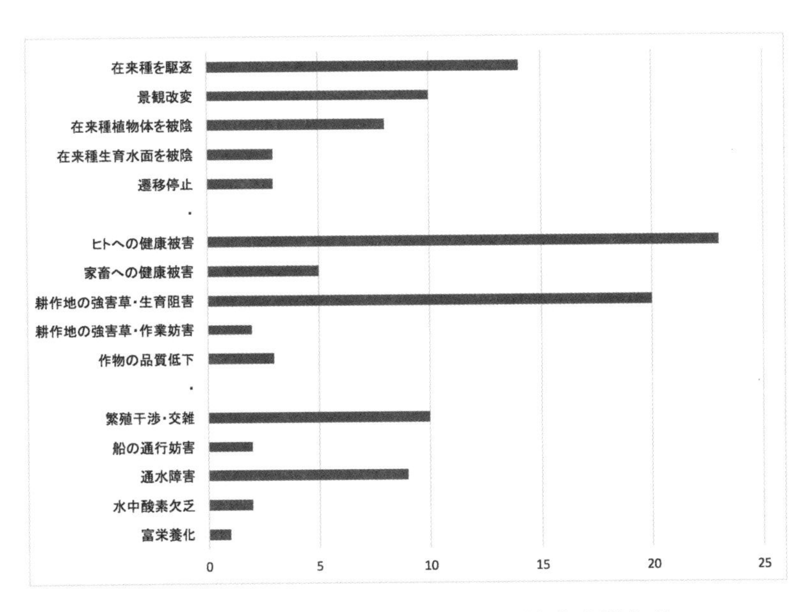


図3　鹿児島県の外来植物について懸念される影響．数字は種類数（重複あり）

ろうか。ヒトの日常の生活圏内において健康被害を引き起こす種類や農畜産業に負の影響がありそうな植物は無いほうがよい。外来植物の花が咲き乱れる風景に郷愁を感じるヒトもいるが、もしも原生的な自然環境に価値をおくならば、自然度が高く固有で希少な植物が多い地域では外来植物は少ないほうがよい。土地の利用のされ方によって駆除すべき種類の優先度が異なるだろう。在来植物と外来植物が交雑すると繁殖力が強まる組み合わせと弱まる組み合わせの両方があり、種多様性を減らすかもしれないが、遺伝的多様性を増やす可能性もある（Ellstrand 2003；Cox 2004）。また、外来生物の存在の意味を根本から問い直そうとする議論もある（Pearce 2015；Thompson 2014）。個々の外来植物の導入先でのふるまいや環境影響のすべてを正確に予測できる段階まで科学は達していない。植物の場合は、胞子・花粉・種子の拡散や、菌類との関係、アレロパシーなど、目視で観察できない現象も多い。胞子や種子や球根の状態で長期間休眠できる植物の駆除は困難を伴う。そこで、初期段階で逸出や侵入に気づくことが重要になる。それには在来の植物相を知っていることが前提だが、専門家や行政だけでは目配りしきれない。著者らも、長年、帰化植物の図鑑（長田 1976；清水ほか 2001；清水 2003；植村ほか 2015）に加えて、園芸植物や観葉植物の図鑑を端から調べないと鑑別できなかったが、最近、国立研究開発法人国立環境研究所の「侵入生物データベース」や、独立行政法人農業環境技術研究所の「外来植物のリスク評価と蔓延防止策」などで、見分け方から外来植物の危険性や駆除方法までがWEB上に公開されていて、誰でも外来植物の名前や特徴を簡単に調べられるようになってきた。どのような自然環境に価値を置くのかという議論に加えて、いつもの散歩道の土手に一株の見慣れない草花が咲くことに気づく目を持つ人間が一人でも多くなることが外来植物問題解決の前進に重要だと思う。

本稿の執筆にあたり県リストの情報の利用に関してご助言をいただいた鹿児島県環境林務部および一般財団法人鹿児島環境技術協会、奄美群島の外来植物調査や情報収集にご協力いただいた金井賢一、作元勝哉、前田海斗、前田芳之、松村博光、山下弘、行山武久各氏に感謝します。

## 参考文献


Cox GW (2004) Alien species and evolution. The evolutionary ecology of exotic plants, animals, microbes, and interacting native species. Island Press, Washington

Ellstrand N C (2003) Dangerous Liaisons? When cultivated plants mate with their wild relatives. The John Hopkins University Press, London

鹿児島県（2016, 2017）鹿児島県外来種リスト　平成 28 年 3 月（平成 29 年 3 月改正）, 鹿児島県 , 鹿児島

川道美枝子 (2001) 移入種､何が問題なのか．川道美枝子･岩槻邦男･堂本暁子編 , 移入･外来・侵入種　生物多様性を脅かすもの , pp. 14-41. 築地書館 , 東京

宮本旬子（2012）奄美群島の植物 , 鹿児島大学鹿児島環境学研究会編 , 鹿児島環境学 II, pp. 65-83. 南方新社 , 鹿児島

宮本旬子（2016）奄美群島の植物相　在来種と外来種の多様性 , 鹿児島大学生物多様性研究会編 , 奄美群島の生物多様性 , pp. 10-16. 南方新社 , 鹿児島

日本生態学会編（2002）外来種ハンドブック , 地人書館 , 東京

長田武正（1976）原色日本帰化植物図鑑 , 保育社 , 東京

Pearce F（2015）The new wild. Beacon Press, Boston. 藤井留美訳（2016）外来種は本当に悪者か？　草思社 , 東京

清水建美編（2003）日本の帰化植物 , 平凡社 , 東京

清水矩宏・森田弘彦・広田伸七（2001）日本帰化植物写真図鑑 , 全国農村教育協会 , 東京

自然環境研究センター編（2008）日本の外来生物 , 平凡社 , 東京

瀧本岳・長谷川雅美（2011）すぐに増える、ゆっくり増える、やがて消える？　外来種がもたらす影響の時間変化とそのしくみ，西川潮・宮下直編著，外来生物　生物多様性と人間社会への影響 , pp. 102-123. 裳華房 , 東京

Thompson K (2014) Where do camels belong? The story and science of invasive species. Profile Books, London.  屋代通子訳（2017）外来種のウソ・ホントを科学する , 築地書館 , 東京

植村修二・勝山輝男・清水矩宏・水田光雄・森田弘彦・廣田伸七（2015）増補改定日本帰化植物写真図鑑第 2 巻 , 全国農村教育協会 , 東京

# 第６章
# 奄美大島の河川に生育する外来種

川西基博

## １　奄美大島の河川沿いに成立する河畔植生

コンクリート三面張りの河川を除いて、河川敷には多くの植物が生育しているのが普通である。河川敷では流れる水の影響が強く、土壌中の水分条件や増水時の攪乱作用など、山腹斜面などその他の地域とは明らかに環境が違っている。その環境に応じた植物の反応と植物群落の変動性は、河川特有の特徴が現れてたいへん興味深い。特に頻繁におこる増水によって河川敷の植生が攪乱され、地表まで光の届く地面がむき出しになった場所が頻繁に形成されることが重要である。こうした環境の河川に成立する植物には、水際や水中に生育する水生植物のほか、河川敷の砂礫堆上に生育する陸生の植物があり、大変多様性が高い（奥田・佐々木 1996）。

奄美大島の河川は本州や九州の河川に比べれば全長が短く川幅も狭く、比較的大きな住用川でも全長は20㎞程度である。しかし、多くの固有種を含む多様性の高い河畔植生がみられることが知られている。詳しくは川西（2016）を参照してほしいが、この後紹介する下流域の植生と外来種について理解するために、まず簡単に奄美大島の河畔植生全体の概観を紹介しておきたい。まず、住用川や役勝川などの比較的長い河川では、上流から中流にかけての渓流域に、シマサルスベリ、エゴノキ、シマウリカエデなどの落葉広葉樹とオキナワジイ、タブノキ、イジュなどの常緑広葉樹の混生した照葉樹林が発達しており、ヘゴ科をはじめとする大型のシダ植物の多い植物群落がみられる。また、河川の中流から上流部の川幅が比較的広い河床では、露岩上にケラマツツジなどの低木や、小型の草本が生育する群落が成立している。この群落は特に住用川で顕著にみられ、コケタンポポ、アマミカタバミ、アマミクサアジサイ、アマミサンショウソウ、アマミスミレ、ヒメタムラソウ、ヒメミヤマコナスビなど琉球列島または奄美群島の固有種が多く生育するため、多くの注目を集めてきた。

一方、下流域の河畔植生は様子が大きく違っている。在来の草本植物と木本植物が砂礫堆や流れの弱い流路に様々な植物群落をつくっており、大変複雑な植生構造で全体として種多様性が高い。しかし、外来種の特に多い領域でもある。河川に外来種が多いことは、世界中の河川に共通の事情であり、私もこれまで河畔植生の調査をしてきた中でうんざりするほど外来種の繁茂するところをみてきた。奄美大島の河川下流域も同様だろうと予想されたが、固有種や絶滅危惧種を確認することもあるので、河川に生育する外来種の影響が気になっていたところであった。

## ２　奄美大島の河川下流域の植物群落と外来種

さて、ここからは2016年に学生が行った奄美大島の外来植物の研究を紹介したい。この学生が行った研究というのは、卒業論文、通称「卒論」のためのものである。大学生は４年生になると、大学での学習の集大成ともいうべき課題が課されるのであるが、その一つのかたちが卒論である（分野によっては、卒業制作など作品を提出する場合もある）。私の研究室では植物の生態に関する研究を行っているのだが、上に述べたように奄美大島の外来種の調査が必要だったので、この年は奄美大島の河川に生育する外来種をテーマとして２人の学生が研究を行った。奄美大島の川にはどこにどのような外来種がいるのかを調べよう！ということで、意気揚々と調査を始めたのであった。真夏の河川敷はすこぶる暑く大汗をかいたし、陸上の植物だけでなく水中に生育する水草も調査しないといけないので、胴長を着て水に浸りながら移動したこともあった。ハブがいないかびくびくしながら、３ｍのアルミスタッフで草むらをたたきつつ植生調査を行ったりもした。いろいろと大変なことがありつつも楽しい調査であった（写真１）。

まず、横田圭祐君の行った下流側の河川敷に発達する河畔植生の調査結果から紹介したい。前に下流側の植物群落には多様なタイプがあると述べたが、横田君の卒論の研究テーマはそこに注目したものである。つまり、河川の下流

写真１　住用川での調査の様子。胴長を履いて川の中を歩きながら行った（2016年11月）

域ではどのような植物群落が成立し、どのような環境と関係しているのかを明らかにすることが目的である（横田 2017）。研究を始めるにあたって次に考えないといけないことは、どのように調査を進めるかである。第一に知りたいのは植物群落だが、自分の調査地の植物群落を表現できるデータをとり、ゆくゆくは文献を参照して他の地域との比較もしたい。とすれば、植物群落を把握するための統一的な方法が望ましいといえる。植物生態学で、草本植物を含む植物群落の種組成をある程度おおざっぱにとらえるための手法として、植生調査と呼ばれる方法がある。紙面の制限もあるのでこの方法の詳細までは説明しないが、簡単に言えば、地面を四角形で区切り（これが植生調査区）、その中に生育しているすべての維管束植物の種名と、各種がどのくらい地面を覆っているか（優占度）を６段階で記録する、という方法である。この方法では、各植物の優占度を目視で判定していくので測定精度が少し荒いものの、簡便で効率が良く世界的に広く用いられているので、他の地域や過去の研究と比較するのに都合がよい。横田君の調査でもこの方法を採用した。

つぎは、どのように植生調査区を置くか、である。調査区は一つ一つがサンプルであり、サンプルを比較することで河川敷の植生の全体像を把握し、環境との関係を解析していく。河川敷の植物群落は流路からの影響を受けていることが知られているので、川を横断する方向に巻き尺でラインをひき、その上に３ｍ×３ｍの調査区を設置してどのような植物が生育するのかを把握しようと考えた。さらにラインに沿って測量を行って河川敷の微地形を把握し、水面からの距離や比高を計測した。植生調査と測量の結果に加えて、調査区ごとに記録した堆積物の特徴などを総合して、植物群落と環境との関係を考察していこうと考えたわけである（写真２）。

調査範囲は、住用川の下流部（河口から約0.9 km ～ 3.0 km地点）と大川の下流部（河口から約0.7 km ～ 2.7 km地点）の河川敷とし、大川で7本、住用川で5本の計12本のベルト上に合計92の植生調査区を設置できた。大川と住用川の河床幅はともに50 m程度で、河床の最も深い部分から堤防の直下の砂礫堆の最も高いところまでの高さの差は約100 cmから150 cm程度である地点が多い。植生調査のデータを多変量解析用のプログラムを用いて解析したところ、住用川と大川の下流域の植物群落は水中または水際に成立する水生、湿生植物群落と、砂礫堆上にみられる陸生の植物群落の2つに大別され、さらにそれぞれにいくつかの群落タイプに区別できることがわかった。

写真2　砂礫堆上での植生調査の様子（住用川）（2016年5月）

水生、湿性の植物群落としては、キクモ、オオサクラタデ、ヒメガマ、シチトウイなどが優占する群落が成立していた。これらは主に砂州の水際から水深約60 cm程度の水中までにみられる群落である。大和川ではフトイやエビモの群落が確認されているが、住用川と大川ではみられなかったので、河川によって成立する群落の組み合わせが異なるようだ。(写真3)。

写真3　大川の河畔植生。左岸側の水際にはオオフサモ群落、メリケンガヤツリ群落、オオサクラタデ群落など様々な群落が成立している。左側の背丈の高い群落はセイタカヨシ群落（2016年5月）

キクモは小さなオオバコ科の草本植物で、水田雑草としても知られている。水際では茎が地上に出て、長さが2 cm程度の小さな葉をつけ、

写真4　水際に生育するオオサクラタデの群落（大川）（2016年11月）

しばしば赤紫色の小さな可愛い花を咲かせる。一方、水深が深く植物体が水没しているところでは、葉が細く長くなり茎の長さも長く変化して、しなやかで美しい沈水形の植物体をつくる。オオサクラタデは、葉の大きさが20 cm以上にもなる大型のタデ属植物で、奄美大島の河川敷ではよく大きな群落を作っている。主に水際に生育するが、砂礫堆の上でもしばしば群落を作っている（写真4）。ヒメガマは草丈が2 m ～ 3 mにまで大きくなる抽水植物で、根本が水に浸るような浅い水際に群落を作る。花序が特徴的で、ソーセージのような形をしていておもしろい。この花序には非常に小さい種子がぎゅーと押し込まれており、熟すと綿毛のようなものとともに風に乗って飛んでいく。同様の立地にはシチトウイも多くみられた。こちらはカヤツリグサ科の草本で、草丈は1 m程度である。ヒメガマと同じように水際に群落をつくるが、ヒメガマより流路側に群落をつくることが多いようだ。河口に近い地域では特に多く、大群落を作ることもある。以上のような水に浸った群落では、鹿児島県の準絶滅危惧種に指定されているミズハコベやオオサクラタデが生育しており、春季の調査では環境省レッドリストで準絶滅危惧に指定されているカワヂシャも多数の個体が確認できた。

砂礫堆上に成立する陸上の植物群落は、今回の植生調査のデータを解析した結果では5タイプの群落に区分され、大型の草本が密生している群落と比較的草丈の低い草本が生育する群落があった。大型草本の群落では、セイタカヨシ、ハチジョウススキなどのイネ科草本が優占し、アカメガシワ、エゴノキなどの木本類が混生している。ナピアグラス、シュロガヤツリなど大型の外来種が繁茂している地点もある。概ね、河川敷のなかで最も比高の高い場所に成立する傾向があり、堤防の直下がこのタイプになっている場合が多い。川沿いでよく見られるウラジロエノキの大木は多くの場合、堤防上に生育している。河川敷にも定着しているが、サイズの大きい成木はほとんどおらず、頻繁な攪乱を受けて河畔林にまで発達しにくいようだ。

一方、砂礫堆上の草丈の低い草本の群落は、上記のような大型の草本の少ない比高の低い砂礫堆に成立する傾向がある。在来種としては主にヤナギタデ、タイワンカモノハシ、ツルマオなどが生育するが、場所によってはアレチハナガサ、ヤナギバルイラソウ、ネバリミソハギ、タチスズメノヒエなどの外来種が覆い尽くしているところも少なくない。水際に近い場所ではヤナギタデやアキカサスゲといった在来種が生育しているが、そのような立地にはセイヨウミズユキノシタ、メリケンガヤツリなど湿地を好む外来種が侵入していることもある。なお、どの群落でも外来種のシロノセンダングサ、アメリカハマグルマ、ムラサキカッコウアザミが生育しており、外来種を見ない場所はないほどだった。

## ３　注目すべき外来種

上に紹介した河畔の植物群落の全てのタイプに外来種が含まれており、どの環境においても外来種が侵入し、在来植物と競合状態にあるということがわかった。では外来種はどれくらいの割合を占めているのだろうか。群落タイプ別に外来種が占める種数の割合の平均を計算すると、およそ10％から50％であった。調査区を個別にみた場合では外来種の割合が70％や80％に達する地点もあった。今回の92カ所の植生調査区全体で144種の植物が確認されたが、そのうち外来種は34種（注１）であり、出現した植物のおよそ４分の１が外来種だったことになる。外来種のうち、特定外来種はオオフサモ（アリノトウグサ科）１種、要注意外来種はアメリカハマグルマ（キク科）、オオアレチノギク（キク科）、ヒメムカシヨモギ（キク科）、ハリビユ（ヒユ科）、ホテイアオイ（ミズアオイ科）、メリケンガヤツリ（カヤツリグサ科）の６種で、その他の外来種が27種であった。特定外来種のオオフサモには特に注意すべきであり、他の河川も含めて分布調査を行うこととした。その結果は後に述べることとして、ここではオオフサモ以外の外来種で注意が必要と思われるものを紹介する。

アメリカハマグルマ：*Sphagneticola trilobata* (L.) Pruski　（キク科）
要注意外来生物。南アメリカ原産の多年草で、緑化用に導入されたものが広がったといわれる（注 2)。 可愛らしい黄色の花序をつけてよく目立つ。茎が長く伸びて地表を這い、節から発根して定着しながら地表を覆う。日当たりの良い場所を好み、市街地の緑地や海岸でもよく見かける。河川敷では水際から砂礫堆の高いところまで広く見られ、しばしば他の植物を覆う大きな群落を作っている。

ハリビユ：*Amaranthus spinosus* L.（ヒユ科）
要注意外来生物。北アメリカ原産の一年草で葉のつけねに鋭い針がある。移入元は不明で、非意図的移入と考えられている。明治時代中期に沖縄に侵入し、本州では戦後拡大したという。畑地、荒地、路傍、樹園地、牧草地など温暖で日当たりが良く肥沃な土地を好むといわれ、在来種、畑作物、牧草との競合する可能性がある（注２)。大川の河川敷では、大型草本の少ない疎らな砂礫地に多く生育しているのを確認した。

メリケンガヤツリ：*Cyperus eragrostis* Lam.（カヤツリグサ科）
要注意外来生物。熱帯アメリカ原産の多年草。移入元、侵入経路ともに不明で、初記録は1959年の三重県であり、1990年代後半に分布拡大したという。河川敷、畑地や湿地、造成地などの湿った環境にみられ、在来の湿性植物との競合が危惧されている（注 2)。奄美大島でも砂礫堆の水際に生育しており、先に述べた水生植物、湿生植物との競合が心配される。

ホテイアオイ：*Eichhornia crassipes* (Mart.) Solms　（ミズアオイ科）
要注意外来生物。世界の侵略的外来種ワースト 100、日本の侵略的外来種ワースト 100 にも指定されている有名な外来種である。南アメリカ原産の浮遊性の多年草で、走出枝による栄養繁殖によって爆発的に増殖する。窒素やリンを吸収して水質浄化する機能をもち、水質悪化に対する適応力が高い。明治中期に観賞用、家畜飼料として導入され、現在でも観賞用・水質浄化・緑肥に利用されている。在来水生植物や水田のイネとの競合が危惧される（注2）。また、水路を埋め尽くして水流を阻害したり、船舶の運航や漁業への悪影響などの問題がある。大川で確認された個体群については、現状では小さなパッチが数個程度分布する程度であり、広く群落が拡大している様子はなかったが、今後の繁殖には注意が必要である。

ナピアグラス（ネピアグラス）：*Pennisetum purpureum* Schumach.（イネ科）
環境省の生態系被害防止外来種リストにおいて、「適切な管理が必要な産業上重要な外来種」とされる。湿潤熱帯アフリカの原産。暖地型多年生飼料作物で、東南アジアを中心に湿潤地域で栽培されている。昭和初期に奄美大島に導入されたのが最初とされ、広く普及し始めたのは昭和30年代になってから。花序はふさふさしていて可愛くみえるが、巨大で草丈が3～5 mにも達するので迫力がある（写真5）。河畔に生育するセイタカヨシも大きいが、それをしのぐ大きさである。奄美大島の河川敷では比高の高い砂礫堆や堤防で見られる。清水ほか（2005）によると、「草地造成は2節のみのこした茎（稈）を土壌に埋め込み、栄養茎によって行う」とあり、草刈りや洪水時に分断されたわずかな植物体からでも栄養繁殖が可能であると考えられる。冠水には弱いという記載があるので、河川の比高の低いところまでには広がらないと思われるが、比高の高い砂礫堆や堤防上では既に繁茂していることが多いので、注意が必要であろう。

写真5　ナピアグラス（住用川）
（2015年11月）

セイヨウミズユキノシタ：*Ludwigia palustris* (L.) Ell.（アカバナ科）
北半球の温暖部に広く分布している多年生水生草本。水槽用の水草として導入されている（角野 2014）（写真 6）。近縁種のアメリカミズユキノシタは要注意外来生物に指定されているが、セイヨウミズユキノシタは各地で帰化の報告があるものの、環境省の生態系被害防止外来種リストには挙がっていない。帰化植物図鑑（清水 2003）には記載があるものの説明が少なく、まだ情報が十分でないようだ。アメリカミズユキノシタは花弁があるが、セイヨウミズユキノシタにはないので見分けることができる。堤防上などからの遠目ではよくわからないが、大川と住用川の水際にはセイヨウミズユキノシタがびっしりはびこっている場所がしばしばあり、湿生植物への影響が心配である。同様の立地には、ツルノゲイトウも定着しており、特に外来種が多い立地の一つとなっている。

写真６　セイヨウミズユキノシタ（住用川）（2016 年 5 月）

## 4　特定外来生物オオフサモの分布状況

ここまで述べてきたように、河川敷にはいたるところにいろいろな種類の外来種が生育しているが、特定外来種のオオフサモは特に注意しないといけない植物である。それは、旺盛な繁殖力を持ち、水生植物だけでなく水圏の生態系全体に多大な影響を及ぼす可能性が高いためである。

オオフサモは南米原産の抽水性の多年草である。日本へは観賞用としてドイツから導入され現在ではほぼ日本全国に分布を拡大した。日本に定着しているのは雌株だけであるため、種子による繁殖はせずもっぱらシュートによる栄養繁殖を行う。在来種との競合が心配されるほか、水路の水質悪化や水流の阻害なども危惧されている（注 2）。

2014 年に奄美新聞の記事でオオフサモが繁茂していることが取り上げられ

たことがあった。また、2016年の毎日新聞地方版でも奄美大島内3市町の公共工事担当者ら約30人が、龍郷町の河川でオオフサモなどの駆除法を学んだことが報じられている。奄美新聞の記事では、地域の住民が「きれいな水草」として川辺からオオフサモを手に取ってきたことが紹介されていた。特定外来生物として今は規制されているが、かつては水槽で鑑賞する水草として流通していただけあって、たしかにしなやかな茎や葉の形は美しい。日本在来の近縁種としてはホザキノフサモがあり、私はまだそれを実際に見たことはないが、図鑑等でこの植物を見る限り美しいと感じた。また、近縁ではないが沈水型の形態がオオフサモとよく似ているキクモも見事な群落を見たときは感動したものだ。しかし、オオフサモは外来種で河川に「侵入」して「繁茂」していると知ると人は感じ方が変わる。川に「外来種の」オオフサモが繁茂している様子は、美しさを感じないどころか嫌悪感が生み出されるほどだ。卒業研究でオオフサモの調査を行った安田君も、大きなオオフサモの群落を見たときに「とても気持ち悪い」と強く主張していた。オオフサモが気の毒にも思う話だが、外来種問題を解決する上ではこのような意識の変化が重要になってくるのかもしれない。

上記の新聞記事では龍郷町の大見川と半田川のオオフサモが取り上げられていたが、奄美大島の他の河川にもちらほら繁茂しているのを見かけていた。すでに侵入定着している河川では駆除が必要であろうし、まだ侵入していない河川には侵入させない予防策が必要である。それを考えるためにも分布状況を把握したい。奄美大島の河川にオオフサモはどのくらい侵入しているのだろうか。

安田真悟君とともに行った2016年の調査では6本の河川を確認した。河川によってオオフサモの定着状況が異なっており、当時オオフサモが侵入していなかった河川もあった(安田2017)。オオフサモの分布が確認されたのは、大川、小宿川、有屋川、大美川（半田川を含む）で、住用川、役勝川では分布が確認されなかった。また、オオフサモが侵入している河川でも、河川中の分布状況には違いがあった。有屋川や小宿川では水面を覆いつくす大群落を作っていた(写真7)。大美川では、一面を覆いつくす場所はなかったものの下流側から上流側までの広い範囲に定着していることが確認された。大川では比較的大きな群落があるものの流路一面を覆いつくすようなことはなく、下流域でも河口側に分布が偏っていた。

オオフサモは一般的に抽水植物とされ、大きな葉群が水面に広がっていても根元は主に水際の砂礫堆にあるといわれている。また、金丸ほか（2015）では水深30 cmを超すと定着しないとされている。大川でも特に水流の影響の少ない流路脇に定着することが多いようであったが、中には深さが1 m近い流路の底に定着して沈水形になっている個体もあり、その生育範囲は今まで知られていた条件よりも幅が広いようだった。このような流路脇や水中の生育立地にはキクモやミズハコベなどの水生植物が生育することを上に紹介したが、キクモは特にオオフサモと生育環境の重なりが大きいと考えられた（写真8）。水際のキクモ群落はオオフサモに飲み込まれた状態のものがあっただけでなく、水底に定着したキクモの群落も水際から流路側へ伸長したオオフサモ葉群によって覆われつつあるものがあった（写真9）。オオフサモの分布拡大によって、キクモのような水生植物に生育阻害が生じている可能性が高い。

写真7　水面を埋め尽くすオオフサモ群落（小宿川）（2016年5月）

写真8　オオフサモ（左）とキクモ（右）（2016年8月）

オオフサモは、シュートの分断によって栄養繁殖体が分散している。増水による攪乱と流路の水位の変化によって群落の変動が大きい可能性があり、それを把握することが今後の課題である。

写真９　水底に定着した沈水形のキクモ（手前側）と水際から伸長したオオフサモの葉群（奥側）（2016 年 11 月）

## ５　なぜ河川には外来種が多いのか

第２章で、外来植物には、「耕作放棄地や伐採跡地など人為的撹乱が起こった立地に侵入しやすいパイオニア植物も多い」ことに触れられていたが、自然現象による撹乱も同じように作用する。つまり増水によって頻繁に撹乱が生じる河川敷では、外来種の侵入するチャンスが多いことを意味する。これは上流域から下流域まで共通であるが、外来種の侵入可能性については、圧倒的に下流域が多いと考えられる。それは、外来種の最初の侵入にはほとんどの場合人間が関係しているからである。一般的に河川の下流域は平野が広がっており、ほとんどの領域が人間の居住地や農地として土地利用されている。特に、奄美大島の短い河川においては人間の居住地が流域の中の複数地域に分散していることが少なく、下流側に集中していることが多い。いわば流域における人間活動の中心は下流の平野にあるといえる。このため、意図的にしろ非意図的にしろ農地や人家などに導入された外来種が下流域の河川周辺には圧倒的に多く、直接川に捨てられたり家庭の排水管から流されたりした外来種の種子や栄養繁殖体が河川に到達する可能性が高いだろう（写真 10）。

写真10　外来種の多い水際の植物群落。キクモとともに、外来種のオオフサモ、セイヨウミズユキノシタ、オランダガラシも生育している

## 6　河川改修によって河川の植生が変わるかも？

現在、住用川、役勝川、大川などで、河川堤防を堤内地側へ下げる、すなわち河川敷を広げる改修工事がすすめられている。これによって洪水被害が少なくなり、より安全な人の生活環境が作られることは承知しているが、河畔植生や住用川のマングローブが一部破壊されたりしているのを目にすると残念な気持ちになる。この改修工事が完了した後は、いったい河川の植生はどうなるのだろうか。河川敷が拡張するので、おそらく植物が生育可能な面積が増えることだろう。また、洪水攪乱の緩和が予想され、流れのおそい場所ができることで、水生植物の生育可能な立地も増えるかもしれない。しかし、工事による大面積の攪乱によって個体数の少ない植物の地域的な絶滅が引き起こされる危険性が考えられるし、工事にともなう地表攪乱によって裸地が多く作られ、外来種の侵入の大きなチャンスとなるだろう。工事にともなう土砂の移動によって持ち込まれる外来種がいるかもしれない。本章で紹介してきたように、河畔には多くの外来種がすでに定着しているのであるが、オオフサモがまだ侵入していない住用川や役勝川のような河川もある。これ以上の外来種の分布拡大が起こらないよう、今後も河川の植生に注目していきたい。

### 注

（１）本研究の外来種は Ylist に帰化の記載のある植物とした

（2）国立環境研究所「侵入生物データベース」に記載されている情報を参考にした。
http://www.nies.go.jp/biodiversity/invasive/（2017 年 9 月閲覧）

## 参考文献

角野康郎（2014）日本の水草 . 文一総合出版 , 東京
金丸拓央・澤田佳宏・山本聡・藤原道郎・大藪崇司・梅原徹（2015）外来水生植物オオフサモ *Myriophyllum aquaticum* (Vell.) Veldc. の駆除手法の検討 . 日本緑化工学会誌 , 40: 437-445
川西基博（2016）奄美大島の河川に成立する植物群落の生態と多様性 . 鹿児島大学生物多様性研究会編 , 奄美群島の生物多様性 :p17-29, 南方新社 , 鹿児島
奥田重俊・佐々木寧編（1996）河川環境と水辺植物―植生の保全と管理―ソフトサイエンス社 , 東京 , 261p
清水矩宏・森田弘彦・宮崎茂・広田伸編（2005）牧草・毒草・雑草図鑑 . 畜産技術協会 , 東京
清水建美編（2003）日本の帰化植物 . 平凡社 , 東京 , 337pp
安田真悟（2017）奄美大島の河川における特定外来種オオフサモの分布状況と在来種キクモとの関係 . 鹿児島大学教育学部卒業論文
横田圭祐（2017）奄美大島の河川敷における植物群落の構造と種多様性 . 鹿児島大学教育学部卒業論文

# 第７章
# 薩南諸島にある植物関連の天然記念物

寺田仁志

## 1　文化財と天然記念物

天然記念物は文化財の一つである。文化財とは、わが国の歴史、文化等の正しい理解のため欠くことのできないものであり、且つ、将来の文化の向上発展の基礎をなすもので国民的な財産であるといわれる。

建物や土器、陶器などのように形のある有形文化財、歌舞伎や能などのようにスタイルや作法がある無形文化財、伝統的なお祭りや行事や儀式に関わる道具や作法などが民俗文化財、我が国にとって学術上価値の高いものが記念物で、このうち、かつての戦場やお城などの跡が史跡、庭園や自然の風景などの荘厳な風景が名勝、植物や動物、地質の中で学術的な価値があり日本の文化の礎になっているものが天然記念物である。

そのほか比較的新しい文化財の中で文化的景観、伝統的建造物群保存地区などがある。

文化財の重要度において特に重要な有形文化財が国宝、重要な天然記念物が特別天然記念物である。特別天然記念物は国宝級の天然記念物ということになる。

さて、この文化財に指定される対象については、昭和26年（1951年）文化財保護委員会告示第二号による「国宝及び重要文化財指定基準並びに特別史跡名勝天然記念物及び史跡名勝天然記念物指定基準」がある。そのうち、天然記念物については指定基準の概要は以下の３点に集約される。

（1）歴史の証人

わが国の成り立ちを知る上で欠かすことのできない進化や地史学的なもの

（2）日本の自然誌

現在のわが国の自然の特性を理解する上で欠かせないもの

（３）人と自然のかかわり

日本人と自然との関わり方、心象風景を語る上で欠かせないもの、人の関与により成立したもの

天然記念物は植物、動物、地質・鉱物、天然保護区域の４領域からなるがそれぞれについて具体的な上記の指定基準がある。植物および天然保護区域については以下のように記されている。

植物

（一）名木、巨樹、老樹、畸形木、栽培植物の原木、並木、社叢

（二）代表的原始林、稀有の森林植物相

（三）代表的高山植物帯、特殊岩石地植物群落

（四）代表的な原野植物群落

（五）海岸及び沙地植物群落の代表的なもの

（六）泥炭形成植物の発生する地域の代表的なもの

（七）洞穴に自生する植物群落

（八）池泉、温泉、湖沼、河、海等の珍奇な水草類、藻類、蘚苔類、微生物等の生ずる地域

（九）着生草木の著しく発生する岩石又は樹木

（十）著しい植物分布の限界地

（十一）著しい栽培植物の自生地

（十二）珍奇又は絶滅に瀕した植物の自生地

天然保護区域

保護すべき天然記念物に富んだ代表的一定の区域（天然保護区域）

## ２　薩南諸島にある植物関連の天然記念物

鹿児島県内には国指定の天然記念物は平成29年８月現在48件が指定されている。このうち植物に関する指定が28件、動物16件、地質２件、天然保護区域が２件である。

国指定天然記念物のうち、薩南諸島に関するものが21件あり、植物に関するものが９件（植物８件、天然保護区域１件）ある。天然記念物の指定に当

表1　国指定の天然記念物

| 番号 | 名　　称 | 指　定　地 | 指定年月日 |
|---|---|---|---|
| ① | 屋久島スギ原始林 | 熊毛郡屋久島町 | 昭29.3.20 |
| ② | 神屋・湯湾岳 | 奄美市住用町・宇検村 | 昭43.11.8 |
| ③ | 大和浜のオキナワウラジロガシ林 | 大島郡大和村大和浜字瀧ノ川93－1 | 平20.3.28 |
| ④ | ヤクシマカワゴロモ生育地 | 屋久島町　一湊川、白川 | 平22.8.5 |
| ⑤ | 薩摩黒島の森林植物群落 | 鹿児島郡三島村大字黒島 | 平23.9.21 |
| ⑥ | 宝島女神山の森林植物群落 | 鹿児島郡十島村大字宝島女神 | 平24.6.8 |
| ⑦ | 徳之島明眼の森 | 大島郡伊仙町犬田布字明眼 | 平25.3.27 |
| ⑧ | 喜界島の隆起サンゴ礁上植物群落 | 大島郡喜界町大字中里 | 平26.3.18 |
| ⑨ | 種子島阿嶽川のマングローブ林 | 熊毛郡中種子町大字坂井池之角 | 平27.10.7 |

たっては植物の場合は地域を定めて天然記念物に指定するので指定地があり、指定された時期等については表1のとおりであり、図1に示す地点に存在する。

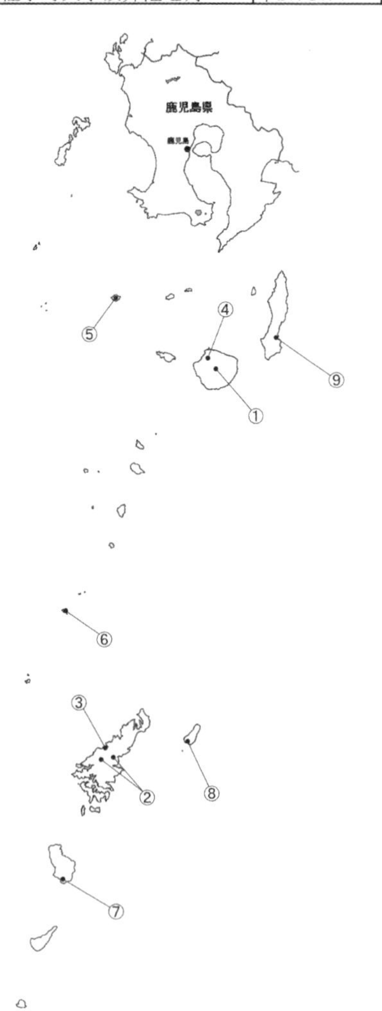


図1　薩南諸島の植物の国指定天然記念物

## 3　天然記念物の価値と現状

### （1）屋久島スギ原始林

**指定基準**　　代表的原始林、稀有の森林植物相

屋久島は、周囲132 km、東西28 km、南北24 km、面積501 km²の島で、中心部に九州で最高峰の宮之浦岳（1936 m）をはじめ1000 mを超える山々が50座近くあり、ほとんどが山岳部となっている。標高によって気候は変わり、海岸付近の亜熱帯から山頂付近の冷温帯まであって、年間降水量は平地で4000 mm、山岳部では1万 mmに達する。また、高地部では冬季積雪がある。

このため、植物相も豊かでシダ類以上の高等植物が約1700種自生する（第2章参照）。これらの植物種は海岸付近の亜熱帯性海岸植生、海抜1000 mまでの照葉樹林、1700 mまでの針広混合林、そして山頂までの風衝低木林となって垂直分布を形成している。

自生のスギは海抜650～1850 mの間に生育し、スギ林をつくるが、必ずしもスギは優占しない。針葉樹のモミやツガが随伴し650～1200 mではイスノキ、アカガシ、ウラジロガシなどの常緑広葉樹とともに群落をつくる。1000～1700 mではハリギリ、ウリハダカエデ、ヒメシャラ、ヤマボウシなどの夏緑樹も多く混じって群落をつくる。

スギ林内では、台風などによって木が倒れるとその上に若木が育ったり（倒木更新）、伐採された切株から再生したり（切株更新）したスギも多くみられる。屋久島のスギの生長は非常に遅く、木部に多量の樹脂分を含み腐食しにくい。樹齢500年でも中心部が空洞化せず、樹齢が3000年以上に達する長命なスギもあり、巨大化する。材は、年輪が詰まっているため木目が緻密で美しく香りが強い。

1700 m以上では季節風や台風時の強風によってヤクシマシャクナゲやヤクシマヤダケが優占する風衝低木林となり、山頂や一部の尾根付近では荒原となる（写真1）。そこには花崗岩という貧栄養の土壌、雨混じりの強風等によって屋久島の固有種のヒメコイワカガミ、ヒメウマノアシガタ、イッスンキンカ等の矮小化した植物種が多く生育する。

写真1　屋久島山頂部に生育する固有種のヤクシマシャクナゲの花

本指定にはアメリカハーバード大学アーノルド植物園のウィルソン（ウィルソン株の発見者）が当時加治木中学校の教師だった田代善太郎を大正6年自宅に訪ねたことが大きな影響を与えている。田代はウィルソンからの情報を得て大正9年から大正12年に現地調査を行い（古居2016）、その調査報告を天然記念物調査報告（植物之部）第五輯に掲載している（田代 1926）。屋久島のこのような自然をつぶさに調査した田代善太郎は、屋久島の照葉樹林帯から山頂の風衝低木林帯までの多様な植物のほとんど全種類生える代表的な土地、および、スギの自然林、著名スギ、枯木・切株を含む区域で地形を考慮して鹿児島大林区署の施業に支障ない範囲で保護するよう提言している。これは鹿児島大林区署の設定した保護林と大筋で同一のものであったが、そのほかに国有地外の集落周辺にある、ガジュマルやモダマ、ヤッコソウ等についてもその重要性を述べ保護されるべきと説いている。

大正12年に天然記念物に指定されたのは、営林事業に支障のない範囲で、尾根筋が中心となり、著名スギやウィルソン株の所在地は指定地に含まれず、また、国有林外も含まれていない。屋久島スギ原始林は文化財保護法の発足により昭和29年には特別天然記念物に指定された。その後、1993年12月に屋久島が日本で最初の世界自然遺産に登録されたとき指定地のすべてが遺産地域となった。

### （2）神屋・湯湾岳

**指定基準**　保護すべき天然記念物に富んだ代表的一定の区域（天然保護区域）

指定地は、スダジイ（オキナワジイ）を主とする亜熱帯性照葉樹林の自然林からなる地域で、特別天然記念物のアマミノクロウサギのほか天然記念物のケナガネズミ、アカヒゲ、ルリカケス、オーストンオオアカゲラ、オオトラツグミ、カラスバトなどが生息する。

北緯25～30度の亜熱帯高圧帯では砂漠が多いが、奄美大島は大陸の東岸にあたるため北上する暖流である黒潮の影響を受けて、冬季も雨が多く、多雨地帯となっている。このため亜熱帯性の常緑広葉樹林が発達している。

海岸部はかつて海から隆起してできた隆起サンゴ礁などの塩基性土壌に覆われ、ガジュマル林やホルトノキ、タブノキを主体としたタブノキ林が発達している。標高が500 m未満であれば、自然林ではスダジイが優占するケハダルリミノキ－スダジイ群集のシイ林で、それ以上の標高であればアマミテンナンショウ－スダジイ群集の森林、山頂付近はアマミヒイラギモチ－ミヤマシロバイ群集である。

指定地の神屋は行政区では奄美市（旧住用村）に属し、住用川上流の標高200～300 mのところにある。湿潤な環境で、ケハダルリミノキ－スダジイ群集のスダジイやイジュ、オキナワウラジロガシ、イスノキなどの巨木が点在する自然林が主要な群落で、渓流沿いの崩壊地にはヒカゲヘゴ群落、シマサルスベリ群落などが見られる。巨木の樹幹にはヤドリコケモモやクスクスランなどの着生植物、崩壊地の斜面にはアマミセイシカなどの希少野生植物種が散在する。また、当地域は降雨量が多く、渓流域では降水後の時間によって水位が変化し、生育場所によって時には冠水し、流水の抵抗を強く受ける。植物の中には水の抵抗を減じるよう小型化したり、葉が流線型を採ったり、根や茎が太くなったりして渓流での生活に適応した植物も多く生育する。アマミクサアジサイやコケタンポポ、アマミコナスビ、アマミスミレなど特徴的な種が多数分布する。

他方の湯湾岳は標高が693 mあり、南東側が宇検村、北

写真2　奄美大島湯湾岳山頂部の植生

西側が大和村に属する（写真２）。黒潮が巡る南西諸島では500～700 mでは雲霧帯となり、雲霧林を形成している。このため、湿潤な気候で林床だけでなく樹幹も湿潤で着生植物も豊富である。湯湾の山頂に至るまでの斜面部ではミヤビカンアオイ、フジノカンアオイ、アマミエビネなどを含むシイ林のアマミテンナンショウ－スダジイ群集が形成されている。山頂や尾根付近は風が強く風衝低木林のアマミヒイラギモチ－ミヤマシロバイ群集が形成されている（宮脇・奥田 1990）。アマミヒイラギモチやコゴメキノエラン、サツマオモト、ウケユリ、アマミアセビ、アマミイワウチワ等の希少な固有種が生育している。

このため当地域は奄美大島・徳之島国立公園の核心的地域であり、特別保護区に指定された。ところが、湯湾岳は北西風の影響を強く受けるようで、北西側の斜面の森林の荒廃が近年著しい。森林が消え、リュウキュウイチゴやカラスザンショウ、ハスノハカズラなどのとげ植物や蔓植物を中心とした群落が形成されている。薩南諸島では北西の風を強く受ける薩摩黒島の山頂付近のアカガシ林や屋久島の国割岳のヤクタネゴヨウ林も同様の荒廃が起こっている。薩南諸島の環境保全対策をより実効のあるものにするには国内だけでなく大気汚染物質の最大排出国を含む海を越えた国々の国内環境問題の改善が必要であり、国際的な視点も必要である。

### （３）大和浜のオキナワウラジロガシ林

**指定基準**　代表的原始林　著しい植物分布の限界地

オキナワウラジロガシは日本最大級のドングリが実るブナ科の樹木で、世界でも西表島以北、石垣島、沖縄本島、徳之島、奄美大島（北限）等に生え、スダジイと並んで琉球列島の非石灰岩地の自然を代表する森林をつくる。

スダジイ林は山地や丘陵地の大半を占めるが、オキナワウラジロガシ林は潮風が当たらない内陸の谷部や凹地部に濃い緑の森をつくる。

森の高木層は20～35 mもあり、スダジイやイジュ、タブノキ等も混じる。幹の直径が１ m内外のまっすぐに伸びた本種が林冠の大半を占める。板根を発達させて巨体を支える姿が異様に見える。巨木にはシマオオタニワタリやフウラン、カシノキランなども着生する。森には奄美固有種をはじめ多様な植物たちが生え、それらの植物に依存する動物、その動物を食べる動物など地域独特の生態系が成立している。

オキナワウラジロガシ林としては、徳之島にも丹発山をはじめ規模も大きく見事な群落がある。奄美大島にもかつては金川岳、市理原等にもあったが、伐採され二次林となったものが多く、指定された大和浜の森は、琉球諸島固有のオキナワウラジロガシ林の自生の北限地帯にあって自然林の形態を維持する希少な群落である。わずか1.5 ha中に目の高さで直径が60 cmを超える巨木が100本ほど分布している様は壮観である（写真3）。

写真3　奄美大島大和浜に見られる樹高30mに達するオキナワウラジロガシ林

指定地は大和浜の裏山で「滝川山（たきんこやま）」と呼ばれる大和浜集落の共有地である。集落からは急峻な凹地斜面に濃い緑を持つ木々の枝先がはっきりと見える。こんなにも海辺の人里に近いところに何故残ったのだろうか。

当地は海岸の直近で潮風が当たりやすくオキナワウラジロガシの生育には困難と思われがちだが、北西側を尾根に遮られ、南東側には平地を隔て大島の脊梁が並び潮風の侵入がない奇跡的な立地である（寺田 2007）。

また、滝川山は集落の守り神が住む神山とされ、不可侵の聖地だった。今でも集落と滝川山との境は神道（かみみち）で隔てられ、道は清められている。神山は大和浜集落の背後にあって冬場の厳しい北西の風を遮り、温暖な気候をもたらし、台風等から集落を守ってきた。また、崩れやすい古生層を巨木のオキナワウラジロガシ林の根で緊縛して斜面崩壊を予防し、何よりも生活に必要な水を涵養していた。昭和30年代に隣接する民有林を伐採するまではゴウゴウと音を立て滝川の水は流れていたという。

集落民は裏山の森は集落を守る重要な森と認識していた。神山であることで、薪炭材、建築材になることもなく、伐採が相次いだ昭和30年代にも売却することはなかった。人の叡智によって神をつくり、神が人を守り、人により守られてきた貴重な森である。

平成15年、森の恩恵を集落外の人々にも開放し、奄美の森の豊かさを体感できる場となるよう探索路がつくられた。指定を答申した国の文化審議会では神聖な神山を地域のものから国民の財産として開いてくれた集落の方々の英断が話題となったという。

### （4）ヤクシマカワゴロモ生育地

**指定基準**　著しい植物分布の限界地　　池泉、温泉、湖沼、河、海等の珍奇な水草類、藻類、蘚苔類、微生物等の生ずる地域

ヤクシマカワゴロモをはじめカワゴケソウ科の植物は渓流に生育する沈水植物で世界に50属300種以上が存在するといわれる。主に熱帯のモンスーン地帯に分布し、アジアではジャワ島、インドなどに分布し、フィリピン、台湾には自生は知られず、中国南部、日本に分布する。

日本には2属6種が知られ、鹿児島県5種と宮崎県1種に分布し（図2）、河川によって生育する種が異なり、ヤクシマカワゴロモは屋久島町の一湊川にのみに分布する（写真4）。

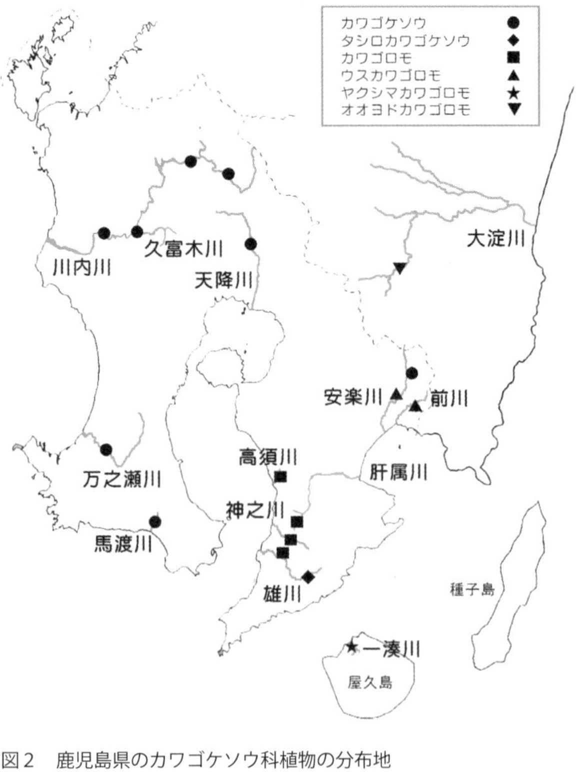

カワゴケソウ科植物は渓流植物といわれ、急激に増水し、冠水するような環境に適応し

図2　鹿児島県のカワゴケソウ科植物の分布地

写真４　屋久島一湊川に生育するヤクシマカワゴロモの花

ている。茎や葉は退化して水の抵抗を少なくし、岩盤にぴったりと固着した根に葉緑体を持ち、水位の低い冬季に開花結実する特異な形態の植物である。カワゴケソウ科植物の生育には日照、流速が深く関わり、上層を森林で遮蔽された場所、止水や緩流区間、水深の深い場所には分布しない。ヤクシマカワゴロモが付着する環境は花崗岩の転石上である。本種の自生地は日本においてカワゴケソウ科植物の生育する南限であり、屋久島でも一湊川だけに分布するきわめて特異な分布をしている（寺田ほか 2009）。

カワゴケソウ科植物の保護について最大の課題は水質である。県本土のカワゴケソウ科植物の生育するどの河川も流入する地表水に汚濁があったり、地表水および地下水の富栄養化、生育阻害物質の混入が進行したりしており、生育環境の悪化が懸念され現実のものとなって年々深刻化している。

ヤクシマカワゴロモ生育地の上流は白川山集落をのぞき集落はなく、国有林となっている。植生はスギ植林および二次林、および原生的な自然林も広く見られ、造成地や耕作地はなく、降水時の汚濁は森林伐採や道路改修、崖崩れ等が無い場合発生せず、土砂の被覆を受けることは少ない。

また集落も規模が小さく、商工業施設もなく住民は文化財の保護意識が高く雑排水の排出にも気を配っており、一湊川に及ぼす影響は認められない。

天幸橋から坂下橋にかけての左岸側は手入れもされ下層植生もある 30 年生以上のスギ林であり、右岸側は半分が自然林、半分は 30 年生以上のスギ林であり、両岸とも帯状に自然林が残されており、濁水の発生の懸念はない。

坂下橋から稚子見橋の区間は中間地点である川が東側に蛇行し開けたところから十数年前まで耕作地となっていた。中間地点までは両岸とも現在スギ植林や先駆性の落葉広葉樹林、スダジイやタブノキの二次林となっているがかつての段々畑跡が大半である。また、中間地点より下流側は畑地開発事業で圃場整備がなされた場所である。圃場整備に当たっては文化財部局と協議がなされ、排水はヤクシマカワゴロモの保護のため下流側の感潮点近くの樋門に集合する工法がとられた。整備された圃場は、現在 90 % 以上が耕作放棄され、大半がハチジョウススキ群落になっている。このため濁水の発生および富栄養化、除草剤等の生育に悪影響を及ぼす物質の河川への流入の懸念は無い。

このようにヤクシマカワゴロモの生育環境は、現在の状況が継続する限り水質はきわめて清浄で、日本のカワゴケソウ科植物生育地の中でもっとも安定した環境になっている。

### （5）薩摩黒島の森林植物群落

**指定基準**　代表的な原始林、希有の森林植物相、著しい植物分布の限界地

薩摩黒島は薩摩半島と屋久島の間に位置する大隅諸島の一つで、行政区では竹島、硫黄島、黒島の三島からなる三島村に属する。黒島はトカラ火山列の旧期火山島で、新第三紀中新世から第四紀更新世に成立したとされる安山岩からなる古い火山島である。黒島は周囲 15.2 km、面積 15.65 ㎢で、最高峰である櫓岳が 622 m あり、周囲に 500 m を超えるピークがいくつもある急峻な地形である。気候は平均気温 18℃前後で、冬季に霜が降りることは少なく、東シナ海の小島であるものの標高が高く、雲霧帯が形成されている。このように温暖な海洋性気候で乾燥の影響も少ないことから、常緑広葉樹林である照葉樹林がよく発達している。山頂部にはアカガシを中心としてスダジイを含む自然林がよく発達している。黒島南部では海岸線まで自然植生が残存しており、海岸から山頂までの連続した植生の変化がみられる（上條ほか 1999）。

指定対象は海岸部から山頂部までの照葉樹林を中心とした森林植物群落と、海岸からの植生の連続的変化である。指定地域は最高峰の櫓岳の北側の林道付近から、山頂部を含み南斜面の海岸線までである。成立の古い火山体で強い波食の影響を受けており、島全体が海食崖に囲まれお椀を伏せたような形となっている。地形的には海から断崖部、緩斜面部、山岳部に区分できる。

海岸沿いの断崖部は表土がなく安山岩が露出して無植生になっているところも多いが、岩の割れ目に根を張った風衝低木林であるマルバニッケイ群落が島

の外周に沿って点線状に成立している。崖地の崩れたところや風の強いところは低木林を形成できず、ハチジョウススキ群落がみられる。牛の放牧のための野焼き等を行っていたところでは、リュウキュウチク群落が緩斜面の縁まで成立しているが、断崖部へは侵入していない。また、断崖地で窪地になっているところにはビロウの優占するビロウ群落が成立している。

緩斜面部・山岳部の森林植物群落としては、アカガシ群落、スダジイ群落、マテバシイ群落、タブノキ群落などがある。緩斜面部はほとんどがスダジイ群落であるが、地形や土壌、水分条件等によりマテバシイ群落、タブノキ群落が成立している。山岳部のほとんどは、林床にスズタケやハラン、トカラカンアオイが生育するアカガシやスダジイを中心とする群落である。標高450 mを越えるあたりからアカガシが出現し、500 mあたりから被度が高くなりアカガシが優占する群落を形成している。アカガシ群落の群落高は下部では12 m程度であるが、山頂周辺では1mほどの低木林になっている。山頂部や岩場では強風のために、トカライヌツゲやアラゲサクラツツジ、マルバサツキを含む山頂性の風衝低木林が形成され、岩場ではアラゲサクラツツジが、山頂ではスズタケがそれぞれ優占していることが多い（寺田 1991）。

アカガシは屋久島を南限とするが、このような小面積の島でアカガシが分布することは全国的にも非常に希なことである。このアカガシ林の林床には、中国原産と考えられていたハランが密生しており、黒島と周辺島嶼が唯一の自生地と考えられている（写真5）。また、スズタケは本島が南限地となっている。これだけでなく、黒島は本土の山地系の植物、トカラ列島要素の植物、南方系植物などが混在した独特の植物相となっている（初島 1991）。このような特異な植物相の森林が海岸線付近から山頂部まで分布し、貴重な森林植物群落が残され

写真5　薩摩黒島のシイ林の林床に群生するハラン

た地域である。

### （６）宝島女神山の森林植物群落

**指定基準**　代表的な原始林、希有の森林植物相、著しい植物分布の限界地　海岸及び沙地植物群落の代表的なもの

宝島は屋久島と奄美大島の間にあるトカラ列島の有人島で南端にあり、面積約７ k㎡、現在の人口は120人弱である。日本の歴史で宝島を有名にしたのは1824年（文政７年）に起きた武装したイギリス船による牛の略奪と、住民がその首領を捕殺して追い返したイギリス船襲撃事件だ。今もイギリス坂の地名が残っている。

動物分布からは、宝島は東アジアの熱帯と温帯の境界線が北の悪石島との間に引かれる（渡瀬線）という。宝島は南北600 kmある鹿児島県、南北3000 kmある日本列島の中でも熱帯系の生物社会の北限、熱帯の始まりの島ともいえる。

熱帯では珊瑚礁が発達する。宝島以南の南西諸島において低地部の多くはサンゴ礁が隆起してできた弱塩基性土壌で、古くから集落があり、農耕や薪をとるための伐採、さらに近年の農地改善事業によって大規模な造成が行われ、地域の自然植生で発達した森林を見ることができる場所は限られている。

トカラ列島には奄美から続くニライカナイの信仰があり、メガミ、ネガミ、オガミと呼ばれる丘陵は聖地とされる。その丘陵はいずれも、集落の近くにあって見晴らしがよく、しかも無理なく祭祀を行える標高で、巫女が男達の航海安全を祈る森であった。このため、神聖な場所として島民は近づくことも少なく木々の伐採を厳しく禁じていた。

写真６　宝島女神山の森林植生。山頂部は帽子をかぶせたようにウバメガシが覆う

宝島の北部にある女神山

(130 m) は、典型的な聖地であったため、まとまって自然林が残されている（写真6)。その森は主にタブ林、ビロウ林、ウバメガシ林からなるが、遠くから見ると低地部にタブ林、続いてビロウ林、山頂部に帽子をかぶったようにウバメガシ林が配置され、境界がはっきりとわかる。

タブ林の中は隆起サンゴ礁の末端部に当たり、胸高直径が70 cmを越えるタブノキやガジュマル、アコウの木々に交じってビロウの高木がみられる。南西諸島内においてはこれほどの大きさのタブ林は少ない。ビロウ林はタブ林と構成種は変わらないが10 m前後のビロウが高木層ばかりでなく亜高木、低木層にも圧倒的に空間を占めている。亜熱帯地域の沿海地における典型的な植物群落であると同時に希少な森でもある。

ウバメガシ林は実に見事である。ウバメガシは乾燥して痩せた土地に生え、葉は厚くて硬く、地中海地方で有名なオリーブなどとともに常緑樹の中で特に硬葉樹と呼ばれる。成長が遅く材は詰まっているため、木炭にすると金属音がする備長炭となる。女神山では常襲の台風に耐え、這いつくばりながらも根際の直径が80 cmを超える巨木が群落をつくっている。枝を広げ、天を仰ぐ様は荘厳である。広がった枝には大量のボウラン、サクラランなどが着生し、また、かなりの頻度で黒、白両タイプのトカラハブを見ることができる。トカラハブはそこで渡り鳥を待っている。

また、わずかな面積ではあるが、山脚部にある女神権現跡付近には荘厳な雰囲気をもつスダジイの巨木林があり、そこは巫女たちの特別な祭祀場だったことをうかがわせる。

指定地の植物相は、宝島を南限とするマルバサツキ、ナンゴクウラシマソウなどや、宝島を北限とするリュウキュウクロウメモドキ、サコスゲなど、及びトカラ列島を中心に分布するトカラノギク、トカラアジサイ等が分布し、生物分布の移行帯となっている宝島を象徴する特異性がある（大野・木戸 1985)。このように聖地だったためまとまった自然林がある宝島女神山の森林植生は、南西諸島のみならず、東アジアの中緯度地方の自然を象徴するきわめて希少な存在である（寺田 2000；寺田・大屋 2012)。

### （7）徳之島明眼の森

**指定基準**　代表的な原始林

明眼の森は伊仙町南西部の東犬田布に位置し、地質は琉球層群下部にあたり、形成が古く風化が進んでいる。地形は標高が160 m前後の石灰岩からなる丘陵地で、中央部が浸食され南東に向かって谷が形成されている。対象地域は谷を含む南向きの斜面で、標高は北側の丘陵部が約160 m、南側に傾斜した下部が約120 mである。指定範囲は東西約250 m、南北約300 m、面積約4.6 haである。現在、明眼神社の拝殿はあるものの、明眼公園として保護されている。奄美大島以南の南西諸島は亜熱帯域に属し、低地部の地質は主に隆起珊瑚礁起源の琉球石灰岩から構成される。低地部から丘陵部にかけての低平地は農耕地、丘陵地は薪炭材を供給する里山として絶えず人の干渉を受けており、自然林はほとんど残されていない。しかし、沖縄島や先島諸島では聖霊の地である御嶽、奄美諸島でも神山や風葬地等の神聖な場所は人手があまり入らず、自然林が見られる。明眼の森はかつて徳之島が琉球国によって統治された頃、琉球国按司の館が置かれ、またその後、風葬地、ユタ神の斎場など、神聖な場所として樹木の伐採等が避けられてきたといわれる（写真7）。対象地域は伊仙町でアマミアラカシ自然林が良好な状態で残されている地域の一つである（大野・寺田 1996）。アマミアラカシ（*Quercus glauca* var. *amamiana*）はブナ科の常緑高木で、アラカシ（*Quercus* var. *glauca*）の亜種で、葉はよく似るがドングリが巨大である。アラカシは本州・四国・九州、朝鮮、中国、台湾、インドシナからヒマラヤにかけて広く分布しているが、アマミアラカシは奄美大島以南の南西諸島・尖閣列島に分布する固有亜種で、南西諸島の石灰岩地帯の森林を構

写真７　徳之島明眼の森の林内。石灰岩の岩壁が多く風葬地としてもかつては利用された

成する重要な種類である。

明眼の森では、アマミアラカシ林とタブノキ林の二つのタイプの林分が認められた。アマミアラカシ林はアマミアラカシが優占し、石灰岩が裸出し、貧栄養・乾燥した立地に成立している。群落高は 8 ～ 15 m に達する森林である。石灰岩が裸出した部分に成立するアマミアラカシは単幹のものは少なく、3 ～ 7 本に根際から萌芽し二次林の様相もあるが、表土がある程度厚く堆積した部分では単立し、胸高直径が 70 cm 以上のものもみられ、自然林と考えられる。構成種数は 50 種強と多い。一方、タブノキ林では高木層にアマミアラカシは少なく、アカハダグスやタブノキ、クスノハガシワ、ホルトノキなどが多い。群落高 16 ～ 18 m で、高木層は胸高直径 40 ～ 70 cm 前後で、亜高木層にはリュウキュウガキ、モクタチバナ、アカハダグスノキ等が多い。低木層にはグミモドキ、ヤブニッケイ、クスノハガシワ、クロツグなど、草本層は豊かでヤブラン、クロツグ、ホウビカンジュ、ヤリノホクリハラン等が生育する。構成種数は 50 ～ 60 種と豊富であり、アコウネッタイランやフウラン、マツバラン、ツルランなどの絶滅危惧種・希少種も分布しており、南西諸島の石灰岩地を代表する自然林と考えられる（宮脇・奥田 1989）。沖縄県も含め残存するアマミアラカシ林は少なく、明眼の森は南西諸島の低地部を代表する自然林が良好な状態で残され、絶滅危惧種をはじめとした希少種も多数生育しているホットスポットとしても重要な地域である（寺田ほか 2010）。

### （8）喜界島の隆起サンゴ礁上植物群落

**指定基準**　海岸及び沙地植物群落の代表的なもの

本地域は隆起サンゴ礁植生の北限域であるが、面積が広く多様な植生が発達し、飛沫帯の無植生域から石灰岩地帯の沿岸地に発達する樹林までの連続的な植生の帯状分布が見られる。喜界島の地形は平坦で石灰岩の段丘により構成され、島の最高地点は東側中部にある百之台の 214 m である。基盤は新第三紀層に属する島尻層群で、その上を厚さ 60 m に達する新第三紀の琉球石灰岩が覆っており、島の周囲にはサンゴ礁が発達している。喜界島は南西諸島で最大の隆起速度を示し、汀線から標高約 20 m の台地までの間にいくつかの段丘により構成された広い隆起サンゴ礁が発達している。

写真８　喜界島荒木浜。隆起サンゴ礁の渚から内陸の海岸林まで連続した植生が見られる

対象地域は島の南西部にある荒木海岸である（写真8)。荒木海岸のサンゴ礁段丘は標高約５ｍ付近が広く平坦になっており、この付近まではほとんど未風化の隆起サンゴ礁が続いている。平坦面に続く斜面や台地はより古い隆起サンゴ礁で、風化を受け少しずつ土壌が形成されている。汀線から始まる隆起サンゴ礁上の植物群落が標高約５ｍまで展開し、それ以上の高さでは風衝低木林、台地付近には沿岸地の高木林が分布している。

対象範囲は荒木海岸から中里海岸に続く地域の汀線に沿った長さ約２km、汀線からの距離約100ｍの範囲である。この地域は汀線付近に砂地がなく隆起サンゴ礁が立ち上がっているため、植生帯最前線のモクビャッコウ－イソマツ群集はあまり発達せず、ミズガンピ群落も広がりは少ない。一方、テラス状になった隆起サンゴ礁上は風化が進まず乾燥も著しいため、矮性低木林のハリツルマサキ－テンノウメ群集が広がり、テンノウメの個体群密度が高い。その後背地にはモンパノキ－クサトベラ群集が広がる。さらにモンパノキ－クサトベラ群集の背後にアダン群集が続くが、面積は狭く、風衝低木林のアカテツ－ハマビワ群集につながる。アカテツ－ハマビワ群集は風衝の強いところでは群落高が低く構成種数も少ないが、風が穏やかになるにつれ群落高も高くなる。さらに適潤あるいは湿潤な環境ではガジュマル－ハマイヌビワ群落が発達する。群落高が高くなったアカテツ－ハマビワ群集、ガジュマル－ハマイヌビワ群落に続いて一部タブノキ群落が発達するところもあるが、多くは人為的影響を強く受けたオオバギ－アカギ群集に推移し、耕作地に接する。

隆起サンゴ礁は平坦地で耕作地等人為的な改変を強く受けることが多い。また、隆起サンゴ礁上の植物であるテンノウメ、イソマツ、ハリツルマサキ等はかつて盆栽等の園芸目的で根こそぎ採取され、多くの地域で減少し、絶滅危惧植物にも掲載されている。喜界町でもかつて園芸目的による盗掘が頻発する時期があり、地域の自然の重要性から、昭和48年６月に鹿児島県内で最も早く喜界町自然保護条例を制定し、海岸植物等の保護を行い、開発を規制してきた。

隆起サンゴ礁上植物群落は亜熱帯から熱帯に分布する代表的な海岸植生であり、対象地は地元で条例等により開発を規制、保護してきた地域である。北限域にありながら面積が広く、多様な植物群落が発達し、学術的に貴重である（寺田・大屋 2007）。

### （９）種子島阿嶽川のマングローブ林

**指定基準**　海岸及び沙地植物群落の代表的なもの　著しい植物分布の限界地

マングローブ林は干潮時に陸地化する干潟と満潮時に水没する空間（潮間帯）にできる森林のことで、主に亜熱帯地域の河口部につくられる。河口部は上流から流れてきた陸地の有機物が海水と交わることによって沈殿し、豊富な養分のある立地となる。とはいえ毎日の潮汐、荒天時の波浪はすさまじくそこに生育する植物はそれに抗する仕組みをもっている。

まず高い浸透圧をもつ海水中でも水分を取り入れることができること、軟弱な地盤でも植物体を支えること、酸素の少ない土壌中からも空気を取り入れる根をもつこと、子孫が地表に落下して短期間で定着できることなどである。

上記の困難を克服できる植物は限られ、マングローブをつくる植物は日本ではメヒルギやオヒルギ、ニッパヤシなど７種があり、それらの植物の生態は特異であり学術的にも貴重なことから天然記念物に指定されているものが特別天然記念物の「喜入のリュウキュウコウガイ産地」をはじめ、沖縄県に５件、計６件ある。

種子島のマングローブ林が国の天然記念物に指定されたのは、マングローブ林の持つ学術的特異性と他のマングローブ林と異なる次のことが評価されてのことである。太平洋岸のマングローブ林のなかではメヒルギ群落が最も北にあり、種子島の群落は太平洋岸のマングローブ林の自生地としての北限地帯である。

この北限地帯のマングローブ林の特徴は以下のとおりである。

①マングローブの構成種が１種

メヒルギ林はマングローブ林の1つであるが、奄美大島まではオヒルギ、石垣島では他にヤエヤマヒルギ、マヤプシキ、ヒルギダマシを含むが種子島には耐低温性の高いメヒルギのみである。

②マングローブ周辺群落も発達

奄美大島以南ではマングローブ周辺林としてサキシマスオウノキ群落、イボタクサギ群落、サガリバナ群落、オオハマボウ群落等多様な群落がみられ、河口域の生態系をつくっている（寺田ほか 2010a）。種子島にもハマボウ群落、断片的にハマジンチョウ群落、ハマナツメ群落、イボタクサギ群落、ヒトモトススキ群落が発達している。

③メヒルギ群落の高さが低い。

阿嶽川のメヒルギ群落の特徴として河川の中央部は1ｍに満たないほど低く、辺縁部は4ｍ前後になるが全体を見ると中心部の高さが維持され、辺縁末端近傍で高くなる傾向がある（写真9）。また、中心部に於いて下流と上流側と比較すると下流側が低く1ｍに満たない群落が広く分布し、上流側は1.5ｍ前後の低茎の群落が多い。北限地帯のメヒルギは冬期の寒さや強風等のため水平に枝を密に伸ばして個体数を減らし、1個体の占める面積を広げている。

今回は阿嶽川の群落が指定を受けたが、西之表市の湊川、南種子町の大浦川にも大規模な群落があり、条件が整えば国の天然記念物に追加指定される可能性は高い。

写真9　種子島阿嶽川の背の低いメヒルギ群落

なお特別天然記念物の「喜入のリュウキュウコウガイ産地」は喜入の領守が薩摩藩の琉球侵攻時、約400年前に琉球の珍しい植物として持ち帰り植栽されたものと伝えられている。種子島よりさらに厳しい環境に定着し、独自のマングローブ生態系を形成しており、しかも400年も継続して生存していることは奇跡的である（寺田ほか 2013）。

## 引用文献

初島住彦（1991）北琉球の植物．218pp. 朝日印刷，鹿児島

古居智子（2016）ウィルソンが見た鹿児島．158pp. 南方新社，鹿児島

上条隆志・袴田伯領・清水明子（1999）薩摩黒島の森林植生．筑波大学演習林報告，15: 237-248

宮脇昭編著（1989）日本植生誌　沖縄・小笠原．637pp. 至文堂，東京

宮脇昭・奥田重俊編著（1990）日本植物群落図説．800pp. 至文堂，東京

大野照好・木戸伸栄（1985）宝島の植生．宝島自然環境報告書 2-1: 31-55

大野照好・寺田仁志（1996）徳之島の植生．鹿児島の自然調査事業報告書Ⅲ　奄美の自然 : 99-113

田代善太郎（1926）鹿児島県屋久島の天然記念物調査報告．天然記念物調査報告（植物之部）5: 116-218, 総務省

寺田仁志（1995）鹿児島県・黒島の植生と現存植生図．鹿児島県立博物館研究報告 15: 9-38

寺田仁志（2000）トカラ列島宝島の現存植生と植物相．鹿児島県立博物館研究報告 19: 1-44

寺田仁志・川西基博・久保紘史郎（2013）種子島阿嶽川・大浦川のマングローブ林について．鹿児島県立博物館研究報告 32: 95-115

寺田仁志・大屋哲（2007）鹿児島県喜界島の隆起珊瑚礁上植物群落について．鹿児島県立博物館研究報告 26: 45-77

寺田仁志・大屋哲（2012）鹿児島県宝島「女神山」の森林植生と東海岸の隆起サンゴ礁上植生について．鹿児島県立博物館研究報告 31: 31-57

寺田仁志（2007）鹿児島県奄美大島大和村大和浜のオキナワウラジロガシ林．鹿児島県立博物館研究報告 26: 21-44

寺田仁志・大屋哲・前田芳之（2010a）加計呂麻島呑之浦のマングローブ林について．鹿児島県立博物館研究報告 29: 29-50

寺田仁志・大屋哲・久保紘史郎（2010b）徳之島明眼の森・義名山の植生について．鹿児島県立博物館研究報告 29: 1-28

# 第8章
# 奄美の植物研究、80年

田畑満大

## 1　はじめに

鹿児島大学生物多様性研究会から、奄美群島の野生植物について私の実体験に基づく一文を書いてほしいという依頼を受けた。私と植物との付き合いは昭和初期の幼少期の体験に始まる。今となってはどれも貴重な経験であり、その後の活動の基礎が培われた。小学校教師時代には身近な植物をどのように教材として利用したら子供たちの理解を高めることができるのか心をくだいた。そして、初島住彦先生などのご指導を受けつつ本格的に奄美群島の植物の勉強に取り組むことになった。東京の大学で植物学を学ぶ機会があり、現在も奄美群島を訪れる多数の植物学者との交流が続いている。

## 2　幼少期の生活

私は昭和10年6月に大島郡天城町岡前に生まれた。父は学校教師で、私は4歳頃までは親と暮らしていたが、5歳頃から農業をしていた祖父母の家で暮らすことになった。祖父は養っていた牛馬を山に近い草地へ連れて行って手綱をつなぎ止めて草刈りをする傍らで自由に草を食べさせながら、野山にある果実類をよく採ってくれた。現在のように店で果物をあまり売っていない時代なので、野山の果実類には非常に惹きつけられた。熟す時期は種類によって違うので、年間を通して野山に行く都度、楽しみだった。子供はヤマモモ（方言名:ヤームゥ）の実が枝にたわわに熟しているのを見ると喜んで「枝を切り落としたら良いのに」と言うのだが、祖父は「枝を切って採ると来年は食べられないよ」と諭す。ヤマグワ（クヮグヰ）の果実は甘酸っぱくて子供は大好きだった。オオイタビ（イッチャン）もイチジクのようで美味しい。ムベ（ウムヰ）、ヤマヒハツ（ミタシブ）、ギーマ（マシュグーマ）、シマサルナシ（クガー）もよく採った。イチゴ(イチュン)の食べる部分は花托という台であって表面の粒々が痩果である。ホウロクイチゴ（マーイチュン)、リュウキュウバライチゴ（ハーイチュン）、リュウキュウイチゴ（キイチュン）の時季にはその花托を食べに来る小鳥を狙ってハブが待ち構えている。読者の皆さんの中にもご両親から言われた人がいると思うが「棒で株の下や周囲を叩いてハブがいないことを確認してから採りなさい」と注意もされた。山菜ではツワブキ（チィバーハ)、海藻類ではヒトエグサ（オーサ)、マフノリ（フヌイ)、豆腐状にして食べるイバラノリ（ムイドゥフ)、オゴノリ（シルーナ）類のカタオゴノリやクビレオゴノリなども採った。菌類のキノコを方言でナーバというが、スダジイなどの枯木に付くシイタケを主にナーバと呼んでいた。原野に生えるハツタケ（マチナーバ)、クワ科ヤマグワ、ガジュマル、アコウなどに付くアラゲキクラゲ（ミングイ)、海岸のアダンの枯木に付く白いキノコ（カタナーバ)、陸棲藍藻類のイシクラゲ（ハテオーサ）も採った。

野鳥も遊びの対象だった。屋敷林（カングヰ）の下にリュウキュウメジロ（岡前地域方言でチィッカラ・松原地域方言でマシキジャ）が巣を作り、雛を育てる。巣立ち前の雛を捕まえて鳥籠で育てようとしたが、餌付けに失敗して死にそうになった。先輩たちが「ヨモギの葉をもんで鼻の近くで匂いを嗅がせると良い」と言うのでやってみると元気を取り戻した記憶がある。ウグイス（松原地域方言でチッカラ）やリュウキュウサンコウチョウ（ジュナーガ）も飛んで来て、独特の鳴き声を披露してくれた。ヒヨドリ（ヒューシ、シュシィ）やスズメ（ヤンドゥイ）は高倉や茅葺の家に巣を作る。先輩たちは、夜、巣に入った頃合いをみて巣穴に手を突っ込んで親鳥を捕まえる方法を教えてくれた。ミフウズラ（ウジラ）はサツマイモ（ハンジン）畑に横向きに巣を作る。親鳥は逃げようとするが、巣の周囲を左回りに回ると、それに合わせて首をぐるぐる回しているので、隙をみて上着を被せて捕まえることができる。カワセミ（カンジュラ）は崖に横穴を掘って産卵し雛を育てる。ハブの死骸なども食べるので「巣穴にはハブの歯があるからいきなり手を入れたりして捕るな」と注意されたことがある。バン（クムヰラ）は、田んぼの3～4株くらいのイネを横に押し付け巣を作り、セッカ（ヒバリ）は、イネ（イニヰ、イネヰ）やチガヤ（マーグォヤ、マーガヤ）を利用し縦長の巣を作る。稲の被害があるので祖父は嫌っていた。イソヒヨドリ（カーサンチク）も鳴き声が良いが、人にまとわりついて雛を捕まえられないように庇う用心深い鳥である。屋敷の一角にあった大きなリュウキュウマツ（マーチォ）にオオイタビが着生していて、果実が熟れるとよじ登って採って食べたが、そこではキジバト（ハトゥ）が巣作りして雛を育てていた。夜、水田にマガモ（カモー）類が飛んできた。先輩たちから教えられた鴨猟は面白かった。五分出の釣針に小さなカエルを引っ掛けて糸で結んだ棒を田んぼの泥の中へ踏み込む。水面に泥を少し積み上げて、てっぺんにカエルを固定しておく。カモがカエルを飲み込んで飛び立とうとするが、糸が泥に埋まっているので飛び立てず、次の朝に子供たちに捕まえられることになる。サシバ（ター）は、ピィピィーという鳴き声で、秋の季節を感じさせる渡り鳥である。先輩たちはこれも捕まえたと話していた。

ある夕方、暗くなった頃に海の方から山へ向かって飛びながら鳴いている鳥がいた。祖父母はユガラシと呼んでいたが、種類はわからない。「この鳥が通り過ぎた次にユワトゥシ（首のない馬に乗った者）が通るが出会わないように、もし出会ったら伏せて見ないように」と言われた記憶がある。夜道を歩いていてリュウキュウコノハズク（チクフ）などが鳴き出すと怖いものだが、小学校に入る前、同年輩の子供たち４～５人で集落近くの谷川へ遊びに行く途中、谷間の田んぼ道で物哀しい声が聞こえた。誰かが「ウシィンマブイ（牛の霊魂）だ」と言った瞬間、あまりの怖さに我先に細い畦道を走り、田んぼの中に倒れたりしながら息絶え絶えに家に帰り着いた記憶がある。後で、その近くで牛を屠殺したと聞いたが、鳴き声の主はズアカアオバト（アウバトゥ）だった。

川では、ニホンウナギ（コーウナギ）採りやフナ釣りをしたしモクズガニ（マーガン）も採った。祖父が田んぼの代掻きをした時、泥の中から出てきたタウナギを採ったこともある。海岸のアダンの下でオオヤドカリ類（アマーン）を拾って魚釣りの餌にした。テナガエビ類（タナーガ）のテナガエビ、ヒラテナガエビ、ミナミテナガエビ、コンジンテナガエビ、ザラテナガエビなどを採って唐揚げや天ぷらにした。井堰から田んぼへの水の取り入れ口の小さな滝壺や水路に笊を入れて掬うとヌマエビ類（サイ、セー）のオニヌマエビ、ヤマトヌマエビ、ミゾレヌマエビ、ツノナガヌマエビ、ヒメヌマエビ、ミナミヌマエビやドジョウも採れた。テナガエビとヌマエビの中間型のようなサイタナガは川で水浴びをする人の肌をハサミで挟み、くすぐったいような少し痛いような感じであった。

母は蚕を養っていた。種蚕から蛾が孵り産卵し孵化させて育て、繭から糸を紡いだ後に残る蛹を鶏の餌にしていた。蛾をハヴィルと呼び、蝶をコウーバラと呼んで区別していたが、区別しない地域もあるようだ。友達と捕まえたカマキリ（イィーストゥバイ）同士を、鹿児島の加治木で行われる蜘蛛合戦のように喧嘩させて勝負を競って遊んだ。セミ類（アサハ)、トンボ類（エージャンボウラ)、バッタ類、雨が降る前に鳴くアマミアマガエル（アムィゴロジャ）やヌマガエルなどのカエル類（ゴロジャ）も採った。キノボリトカゲ（マオウ）にトウガラシ（クシュウ）を食べさせて苦しむのを見ては「マオウが酔っぱらった」と子供同士で面白がったりしたが、自分でもトウガラシを食べてみて烈しい辛さに耐えきれずに泣いたこともある。

このような数々の体験や喜怒哀楽のすべてから、生き物への優しい接し方を覚えたのだと思う。国民学校初等科（小学校）に入り、1～2年生のうちはその時代なりの学習をしていた。ところが第二次世界大戦が激化し、3年生頃から学校での勉強が困難になってきた。校舎は陸軍の兵舎になり、生徒は集落の民家で授業をしたりしなかったりという状態になった。担任の先生は赤紙（召集令状）が来て出征し、臨時の女の先生が授業をしてくださったが、ほとんど学習らしい学習をした記憶がない。昭和18年頃からは米軍の空襲を警戒して私の一家も山の谷間の避難小屋に住むようになった。

昭和20年5月22日、今から72年前になるが、私にとって忘れる事のできない悪夢の日である。朝、祖父と父が「出かけるが一緒に行くか」と声をかけてきた。実は、天皇陛下の御真影を奉るための奉安殿の避難場所を探すように学校長や軍から命じられていたらしい。普段なら一緒に行くところだったが、小鳥の落とし籠を作っている最中だったので、予想もしない出来事が起こるとも知らず断ってしまった。梅雨時で昼頃からは雨が降っていたと思うが、日中に米軍による大空襲があった。夕方、知り合いの方が通りかかり、この惨状を目にし、祖父から事情を聞き、父は高い所に上がったが、いくら名前を呼んでも返事がないと安否を気遣っていたようだ。その方は、高台へ上がって見たら、爆弾が落ちた穴だらけで人影は見えず、すぐ家族への連絡と祖父を運ぶ手配をし、避難小屋へ走って来られた。父が帰っているかと、母に問い、確認後に母を連れて現場に直行、母は半狂乱状態に陥りながら父を探したが見つけることは叶わなった。爆弾の直撃を受けたようだ。周辺の木に着けていた洋服の端切れだけを見つけ持ち帰ってきた。夜､遺体がないまま海岸近くの墓で葬式をし、服の切れ端を埋葬した。祖父も出血多量で死に、その夜は二回の葬儀をすることになった。

その後は、母と兄弟４人は食糧生産など生きるためのことに集中し、学校での勉強はほとんどできなくなった。私は中学校を卒業したが進学を諦めて農業をしていた。ある日、中学校の恩師２人から「夜、家に来て勉強をしてみないか」と声をかけられた。高等学校の教科書を借りて学習を始め、２年遅れて高校卒業、同校に勤務しながら通信教育課程を終えて教員免許を取得することができた。

## ３　小学校教師の時代

昭和 35 年４月、奄美大島南部の瀬戸内町立薩川小学校に赴任した。全国一律のカリキュラムで使う教科書は概して本州などの都市部中心の内容になっている。生物分野では、奄美群島の季節とのずれがある。例えば、４月、新学期最初の教材であるサクラの代表として取り上げられるソメイヨシノは、奄美の平地で栽培しても肝心の花が咲かないので、代替品としてヒカンザクラを教材にするほかない。ジャガイモの観察においても、本州と奄美群島では植え付けや収穫の時期が異なり、カリキュラム通りにジャガイモの澱粉を観察させることは難しい。本来は点数にこだわるのではなく、学年に応じた指導法で、科学の発達段階を考える土台を作るべきだと思う。指導要領も大事だが、分かる授業をしないと意味がない。しかし、教科書通りの解答を求める全国学力テストで点数が悪くなってもならず、学力向上の工夫に思い悩んだ。

当時、奄美大島出身で後に鹿児島短期大学教授になられた大野照好先生が鹿児島大学教育学部附属小学校に勤務されていて、指導を受ける機会があった。また、大島高等学校で生物担当教諭だった大野隼夫先生が作られたガリ版印刷の『奄美大島植物目録』を手にすることができ、植物標本を作り始めた。月給が5000～7000円だった頃、3500円もした『牧野新日本植物図鑑』（牧野1961）を買った。これで一般的な雑草を調べることはできたが、奄美群島の固有種や北限種はあまり載っていなかった。昭和41年から徳之島の伊仙町立阿権小学校に異動し、徳之島の植物研究の傍ら、結氷や降霜など気象関係の研究もした。この頃、鹿児島大学農学部造林学教室の初島住彦先生と迫静男先生が、学生を連れて徳之島三京の山林へ実習と調査に来られ同行させてもらった。これが徳之島全島の調査に乗り出すきっかけになった。単車で山中、里山、河川、海岸、湿地などをくまなく駆け回り植物を採集した。標本を二部作成し、一部を手元に残して一部を初島先生へ送り同定してもらった。島で植物採集をしていたら「この植物は何に役立つのか？」とよく質問された。単車の荷台に標本を入れたビニール袋を積んで走っているとヤギに食べさせる草を集めていると間違えられた。鹿児島市で教育センター研修や会合があると、吉野町帯迫の初島先生の居宅へ標本を担いで行き、同定していただいたり普段疑問に思うことをお尋ねしたりした。「鹿児島植物同好会に入りなさい」と言って機関誌をいただき、植物学の様々な情報を得ることができるので楽しみであった。鹿児島大学の迫先生を訪ね、標本庫の所蔵品と自分で作成した標本を比較研究し、野外実習で学生と共に山に行った思い出もある。鹿児島大学では教員の認定講習も行われていた。教育学部生物学教室において横山先生の講義を聞き、その紹介で楠元司先生の植物生産調査に誘われ、稲尾岳に同行させてもらったこともあった。

植物標本の収集や作成は主に分類学的研究や地域研究に携わる研究者や収集家によって行われているが、初島先生の教えは植物を勉強する方々に参考になると思うので、『国際植物命名規約（東京規約）』（Greuter 1994）から植物標本の意義と重要性が書かれた個所について一部体裁を変更しつつ引用しておく。

〈植物標本の意義と重要性〉　1）命名の証拠標本として。学名を発表する際には、標本の観察に基づく植物の形態的特徴を記述した記載論文を書き、記載に用いた標本の中から、その基準となるタイプ標本を指定する事が国際植物命名規約により義務付けられている。つまり、タイプ標本は分類学の学名命名の基準となった標本であり、このタイプ標本と記載論文をもとに同定が行われることになる。分類群の命名や形態的特徴に関する疑問が生じたとき、また他の分類群との比較研究の際にタイプ標本が参照されることになり、最も重要な標本として標本館に永久に保存することになっている。2）研究の証拠標本として。生物の名前は、実はあまり当てにならないものである。研究者の見解の違いや研究の進展によって学名や分類基準が変更されることがあるため、図鑑、文献の間で食い違いが生じる。しかも、分類が困難な生物群の場合は、同定ミスの恐れもある。そのため、論文や報告書などにおいて、研究対象とした生物の名称を記述するだけでは、証拠として不十分である。証拠標本が標本に残されていれば、後に内容に疑問が生じた場合でも、引用された標本を参照することにより検証することが可能となる。最近では、研究成果を論文などに発表する際、材料として用いた植物の証拠標本を公共の博物館に保存することは常識となりつつあり、論文受理の条件としている学術雑誌も多くなっている。3）生物多様性、生物地理、生態学的研究のための資料として。フィールドで直接観察、調査する際の補助的な情報を、標本から入手することができる。標本館には様々な地域から採集された多数の標本が所蔵されていることから、これらの標本を同時に比較し、外部形態の変異などを詳細に観察したり、分布域を調べることも可能である。標本に花や実がついていれば、その植物の開花時期や結実期のような生態的特性に関する情報も得られる。また、条件さえ良ければ、標本からDNAを抽出して解析することもできる。4）歴史的証拠、資料として。人為的影響により自然環境は大きく変貌し、各地で数多くの植物が消滅しつつある。そして人間が植栽した植物や外来種で植生が置き換えられてしまった現在、かつてどのような植物があったのか、どのような自然環境だったのかを知ることは容易なことではない。標本館には19世紀から20世紀初頭にかけて採集された標本も数多く所蔵され、これらの標本は当時の植物相や自然環境を推定するための貴重な参考資料となるだろう。逆に外来種が日本に移入した時期も推定できるかもしれない。また、古い標本には、日本の近代植物学の黎明期における海外の研究者との文化交流の証が様々な形で標本に付随して残されていることがあり、それを調べることで日本における植物学の歴史的推移を科学史的視点から探るという試みもなされている。5)同定のための参考資料として。植物の同定を行う際には、一般には図鑑などの文献資料を用いるが標本と比較することにより正確に同定することができる。特に文献情報が不十分な国外の植物を同定する時に、非常に役立つものである（Greuter 1994）。

昭和46年に名瀬市立小宿小学校に転勤になった。理科教員で植物同好会をつくり、台風でも来ない限り休みの日は山へ出かけて、開花期がわからない場合は花が咲くまで通い続けた。翌47年9月、皇太子殿下と美智子妃殿下（現在の天皇陛下と皇后陛下）がご来島になった。非公式であったので詳細は控えるが、ホテルで広田勝重氏の島唄を聴いていただき、稲田敏夫氏が歴史、義憲和氏が野鳥、そして私が植物についてお話をさせていただいた。30分間の予定だったが、侍従の方から「お時間です」と促されては「あと少し」とおっしゃって、約1時間30分ほどになったと記憶している。最後に、夕食に出された貝殻をお膳に載せて恭しくかざしながら女の方が入って来られて「この貝の名前を教えてほしい」と言われ、外で待機しておられた大島教育事務局長だった植之原道義氏が貝の専門家であったのでお呼びして尋ねたところ「ミズイリショウジョウガイといいます」と答えられた。翌朝、畦海岸へ行らっしゃるご夫妻に植之原氏がお供し報道記者やカメラマンもついて行った。「ヤギの草を採っていると思っていたが（実は植物の研究であって）皇太子ご夫妻にお会いしたとは光栄の至りだね」と郷里の人達に褒められた。後年、常陸宮様や秋篠宮様にお会いする機会もあったが、ともかくも一生の思い出である。

## 4　研究者との交流

初島先生のご指導を受け始めた頃から、専門的に植物の勉強をしたいと思い、国内留学を希望していた。ある時、大野隼夫先生から「前川文夫先生と湯浅浩史先生がカンアオイ調査に来られている。植物同好会の人で都合がよい人は住用川上流の調査へ行こう」と誘われて、ご一緒させてもらった。前川先生は東京大学を退官し、湯浅先生と同じく東京農業大学進化生物学研究所に勤めておられた。夕食会の時『日本の植物区系』（前川 1977）と『日本固有の植物』

（前川 1978）をいただき、その夜、貪るように読んだ。そこにはカンアオイという植物は標高が高い所にしか生育せず、他の植物と比べて種子散布による分布の拡大が遅いと書かれていたが、徳之島では低い所にもあるので不思議に思った。翌日金作原へ向かう林道を走っていると「田畑君、君たちはこんな事を黙っているのか」と言われた。何の事かと尋ねたら「どうして深い山中の道端にビロウを植えさせたのか。早く取り除いたほうがよい」とお叱りを受け、経緯は知らないがこのままではいけないと考えた。自然林などに本来生えるはずがない種類を人為的に植栽することは止めたほうがよいことは機会あるごとにいろいろな所で話しているが未だに解決していない。調査を終えた帰りがけに本をいただいた御礼を述べてカンアオイの生育地の標高について疑問を申し上げた。すると前川先生が「奄美の調査を打ち切って徳之島の自生地へ行きたいので手配をしてほしい」と言われ、前川先生、湯浅先生、後藤氏、田畑の４人は飛行機で徳之島へ飛びレンタカーでムシロ瀬へ向かう。標高 40 ～ 50 m の林の中にハツシマカンアオイが出てきたので前川先生が大喜びなさったことを今でも鮮やかに思い出す。初島先生は徳之島で採集したカンアオイを前川先生へ送り、前川先生がご存命中はご自身で新種記載をなさっていたようだ。

前川先生に国内留学先についてもご相談したところ、「自分が現職であれば引き受けるが、教え子が都立大におるのでそこでも良いか」と言われたので、是非とのことでお願いした。東京へお帰りになった日に先方へ連絡を取り快く引き受けてくれたとのことだった。ただただ感謝である。現在、首都大学東京は八王子市にあるが、その前身の東京都立大学の理学部は世田谷区深沢にあった。昭和 49 年４月に上京して渋谷駅からバスで国立第二病院前で降り、徒歩で大学へ行き、受付で国内留学にやってきたことを告げ、当時助教授だった小野幹雄先生にお会いして大学附属の牧野標本館に落ち着いた。研究テーマの「高等植物の分類と生態学の基礎的研究」について指導を仰ぎながら学習計画をたて、一対一で分類学を講義してもらえることになった。講義では一言も聞き漏らすまいとテープレコーダーで録音し分からない内容は聞き返し、２～３カ月後からは文献類を古本屋で探して買い求め、大学内の図書館にもよく行って予習復習に努めた。小野先生のほか、加藤英夫、小林純子、若林三千夫、大西の各先生が出席して、週１回の研究会を行う。そこで１回だけ奄美の植物の話をした記憶がある。生態学、遺伝学、代謝生理などの授業を聴講したり、鑑別同定作業をしていらっしゃる先生方と意見交換したり、標本館を訪れるいろいろな大学の先生方と知り合いになったりと、何物にも替え難い良い経験ができ、後々奄美の植物を調べるために大いに役立った。滞在中には栃木県にある東京大学附属日光植物園で学生と一緒に形態分類学の実習を受けた。顕微鏡で細かな特徴を見つけて同定したり、男体山の麓で植生や生態を調べたりしたことも良い思い出である。

国内留学中には前川先生にも何度かお会いした。東京杉並区のご自宅をお訪ねした時いただいた学術誌に徳之島のハツシマカンアオイとトクノシマカンアオイの論文があった。初島先生からは「徳之島の天城岳を中心にトクノシマカンアオイが、井之川岳を中心にハツシマカンアオイが分布する」と教えられたのに、そうなっていない。恐る恐る前川先生に尋ねると「初島先生から送られてきた産地を記した標本に基づいて同定し論文記載した」とおっしゃる。どこで食い違ったのだろうと思った。そこで夏休みに鹿児島大学の標本庫に行き、トクノシマカンアオイとハツシマカンアオイのすべての標本の写真を撮って記録し、鹿児島市の初島先生のご自宅へお伺いして経緯を申し上げた。すると「田畑君に送る時に産地を間違えたのだね」と言われる。大御所でもたまに間違いがあるものだと思い、ましてや素人の私などは間違いだらけだろうと気を引き締め、コツコツとできるところまでやるしかないと思い、改めて標本の貴重さを思い知った。またある時は牧野標本館の小林、若林両先生とイネ科やカヤツリグサ科の分類の大家で東京科学博物館（現国立科学博物館）を退官されていた大井次三郎先生の横須賀のご自宅へ標本を持参して同定をお願いしに出かけた。体調がすぐれず寝床に横になったままのご対応だったが、鹿児島で初島先生から伺っていた面白い話をしたところ起き上がって座られ、戦前にインドネシアのボゴール植物園に勤めて戦時中はいろいろな物を食べたなどと話しだした。ボゴール時代からの親友である初島先生のことが話題になり大変喜ばれていた姿が今も蘇ってくる。半年の間に東京大学教授の岩槻邦男先生や山崎敬先生などたくさんの植物学者と面識を得た。

留学期間も終わりに近づいた昭和49年の秋、北海道大学で日本植物学会第39回大会が開催されるという。「第一線の先生方の話が聴きたい」と小野先生に申し出たら「自分は学会の世話人をしているので加藤先生に相談してみてごらん」と言われ、加藤先生には「自分と同宿でよければどうぞ」ということで了承を得た。列車で上野駅を出発し初めて東北地方を通過し青森駅に着く。線路が敷かれている青函連絡船に列車ごと積み込まれ函館港に着く。札幌までの車窓からは西洋風の建物や広い平野が見え、まるで外国に来たようで驚くばかりである。９月というのに氷があって肌寒く、厚めのシャツを買って着る。会場にはいろいろな分科会があったが、興味があった被子植物の起源の分科会を聴きにいった。現生被子植物が一つの先祖から進化したとする単系統説と複数の先祖があったとする多系統説に分かれ、それぞれの根拠を示しながら論戦し非常に参考になった。合間をぬって他の分科会も覗き、植物学者の真剣な姿に感動した。終了後、単独行動でポプラ並木、時計台、北海道大学植物園を訪ね、夜は北海道一の繁華街であるススキノで食事をし、夜汽車に乗って網走へ向かう。明け方着いた網走駅前の旅館で仮眠し宿の方に教えてもらって１日市内観光バスに乗り、原生花園やあの名高い網走刑務所などを見る。列車とバスを乗り継いで阿寒湖へ行き水槽内に展示してあるマリモを見る。バスの車窓から根釧原野の生物を見ながら富良野でラベンダー畑や牧場を眺め、札幌へ帰ってくる。北海道を半周した格好になったが、もっと時間を取ってゆっくり旅をしたいなあと思った。帰路は夜中に青森駅に着き安宿を探して宿泊する。奥入瀬渓流の一部と十和田湖を通るコースを選んでバスに乗り、十和田湖で遊覧船に乗る。観光を楽しみつつ周りの９月の風景をしっかりと目に刻みつけた。そこから列車で日本海側を通って新潟まで行き、東京へ戻った。こうして、あっという間に半年間の国内留学は終わってしまった。

初島先生は鹿児島大学を退官なされ琉球大学に教授として勤務されていた。前もって「沖縄に行きたいがよろしいですか」と手紙を送り返事を貰っていたので、東京から帰って名瀬に荷物を届け沖縄へ行った。日本の北から南までひと月で見ることができたのは大きな収穫であった。沖縄では初島先生に国内留学での勉強の報告をして奄美の植物についての研究課題を指導していただいた。そのテーマが「奄美群島の植物フローラ」であった。『琉球植物誌（追加・訂正)』（初島 1975）ではいろいろな植物の生育地について「各島」という記述が頻繁に使われている。本当に各島々に分布しているのかを確認しながらいろいろな目的に適用できる目録ができたらと考えて調査に励み、『改訂鹿児島県植物目録』（初島 1978）には「奄美群島産の植物については田畑満大による」ことを明記していただいた。ある時、屋久島で日本自然保護協会の自然観察指導員の講習会があり鹿児島から船で屋久島へ着いたところ、近くで集合している団体の中に一段と背が高くスポーツ用のジャージを身につけた人がいる。若い人だろうと後ろから見ていたら、ふと振り向いて「田畑君」と呼ばれた。初島先生だった。「今から屋久島の植物調査だが一緒に行こう」と誘われたが、我々も講習があることを告げて別れた。その後も長い間ご指導を仰いでいたが、平成20年1月22日に101歳で逝去された。

生態学者などとの交流も増えた。名瀬市（現奄美市）が実施した金作原や赤崎地域の第二回の植生調査のとき、横浜国立大学教授であった宮脇昭先生から「加勢してくれ」という依頼が来た。植生調査の自信はなかったが否応なくやらざるを得なかった。続いて昭和63年の夏には鹿児島大学教養部教授の田川日出夫先生の金作原の植生調査の手伝いをした。小さな芽生えの名前まで書けと言われたが、種子を発芽させて記録した資料がほとんどなく、鑑別同定が困難で困り果てた。種子が風などで飛ばされる範囲を推定し、周囲の木の中から親木を推察することもあった。この時に都立大の小野先生も金作原にみえ、恩師のお手伝いができて自分も嬉しいと思った。また、田川先生を手伝いに鹿児島大学教育学部助教授だった川窪伸光先生も来られた。川窪先生は私の国内留学先だった都立大で小笠原の植物を研究しておられたので「都立大の先輩」と呼ばれ、恥ずかしい思いがした。川窪先生に教育学部で教えてもらったという小学校の生徒が居たが、今や彼女も立派な教師になっている。

鹿児島大学理学部教授として堀田満先生が昭和63年に赴任され、奄美の植物も熱心に研究されるようになり、群島内を案内し一緒に歩く機会が多くあった。お若い頃に書かれた『植物の分布と分化』（堀田 1974）を国内留学中に古本屋で安く手に入れて読んだこともあって年長の方かと思っていたが、私と同年代であった。奄美に来られると「山に行こう」「今度はこんな植物を中心に調査をしたい」などと連絡が来る。学生と一緒の時は食べて飲める処へ案内し、夕食をとりながらの植物談義は楽しくてあっという間に時が過ぎた。後日、堀田研究室の学生だった高橋直樹氏の『鹿児島県産セリ属の分類学的再検討』、甲斐忍氏の『鹿児島県内におけるイタドリの地理的変異について』、川尻裕子氏の『ツクシキケマンの種内分類群の検討及びその分布域』など奄美の植物を研究して書いた論文をいただいた。また、ボタンボウフウの研究で堀田先生と一緒に来ていた瀬尾明弘氏から「私がまとめた『南島雑話』（名越、国分・恵校注 1984）の中の植物に関する文章を『奄美沖縄環境史資料集成』（安渓・当山 2011）という本に入れたい」という話があり、瀬尾氏が私の原稿に手を加えて掲載した。

堀田先生は南西諸島はもちろん世界に目を向け、『世界有用植物事典』（堀田ほか編 1989）を代表として編集されたり、西南日本植物情報研究所を立ち上げ、たくさんの研究論文を発表なさったりした。ゴルフ場開発問題が起きた市理原の調査をしてタイワンルリミノキやリュウキュウスズカケの生育地を確認したり、いろいろな会合で私の発言を援護してもらったりして大いに助かった。『奄美群島植物目録』（堀田 2013）は鹿児島大学所蔵の植物標本を基に作成された貴重な目録で、採集地の確認などで加勢した思い出がある。環境省や鹿児島県の絶滅危惧植物リスト（レッドデータブック）作成にも関わっておられた。私はヤドリコケモモやクスクスランの生育地を確認するなど初回の調査から関わっていた。堀田先生は標本がない場合を情報不足として絶滅危惧のランク付け対象からはずされる種類も出てきてしまい大変困った。しかしそれほど標本に対して慎重に確実に丁寧になさる方でもあった。鹿児島大学を退官なさる時、奄美の植物を研究する学者が居なくなるのではないかといたたまれなくなり鹿児島市で開かれた退官お祝い会に駆けつけた。奄美からの参加は私一人だけであったので挨拶するように言われて戸惑ったが、思い切って「大阪ご出身だから大阪へ帰られるのですか？」と話しかけた。「しばらくは……」という雰囲気であったからすかさず「奄美の植物を研究する学者が鹿児島大学に居なくなるので是非しばらくでも居てほしい」と懇願した。その晩二人で別の場所で飲みながら話をしたことが昨日のような気がする。この会では山口県立大学の安渓遊地先生、貴子先生ご夫妻と知り合った。前述の『奄美沖縄環境資料集成』の編集者として、「『南島雑話』にみる植物の利用」（田畑・瀬尾 2011）を組み込んでくれた方である。堀田先生は焼酎を薄めずに飲まれるので心配していたが、ある時「手術をしたよ」という手紙をもらった。同じ年の 12 月に私も大腸の手術を受けたところだった。その後も２～３度鹿児島市に出て西南日本植物情報研究所に立ち寄っていろいろな植物やそれらの参考文献、『質問本草』（呉1837、原田訳 2002）などについて御指導を受け、昼には隣の食堂でうどんを注文したがあまり食欲がないようであった。それからしばらく鹿児島に出る機会がなくご無沙汰していたが、平成27年７月８日に逝去されたことを１年後に知った。

次世代の植物学者の方々との交流も多くなった。その中では、首都大学東京の菅原敬先生とは長いお付き合いである。菅原先生が旧都立大の大学院生の頃、小野先生から「カンアオイの研究をしている学生が居るから宜しく」と言われて奄美の山を案内した。博士課程を終えて同大学に勤務し、学生指導でよく来島し、堀田先生らとカンアオイの調査研究に来られて新種記載をしたり、私もアカネ科植物の性表現の研究に参加させてもらったりした。いろいろな植物の異型花柱については図鑑にほとんどと言っていいほど記載がない。重要な形質だと思うので、学者の皆さんで手分けしてでも調査してほしいものだ。また、愛知教育大学教授の芹沢俊介先生は、奄美大島と徳之島のシダの調査研究で来島されたことがある。この機会にシダの勉強をしてみようと思い、奄美大島と徳之島を案内した。湯湾岳ではキジノオシダ類を詳しく説明してもらい、徳之島では琉球大の方がタイワンアマクサシダを採取したという義名山付近を徹底的にくまなく探したが見当たらなかった。私は犬田布岳山麓の三京側でタイワンアマクサシダを見ているので、そこへ案内した。現地の方々は早くから知っていた生育地なのかもしれないが記載がなく、私の標本を初島先生に同定してもらい、産地としては最初の記録となっていた次第であった。以後、芹沢先生にもお世話になっている。また、国立科学博物館の井上浩先生や広島大学教授の出口博則先生など蘚苔類の研究者が来島した時も案内に立った。富山大学教授の鳴橋直弘先生はイチゴ類の研究者で、一度、湯湾岳を案内し、オオアマミノイチゴは、ホウロクイチゴとアマミフユイチゴの雑種だということを教えてもらった。以来、標本や生の果実を送り、イチゴの論文を送っていただいている。小学校教諭を退職した後、奄美看護福祉専門学校で、薬草、海藻や海草について授業を行い、生薬、薬膳、海藻の研究者との交流もあった。

環境省のレッドデータブック作成の説明会で上京した時、懇親会で琉球大学教授の横田昌嗣先生にお会いした。お名前は知っていたがこの時が初対面だった。昭和60年1月27日に当時の名瀬市立博物館の建設準備委員並びに資料収集委員で住用ダム上流の支流に出かけた。この時に川の流れの上に垂れ下がった枝にヒメイタビが巻き付いていて、そこに新種か新記録種だろうと思われるラン科植物が着いていた。花期でなかったので、開花を待って後日調べることになった。その直後の2～3月頃に、横田先生がみつけて生品を持ち帰りハゴロモランという和名で新種として論文記載した。初島先生に私の標本を見せたところ「これは台湾にも分布するサガリランだよ」とおっしゃった。現在はサガリランとして通用している。この種については増殖を検討する委員会があり、第一回の奄美での会合で国立科学博物館の遊川知久先生と知り合い、第二回の沖縄での会合でも横田先生や遊川先生らと情報交換をしたところである。横田先生は奄美の希少植物関連の会合などでたびたびお会いし、記載論文の別刷を送ってくださり、沖縄ではいろいろな場所を案内していただいた。横田先生と国立科学博物館筑波実験植物園の国府方吾郎先生が加計呂麻島の調査に来られ、同園が奄美博物館で移動博物館を開いた時は講演もされた。この時は、地元からは私と奄美在住の植物写真家の山下弘氏が発表をした。近年ではやはり国立科学博物館の海老原敦先生から「シダの図鑑を作成するので協力してほしい」ということで、大和村、湯湾岳、由井岳、笠利などを案内し、シダについて勉強させてもらった。ある時、森田秀一氏が友人を通して私の所へチャルメルソウを持って来た。屋久島のヒメチャルメルソウと比較したが違うようで、新種の可能性がある。首都大学東京の若林先生はすでに退官されていて連絡できず、国府方先生に連絡し奥山雄大先生を紹介された。標本を送ったところ、本人が自生地を見に来られ、標本を持ち帰った。長らく音沙汰がなかったが平成28年に新種として論文が発表された。アマミチャルメルソウという和名が付いたが、発見者の森田氏の名前を和名か学名に採用していただけたらよかったのにと思う。最近では、鹿児島大学の宮本旬子先生が来島するたび、植物の遺伝子解析や関係の文献の送付を依頼しているが、とにかく気安く依頼できる研究者である。その紹介でショウジョウバカマを研究している布施静香先生と知り合ったり、環境省から鹿児島大学に出向していた岡野隆宏先生の龍郷町秋名、幾里、住用町仲間の聞き取り調査に一緒に参加したり、さらに若い世代の研究者との交流も拡がっている。

## 5　おわりに

昭和 61 年５月４日に「奄美の自然を考える会」を立ち上げ、郷土の自然と生命に愛着を寄せる仲間が集まり、情報交換、観察会、講演会を行ってきた。カケロマカンアオイ、ユワンドコロ、アマミナキリスゲ、アサトカンアオイ、ナゼカンアオイなどの新種や新産地の発見と記載に関わり（口絵参照)、それらの経緯は同会の機関誌「きょらじま」に記載してある。自然環境に関わるいろいろな委員も引き受け、平成 27 年４月 20 日には環境大臣から自然環境功労賞を受けた。固有種や北限種や南限種については専門の先生たちが詳しく研究されてきたが、詳しく調べたらいろいろな問題が出てくる普通種もまだまだあると思う。今では、日本復帰後に皆伐された場所でも森が育ってきているが、昔とは林床の状態が少々違うように見え、保護保全の課題は多い。植物標本の意義や重要性や標本の取り扱い方については、初島先生、前川先生、小野先生、加藤先生、湯浅先生、堀田先生に丁寧にご指導いただいた。すでに引退された先生方も多く、今は亡き恩師の方々に対してはご冥福をお祈りしたい。いろいろな先生方の力を借りながら、私自身は足腰が立つ間は奄美の植物に関わっていたいと思う。今後ともよろしくお願いします。

### 参考文献

安渓遊地・当山昌直編（2011）奄美沖縄環境史資料集成 . 南方新社 , 鹿児島

大野隼夫（発行年不明）奄美大島植物目録 . 私家版

田畑満大・瀬尾明弘（2011）『南島雑話』にみる植物の利用 . 安渓遊地・当山昌直編 奄美沖縄環境史資料集成 577-618. 南方新社 , 鹿児島

呉継志（1837）・原田禹雄訳（2002）質問本草 . 榕樹書林 , 沖縄

初島住彦（1975）琉球植物誌（追加・訂正）. 沖縄生物教育研究会 , 那覇

初島住彦編（1986）改訂鹿児島県植物目録 . 鹿児島植物同好会（鹿児島大学農学部造林学教室）, 鹿児島

堀田満（1974）植物の分布と分化．三省堂，東京

堀田満・緒方健・新田あや・星川清親・柳宗民・山崎耕宇編（1989）世界有用植物事典．平凡社，東京

堀田満（2013）奄美群島植物目録．鹿児島大学総合研究博物館研究報告 No.6. 鹿児島大学総合研究博物館，鹿児島

前川文夫（1977）日本の植物区系．玉川大学出版部，東京

前川文夫（1978）日本固有の植物．玉川大学出版部，東京

牧野富太郎著・前川文夫・原寛・津山尚編（1961）牧野新日本植物図鑑．北隆館，東京

Greuter W 編・大橋広好訳（1994）国際植物命名規約（東京規約）International Code of Botanical Nomenclature (Tokyo Code). 津村研究所，茨城

# 第9章

# 世界自然遺産地域の価値とその保全
## ―― 小笠原諸島から学ぶ ――

可知直毅

## 1　はじめに

奄美群島は沖縄地域とともに世界自然遺産地域への登録を目指しているが、小笠原諸島は2011年に日本で4つめとなる世界自然遺産地域に登録された。鹿児島県ではすでに1993年に屋久島が世界自然遺産になったが、その価値は「巨大なヤクスギ林の景観・垂直分布」などにあるのに対して、小笠原諸島は「進化の見本」としての価値が評価されている。奄美群島の世界自然遺産としての価値の一つは独自の生物進化にあり、屋久島より小笠原に近い。植生も屋久島は暖温帯から冷温帯が自然遺産になっているのに対して、奄美群島と小笠原はともに亜熱帯域にあり類似した生物が生息する。世界自然遺産としての管理についても以前より厳しい体制が求められる傾向にあり、最近指定された小笠原の管理体制が参考になるだろう。そこで、世界自然遺産候補地である奄美群島の将来の保全計画を考える参考事例として、小笠原の自然遺産価値の保全について外来種問題を中心に述べる。なお本稿は、2017年4月22日に鹿児島大学で開催された「平成28年度薩南諸島の生物多様性研究成果発表会」の特別講演の内容をまとめたものである。

小笠原諸島の遺産価値を保全するための最大の課題は、外来種対策である。そのため、行政（環境省、林野庁、東京都、小笠原村）は、連携してさまざまな外来種対策事業を推進している。これらの事業の多くでは、順応的な管理をめざして専門家による検討委員会が組織され、その助言や提言が直接事業に反映されるしくみが定着している。しかし、新たな外来種の侵入など予想外の事態も発生しており、行政だけでなく研究者や民間事業者も、さまざまな制約の

写真1　首都大学東京小笠原研究施設（父島）

もとで試行錯誤しながら事業をすすめているのが現状である。こうした小笠原での経験を、生態学研究者の視点から紹介する。

私は、環境省国立環境研究所から東京都立大学（現首都大学東京）に移った1995年以来、小笠原諸島をフィールドとして研究を行っている。首都大学東京の小笠原研究は、小笠原が日本に返還された翌年の1969年に、団勝磨総長を団長とする学術調査団が派遣されたことに始まる。1970年度には、東京都総務局所管の総合調査室を借用して父島に研究室が設置され、1976年には全学組織である小笠原研究委員会が発足した。東京都からの受託事業として、1979～1981年に第一次、1990～1991年に第二次の小笠原諸島自然環境現況調査が行われ、1992年には現在の小笠原研究施設を開設した（写真1）。首都大学東京の小笠原研究の特色はその多様性にある。気象や地形・地質などの自然環境、固有種や絶滅危惧種の生態や系統分類、自然再生や外来種問題にかかわる応用生態学から欧米系言語と融合した小笠原特有の言語などの文化や歴史まで多様な研究が実施されている。

## 2　世界遺産登録への道

小笠原諸島は、2011年6月24日世界遺産委員会において世界自然遺産登録の採決がなされ、6月29日に世界自然遺産一覧表に登録された。世界遺産は、顕著にして普遍的な価値（Outstanding Universal Value、OUV）を持つ人類共通のかけがえのない財産である。1972年にパリで開催されたユネスコの第17回総会で採択された世界遺産条約により規定されている。2017年1月現在の締約国は193カ国であり、日本は1992年に批准した。2017年8月現在、世界には文化遺産が832件、自然遺産が206件、複合遺産が35件、合計1073件の世界遺産がある。世界自然遺産として登録されるための価値基準（クライテリア）は4項目あり、そのうち少なくとも一つを満たす必要がある。小笠原は生物進化の見本（生態系）としての価値が評価された。一方、日本が国際自然保護連合（IUCN）に提出した推薦書で提案した、地球の歴史を示す地形・地質のクライテリアについては認めなかった。しかし、小笠原諸島は、海洋性島弧が大陸へと成長する過程を陸上で観察できる希有な場所であり、無人岩（ボニナイト）は東京都の「県の石」に指定されている。

## 3　進化の見本

小笠原諸島は、東京から約1000 km南に位置する父島を中心として南北約400 kmの海域に広がる島々である。北から、聟島列島、父島列島、母島列島があり、さらに300 km南には南硫黄島を含む火山列島がある。南硫黄島は、外来種のネズミが侵入していない島で、原生の自然が残されている。

島には、海洋島と大陸島があるが、小笠原の島々は海底火山起源の海洋島である。西之島では2013年に始まった活発な火山活動により、旧西之島を飲み込むように陸地が拡大している。海洋島の生物は、島外から入ってきた生物を起源としており、その生物相は大陸と比べて偏っている。東京の高尾山では、哺乳類は約30種、鳥類は50種ほど見られるが、小笠原の在来種は、哺乳類ではオガサワラオオコウモリ1種のみ、鳥類でも10種程度、爬虫類ではオガサ

写真2　広域分布種オオハマボウ（左）と固有種モンテンボク（右）（撮影：加藤英寿）

ワラトカゲ1種のみであり、両生類はいない。また、小笠原の生物の固有率は高く、植物で40％、木本に限ると70％、カタツムリ（陸産貝類）では94％、鳥類でも26％が固有種で、進化の実験場と言われる所以である。植物でも適応放散による種分化がみられるとともに、ロベリア属など草本の大型化や木化、雌雄性の分化、種子散布能力の喪失など海洋島で一般的におこる進化過程が多数知られている。たとえば、ハイビスカスの仲間の広域分布種のオオハマボウは海水に浮く種子を持つが、小笠原で種分化した固有種のモンテンボクの種子の多くは海水に沈むため、海流散布の能力を失っている（写真2）。

## 4　外来種問題の背景

海洋島の生態系は、外来種の侵入に対して脆弱である。1830年に最初の移民として欧米やハワイ・ポリネシアの人々30人が入植し、開拓がはじまると同時に外来種の移入もおこったと考えられる。1945年からは米軍の統治下に入り、多くの島民は帰島が許されず、放棄された農耕地が二次林化し、アカギなどの外来樹が優占する森林が繁茂するようになった。1968年に日本に返還されると、入植が再開され、それとともに、新たな外来種の侵入も増加したと考えられる。現在小笠原では、モクマオウ、グリーンアノール、プラナリアの一種のニューギニアヤリガタウズムシ、クマネズミ、ノヤギ、セイヨウミツバチなど多種多様な外来種が問題になっている。

これまで小笠原で確認された外来植物約300種のうち150種以上が野生化している。特に侵略性が高いのが、モクマオウ、リュウキュウマツ、ギンネム、アカギ、キバンジロウなどである。外来種が増加すれば、それだけ種の多様性は高まるとも言えるが、問題は外来種が増加する速度である。現在、小笠原には、在来種が421種、野生化した外来種が約150種知られている。在来種は、島ができてから100万年以上かけて自然移入や種分化により増加してきたとすると、およそ2000年に1種程度の増加速度になる。一方、外来種は1830年以来約180年間に150種が入ってきたとすると、およそ1年に1種が増加した計算になる。在来種に比べて外来種が平均して数千倍の速度で増加してきたことが、島の生態系を安定に保つことを難しくしている。

## 5　外来種問題と種間相互作用

外来種は、種間関係を通して生態系の安定性を損なう可能性がある。グリーンアノールは、北米原産のイグアナ科のトカゲで侵略性が高く特定外来生物に指定されている。小笠原には、ペットとしてあるいは資材に紛れて持ち込まれたと考えられている。このトカゲは有人島の父島ではすでに100万個体のオーダーで全域に分布しており、多くの昆虫が補食され、絶滅に瀕している固有種も多い（写真3）。一方、グリーンアノールが侵入していない無人島では、普通に固有昆虫が観察される。そこで、グリーンアノールが父島から無人島に拡散しないよう、港周辺などで重点的に駆除が実施されてきた。ところが、2013年3月22日に父島の属島である兄島で、外来種対策事業の調査員によりグリーンアノールが偶然発見された。兄島へのグリーンアノールの侵入は、環境省など行政機関や研究者など小笠原の自然環境保全にかかわる関係者にとって衝撃であった。発見から5日後の3月27日、小笠原諸島世界自然遺産地域科学委員会は兄島に侵入したグリーンアノールに関する非常事態宣言と緊急提言を公表した。

写真3　オガサワラゼミを捕食するグリーンアノール（撮影：苅部治紀）

写真4　乾性低木林（兄島）

写真5　ムニンヒメツバキに設置されたグリーンアノールを捕獲するための粘着トラップ（兄島）

写真6　外来種のノヤギの影響により枯死した固有種オガサワラビロウ（媒島）

兄島には、小笠原の植生を代表する乾性低木林が広がっている（写真4)。父島のようにグリーンアノールが分布を拡大して増加すると、固有種を含む豊かな昆虫相は壊滅的な打撃を受ける危険性が高い。昆虫が絶滅すると、それらの昆虫により送粉されている70種類以上の植物の授粉効率が低下し、種子ができにくくなり、結果として乾性低木林の更新が阻害される可能性がある。そこで、兄島でのグリーンアノールの拡散をくいとめるため、大規模なアノール捕獲柵を設置し、粘着式のトラップ（通称：アノールホイホイ）が多数しかけられている（写真5)。粘着トラップには、オガサワラトカゲなど固有の動物もかかってしまうが、グリーンアノールの拡散を止めることを優先せざるを得ないとして、現在も努力が続けられている。

父島では、グリーンアノールにより在来昆虫が減少する一方で、外来種のセイヨウミツバチが訪花昆虫相の主体を占めるようになってきた。小笠原では、異型花柱性という特異な性表現をもつオガサワラボチョウジなどの植物がみられる。この種の自然条件下での結実率は、めしべがおしべに比べて短い短花柱花の方が、めしべがおしべに比べて長い長花柱花に比べて極端に低い。これは、セイヨウミツバチによる送粉が、短花柱花から長花柱花へ一方向に偏っておこっていることを強く示唆する。

ヤギは、侵略的外来種ワースト100の一つである。小笠原諸島の聟島列島の島々では、戦後ヤギが野生化して増殖した結果、森林が草原や裸地にかわり、さらに表土が流出し生態系の機能が大きく劣化した。たとえば、媒島ではかつて137 haほどの面積に最大約500頭のノヤギが生息し、森林が衰退し草地となりさらに裸地が拡大していた（写真6）。そこで、1997～1999年にかけて東京都によりノヤギの駆除が行われた。ノヤギの駆除後、特にイネ科の草本の成長が顕著にみられ、一部の裸地では草地が回復し、カツオドリなど大型の海鳥の営巣数が増加した。しかし、わずかに残っていた森林の減少は止まらず、草地では外来樹のギンネムの分布が拡大した（写真7）。これは、ギンネムの拡大を抑えていたノヤギが根絶されたことも要因のひとつと考えられている。そのため、現在小笠原では、外来種と在来種、あるいは外来種どうしの相互作用も考慮して外来種対策が実施されている。

写真7　ノヤギの駆除後、回復した草地を侵食するように拡大する外来種ギンネム（媒島）

## 6　ノベル生態系

小笠原諸島の世界遺産としての価値を保全するためには、外来種対策が喫緊の課題である。しかし、ある外来種を駆除した結果、他の外来種が増えたり、保全すべき在来種に対して間接的にマイナスの影響を与える可能性もある。また、外来種を全て駆除できたとしても、絶滅した在来種は復活することはない。その場合、生態系の機能が元にもどるとは限らず、外来種対策などにより撹乱前の生態系を復元することが現実的でないこともある。

現実的な生態系の管理目標を設定する上で最近注目されている概念がノベル

生態系（Novel ecosystem）である。ノベルとは「新奇な」という意味であるが、ここでは、在来種と外来種が共存する新たな（攪乱前の生態系とは異なる）生態系のことをいう。すなわち、ノベル生態系とは「人間の影響を受ける前の生態系とは異なる人間の管理がなくても持続可能な生態系」と一般的に定義される。生態系は、ある程度の攪乱を受けても元の状態にもどる復元力（レジリエンス）をもつ。攪乱前の状態をヒストリカル（歴史的状態）、攪乱を受けても元の生態系にもどれる状態をハイブリッド（混在状態）という。さらに大きな攪乱を受けると元の状態にもどれなくなる。この新しい安定状態をノベル（新奇状態）という。在来種と外来種が共存する生態系は、元の生態系とは異なるが生態系機能は安定的に維持されているノベル生態系といえる。一方、里山生態系は、人間が管理することにより持続される生態系なのでノベル生態系ではない。

## 7　まとめ

生態系に組み込まれた外来種を駆除すると、様々な間接的な影響がみられる。そのため、複数の外来種を駆除する際にはその順番が重要である。たとえば、外来種のノブタは、固有の陸産貝類（カタマイマイ）を食べるが同時に外来種のウシガエルも食べる。また、ウシガエルは固有のトンボ類の天敵である。そこで、弟島ではまずウシガエルを駆除し次にノブタを駆除することにより、カタマイマイもトンボも守ることができた。

外来種対策などの保全事業をすすめるにあたり、情報公開も大切である。小笠原では、小笠原自然情報センターというホームページで、保全にかかわる各種検討会や会議の資料、植生や地形などのGISデータ、気象データなどさまざまな情報を公開している。

小笠原の自然の価値は、ひとことで言うと進化の見本である。進化は歴史の産物である。歴史は常に刻まれ続けるものであり、もとにもどることはできない。自然再生は、新たな自然を創る行為であり、自然再生された生態系はノベル生態系に他ならない。小笠原の自然の歴史性を損なわないように配慮するとともに、現実的な保全のあり方を考える柔軟性も必要である。

小笠原では固有の自然とともに固有の歴史や文化も育まれている。世界遺産の自然と共生する社会の実現は、行政や研究者が主導する外来種対策だけでは難しい。住民の日常生活や習慣に根ざした取り組みも必要である。そのためには合意形成ではなく多様な価値観を前提にした協働によるアプローチが有効であろう。

# 第2部

# 人に利用される植物

# 第10章
# 奄美諸島先史時代の植物食利用

高宮広士

## 1　はじめに

奄美諸島は海域の青さと陸域の緑が眩しい。この緑は固有種を含め多様な植物種の存在で特徴付けられている。しかし、人の食料となりうる野生種となると非常に乏しい。一方、奄美諸島には先史時代といわれる文字のない時代が数千年もあった。奄美諸島のように南に位置する地域では人間集団が生存するためには植物食が重要であったはずである。ここで植物食資源の貧弱な島嶼環境で先史時代の人々が利用した植物食の解明は避けて通れないテーマとなる。また、島という環境を考慮した際、世界中の多くの島では栽培植物があって初めて人間集団は島嶼環境を克服することが可能となった（Cherry 1981）。奄美諸島先史時代の人々は栽培植物を利用していたのであろうか、あるいは野生種に依存していたのであろうか。この問いに対する答えは奄美諸島のみならず、世界的なレベルでも注目に値する。しかしながら、先史時代における植物食利用は最近までほとんど解明されていなかった。1990年代から炭化した植物遺体（種実）を回収する目的で開発されたフローテーション法を採用することにより、ようやく先史時代における植物食利用がみえてきた。以下ではまず先史時代の編年を含むバックグラウンド的な情報を提供する。次にこの時代の植物食利用について検証する。

## 2　奄美諸島先史時代―バックグラウンド―

奄美諸島の先史時代についてはいくつかの編年案が提言されており、表１はそのうち代表的なものを示している。本論ではＡ案、Ｂ案とあるなか、Ａ案を採用する。Ａ案によると奄美諸島の先史時代は旧石器時代、貝塚時代および

表1　奄美諸島の編年

| B.P. | 奄美諸島 | | 本土（北海道以外） |
|---|---|---|---|
| | A案 | B案 | |
| ca. 11/12~15 AD | グスク時代 | | 室町<br>鎌倉 |
| 1,400 | 貝塚時代<br>後2期 | 弥生～<br>平安並行期<br>後半 | 平安<br>飛鳥 |
| 2,600 | 貝塚時代<br>後1期 | 弥生～<br>平安並行期<br>前半 | 古墳<br>弥生 |
| 3,000 | 貝塚時代<br>前5期 | 縄文時代晩期 | 縄文時代晩期 |
| 4,000 | 貝塚時代<br>前4期 | 縄文時代後期 | 縄文時代後期 |
| 5,000 | 貝塚時代<br>前3期 | 縄文時代中期 | 縄文時代中期 |
| 6,000 | 貝塚時代<br>前2期 | 縄文時代前期 | 縄文時代前期 |
| 7,000 | 貝塚時代<br>前1期 | 縄文時代早期 | 縄文時代早期 |
| | 土器文化の<br>始まり？ | | |
| 10,000 | 旧石器時代 | | 縄文時代草創期 |
| 32,000 | | | 旧石器時代 |

*本土編年とのおおよその比較であり、南島中部圏の時代区分とは必ずしも一致しない。

グスク時代の3つの時代から成り立っている。旧石器時代に関する植物食利用は、世界的な傾向から野生種を利用していたと考えられる。他方、グスク時代には農耕が営まれていたと考えられていたが、グスク時代の農耕の開始期やその特徴については未解明であった。農耕の開始期として、貝塚時代に農耕があったのではないかという仮説も提唱されていた。この貝塚時代は大きく前期と後期に分けられ、さらに前者は前1期から前5期、後者は後1期および後2期に細分される（表1)。貝塚時代農耕仮説には後1期農耕仮説や著名な柳田国男の海上の道仮説など、少なくとも7仮説提唱されていた。貝塚時代の人々は野生種に依存した人々であったのであろうか、あるいは貝塚時代農耕仮説が提唱するようにある時期に農耕を取り入れ、島の環境に適応したのであろうか。貝塚時代農耕仮説は長い歴史を持つが、それらを検証するハード・データである貝塚時代遺跡出土の植物遺体が皆無で、奄美諸島においては宇宿貝塚（奄美市笠利町）から堅果類および神野貝塚（沖之永良部島知名町）からタブノキ子葉が報告されていたのみであった（中山 2009；上村・本田 1984）。同様の理由でグスク時代の農耕も不明な部分が多々あった。

貝塚時代およびグスク時代における植物食利用を解明するために、奄美諸島では 1990 年代後半からフローテーション法が導入された（口絵参照。またフローテーション法に関する詳細は、椿坂 1992 など）。フローテーション法を導入することにより、貝塚時代の植物食利用やグスク時代の農耕がこの 20 年ほどで明らかになってきた。

## 3　貝塚時代の植物食利用

上述したように 1990 年代まで奄美諸島では宇宿貝塚（前 4 期）から堅果類と神野貝塚（前 3 期～前 4 期）出土のタブノキのみが報告されていた。1997 年に笠利町に所在する用見崎遺跡（後 2 期）において奄美諸島で初めてフローテーション法が採用された。初めての試みであったため、サンプルとして取り扱った土壌は多くはなかったが、回収された植物遺体には堅果類の皮片とタブノキの子葉が含まれていた。この成果は「植物遺体はなかなか得られない」と信じられていた奄美諸島においてもフローテーション法を利用することによって植物遺体を回収することが可能であることを示した。この調査を契機として奄美諸島では多くの遺跡でフローテーションが実施されている。表 2 はフローテーションが採用された遺跡名とそれぞれの遺跡の帰属時期および主な出土炭

表2　奄美諸島貝塚時代の遺跡より出土した主な植物遺体

| 遺跡名 | 帰属時期 | 遺跡の所在 | 検出された植物遺体 |
|---|---|---|---|
| 半川遺跡 | 前1期（11200年前） | 奄美大島龍郷町 | シイ属子葉、堅果皮など |
| 面縄第4貝塚 | 前3期～前4期 | 徳之島伊仙町 | シマサルナシ、堅果類子葉 |
| 神野貝塚＊ | 前3期～前4期 | 沖永良部島知名町 | タブノキ子葉 |
| 宇宿貝塚＊ | 前4期 | 奄美大島笠利町 | 堅果類 |
| 崩リ遺跡 | 前4期 | 喜界島喜界町 | 堅果類子葉？堅果皮、タブノキ子葉など |
| 中里遺跡 | 前5期 | 徳之島天城町 | シマサルナシ、堅果類子葉など |
| 塔原遺跡 | 前5期 | 徳之島天城町 | イタジイ子葉、シマサルナシなど |
| 住吉貝塚 | 前5期 | 沖之永良部島知名町 | イタジイ子葉、タブノキ子葉、シマサルナシ |
| 用見崎遺跡 | 後2期 | 奄美大島笠利町 | タブノキ、ブナ科など |
| 安良川遺跡 | 後2期 | 奄美大島笠利町 | 堅果類かタブノキ子葉など |
| マツノト遺跡 | 後2期 | 奄美大島笠利町 | 同定不可能のみ |
| 面縄第1貝塚 | 後2期 | 徳之島伊仙町 | イタジイ子葉、堅果類子葉など |

＊はフローテーション導入以前

化種子のリストである（高宮・千田 2014）。

表2にみられるように、奄美諸島貝塚時代の遺跡からは前3期から用見崎遺跡などの後2期まで栽培植物は回収されておらず、同定された植物遺体はイタジイ、堅果類、タブノキなどの野生種に属するものであった。イタジイはアク抜きなど不要で食することができ、奄美諸島においては理にかなった選択であろう。不思議な点はタブノキで、民俗学的にも食料としてのその利用法は知られておらず、栄養価も高くはない（渡辺 1991）。それにもかかわらず、多くの遺跡から出土している。貝塚時代の人々にとっては何か価値のある植物食であったようである。特に沖之永良部島の神野遺跡からは奄美諸島としては多くのタブノキ子葉が検出されている。

奄美諸島においては前2期および後1期に属する貝塚時代の遺跡からは植物遺体は検出されていない。しかし、次の2つの理由により、奄美の島々では前2期および後1期も狩猟採集の時代であったことが想定される。まず、同様な文化圏である沖縄諸島において前2期および後1期の遺跡出土の植物遺体がヒョウタンを除き、全て野生植物であることである。次に、龍郷町に所在する半川遺跡では1万1200年前（前1期）のシイ属が多量に検出されていることである（高宮 印刷中）。この事実は、約1万1200年前に採集民がおり、前3期～前4期にも採集民がいたことを示している。奄美諸島のような島で仮に前2期に採集から農耕へ変遷したとすると、農耕の導入により人口の増加が想定される。そのため、農耕導入後にこの生業の集約化はあり得るが、再び前3期～前4期の野生種利用に戻ることは考えにくいからである。後1期についても同様に解釈できると思われる。

ところで貝塚時代遺跡出土の動物遺体は、イヌ以外は野生動物のみである（黒住 2011；樋泉 2011）。これらのことから、奄美諸島には数千年間も狩猟・採集・漁撈民が存在していたことが明らかになりつつある。この点は大変重要なので強調するが、奄美諸島のような島で数千年も狩猟・採集・漁撈民が存在した島は世界的に大変稀有なデータである。このような島は奄美諸島とその南の沖縄諸島のみかもしれない（Takamiya *et al.* 2015）。しかしながら、このような島々にも農耕が導入されることになる。

## 4　グスク時代の植物食利用

21世紀に入り奄美諸島におけるグスク時代の農耕が徐々に解明されつつある。ここでは貝塚時代末からグスク時代初期に焦点を当てる。まず、2002年に笠利町に所在する赤木名グスク遺跡について述べる。土坑より、わずか6リットルという少量の土壌をフローテーション処理した。それまで1000リットル以上の土壌をサンプルとして処理しても少量の植物遺体しか回収できず、このような経験から赤木名グスク遺跡からの植物遺体回収はあまり期待できなかった。しかし、たった6リットルの土壌サンプルから約220粒の植物遺体を得ることができた。そのうち約180粒がイネで、その他はアワやオオムギで、野生種は含まれていなかった。この結果より、奄美諸島のグスク時代の農耕はイネ中心かと推測された（高宮・千田2014）。

その後、琉球列島において21世紀の大発見の一つといわれる喜界島に所在する城久遺跡群の遺跡より回収された土壌サンプルを検証する機会を得た。城久遺跡群は8つの遺跡から構成されており、9世紀から10世紀前半、11世紀後半から12世紀前半および13世紀から15世紀後半の遺跡で、11世紀後半から12世紀前半の期間に主に利用された。この遺跡群の特徴は、越州窯青磁や朝鮮系無釉陶器など出土した遺物は全て島外から持ち込まれ、多くの住居跡、規格外の建物などで前時代である貝塚時代とのつながりを示すものはなく、むしろ大宰府を彷彿させる遺構や人工遺物が報告されている。研究者の中には城久遺跡群を大宰府の出先機関と認識している方もいる（澄田・野﨑2007）。貝塚時代とは連続性がない一方で大宰府と関連性があるという遺跡群の特徴から、おそらく城久遺跡群の人々も大宰府の人々と同様にイネを食していたのではないかと想像された。

8つの遺跡のうち、山田中西遺跡、山田半田遺跡、小ハネ遺跡および前畑遺跡より土壌をサンプリングし、フローテーションにより処理した（高宮・千田2014）。これらの遺跡はほぼ同時期の遺跡であり、また城久集落という狭い空間に分布する遺跡であったので、類似した植物食利用を示す結果が得られることが期待された。また、赤木名グスク遺跡の成果より、その類似した植物食利用はイネという仮説をたて、上記遺跡出土の植物遺体を検証した。

これらの遺跡は、他の奄美諸島の遺跡と同様に検出された植物遺体は土壌サンプルの割には多くはなかった。これらの遺跡は時間的・空間的に近い遺跡であるが、共通点は栽培植物が主であった点のみで、その栽培植物の組み合わせは統一的ではなかった。赤木名グスク遺跡のように、イネが8割を占める遺跡はなかったが、山田半田遺跡でイネが多くその割合は7割程度であった。前畑遺跡ではアワとオオムギがそれぞれ5割および4割ほどで、これら2種で9割を占めていた。小ハネ遺跡ではオオムギが4割でそれにアワ（2割強）およびコムギ（2割弱）と続く。半田中西遺跡では、オオムギ（3割強）およびイネ（3割強）で、次いでコムギが約2割であった。以上の結果より、奄美諸島においては赤木名グスク遺跡や山田半田遺跡のようにイネを中心とする遺跡とその他３遺跡のように、オオムギ、コムギ、アワおよびイネの組み合わせ（2種類か3種類）を中心とする遺跡があったことが理解された。特に興味深い点は、大宰府との関連性を示唆する城久遺跡群においてイネが突出した遺跡は山田半田遺跡のみであったのと同時に、遺跡ごとに異なる食性があった可能性が示唆された点である。

このように、グスク時代の農耕がおぼろげながら見えてきている。では、いつ頃農耕が始まったのであろうか。炭化した栽培植物の種実などの一年草は炭素14年代測定の最適な試料となる。そこで赤木名グスク遺跡出土のイネ3粒、山田半田遺跡出土のイネ2粒およびオオムギ1粒、小ハネ遺跡出土のイネ、コムギおよびオオムギを1粒ずつ、前畑遺跡出土のイネ1粒およびオオムギ2粒を年代測定した。その結果、赤木名グスク遺跡11世紀から13世紀、小ハネ遺跡10世紀から13世紀、前畑遺跡8世紀から13世紀および山田半田遺跡10世紀から12世紀という年代が得られた。これらの結果から、奄美諸島では8世紀から12世紀に狩猟採集から農耕への変遷があったことになる。また、沖縄諸島で同様に最古の栽培植物の年代測定をしたところ、ここでの農耕の始まりは10世紀から12世紀であった。この事実は、農耕開始期は両諸島においてほぼ同時期であるが、北から南へ伝播したことを明示している。ちなみに、前畑遺跡出土の8世紀から9世紀（オオムギ）という年代は直接年代測定をした栽培植物のなかで現段階では琉球列島最古の栽培植物である（高宮・千田

2014)。

## 5　結論

つい最近まで奄美諸島貝塚時代およびグスク時代における植物食利用は推測の域でしかなかった。約20年前にフローテーション法が導入されたことにより両時代の植物食利用が徐々にわかりつつある。まず､貝塚時代の遺跡からは、野生種のみが得られている。イタジイなどの堅果類を中心とする食性であったのであろう。この時代の動物遺体はイヌを除き全て野生種であるので、貝塚時代は狩猟・採集・漁撈の時代であったと考えられる。世界的にみて奄美諸島のような島で、野生種に依存した人間集団はその南に位置する沖縄諸島以外では知られていない。

続くグスク時代は従来言われていたように農耕の時代であったことが実証された。しかしながら、奄美諸島における初期農耕はイネを中心とする遺跡とオオムギやコムギあるいはアワに依存する遺跡があった可能性がある。さらに、狩猟・採集・漁撈から農耕への変遷の時期も約8世紀から12世紀の間であったことが判明した。このようにようやく奄美諸島先史時代の植物食利用が解明されつつあるが、この研究は緒に就いたばかりであり、まだまだ未解決の研究テーマが山積している。今後もフローテーション法を採用することにより先史時代の植物食利用が詳細に理解されるであろう。

### 参考文献

上村俊雄・本田輝道（1984）沖之永良部島神野貝塚Cトレンチ発掘調査概要.上村俊雄編,南西諸島の先史時代における考古学的基礎研究,pp. 51-60. 鹿児島大学法文学部考古学研究室,鹿児島市

黒住耐二（2011）琉球先史時代人とサンゴ礁資源―貝類を中心に.高宮広土・伊藤慎二編,先史・原史時代の琉球列島, pp. 87-107. 六一書房,東京

澄田直敏・野﨑拓司（2007）喜界島城久遺跡群.東アジアの古代文化130：46-52

高宮広土（印刷中）半川遺跡（中山）出土の植物遺体.奄美考古学会編,中山清美氏追悼論集（仮）,奄美考古学会,奄美市

Takamiya H, Hudson M J, Yonenobu H, Kurozumi T,Toizumi T.(2015) An extraordinary case in human history: prehistoric hunter-gatherer adaptation to the islands of the Central Ryukyus (Amami and Okinawa archipelagos), Japan.*The Holocene* 26 (3): 408-422

高宮広土・千田寛之（2014）琉球列島・先史原史時代における植物食利用—奄美・沖縄諸島を中心に. 高宮広土・新里貴之編, 琉球列島先史・原史時代における環境と文化の変遷に関する実証的研究　研究論文集第2集, pp. 127-142. 六一書房, 東京

Cherry, John F. (1981) Pattern and Process in the Earliest Colonization of the Mediterranean Islands. *Proceedings of the Prehistoric Society* 47: 41-68.

椿坂恭代（1992）フローテーションの実際と装置. 考古学ジャーナル 355: 32-36

樋泉岳二（2011）琉球先史時代人と動物資源利用—脊椎動物遺体を中心に—. 高宮広土・伊藤慎二編, 先史・原史時代の琉球列島, pp. 109-131. 六一書房, 東京

中山清美（2009）掘り出された奄美諸島. 財団法人 奄美文化財団, 奄美市

渡辺誠（1991）喜友名東原ヌバタキ遺跡出土の植物遺体. 宜野湾市教育委員会編, ヌバタキ, 114-122. 宜野湾市教育委員会, 宜野湾市

# 第11章

# 冬作と夏作
## —— 奄美群島の雑穀の系譜 ——

竹井恵美子

## 1　はじめに

雑穀とは、アワ、キビ、ヒエなどの小さな種子をつける穀類をさす。雑穀に何を含めるかは立場によりいろいろであるが、ここでは、阪本（1988）の定義にしたがい、イネ、ムギ類、トウモロコシ以外の比較的小さな穎果をつける夏作のイネ科穀類の総称とする。日本で栽培されてきた雑穀としては、アワ、キビ、ヒエ、モロコシ、シコクビエ、ハトムギの6種が知られている。現在、国内での栽培地はきわめて少なくなっているが、かつては、日本の各地で日常の主食や行事食の材料となる身近な穀類だった。

筆者は1970年代の終わりから80年代にかけてトカラ列島から先島諸島に至る南西諸島で雑穀の種子の収集と栽培に関する調査を行った。奄美群島ではその時すでに栽培がほとんど残っていなかったが、栽培経験者から過去の栽培や利用方法についての聞き取りが可能であった。また、周辺のトカラ列島や沖縄本島、先島諸島では在来品種が残っていたことから、譲り受けた種子を栽培し、生物学的な形質を調べることができた（Takei & Sakamoto 1987；竹井 2003）。これらの結果をもとに、かつての奄美の雑穀栽培と在来アワの特徴、そして南西諸島のアワ品種の由来について考察したい。

## 2　奄美群島の雑穀

奄美群島で知られていたのは、アワ、キビ、モロコシの3種である。この3種は南西諸島のほぼ全域で共通に栽培されてきた（写真1）。ヒエ、シコクビエ、ハトムギは栽培されておらず、現地名も知られていなかった。

もっとも栽培量が多かったのはアワ（アワ、オー：以下カッコ内は現地名）であった。喜界島、沖永良部島、与論島といった石灰岩台地の島々では水田が少なく、1960 年代まで畑でアワが栽培されていた。常食用にはウルチ性のアワが多量に栽培され、モチアワも少量栽培されていた。

写真１　波照間島で栽培されていた雑穀
左からアワ、キビ、モロコシ

キビ（キミ）は、モチ性品種が知られており、日常食というよりは粉から作る餅や、黒糖とともに粥状に炊くなど嗜好品的な用法が知られていた。

モロコシ（トーギミ、トージニ）は、畑の縁などに移植栽培されることが多かった。モロコシにはモチ性、ウルチ性の両方の品種が知られていた。

雑穀のための農耕儀礼は知られていないが、旧暦の 6 月から 8 月にかけて、アワやキビの新穀で飯や神酒を作ったり、アワやモロコシ入りの餅を作ったりして供えることがあった。例を挙げると、与論島では旧 8 月 15 日の豊年祭にアワを供え（和田 1972）、喜界島阿伝では六月燈（ドゥンガンドー）という祭礼にアワやキビを供えた。またシバサシにアワ粉を入れた餅を作った（拵 1937;1990）。請島では 6 月のナツオリキジャリという行事にサツマイモ、アワ、キビで神酒を作り、アワメシを供えた（野間 1942）。奄美大島の宇検村や、沖永良部島では、モロコシ粉とサツマイモ、黒砂糖などを原料とした餅や、その餅を入れた赤飯がシバサシや盆の供え物として作られてきた（賀納 2007；甲 2011）。

喜界島の農家の 1936 年の約 1 年間の食事日記によると、アワは、収穫の直後の 7 月から 9 月の 2 カ月間に 40 回食卓に上ったにすぎなかった。毎日の主食の中心はサツマイモ、そしてコメとオオムギであり、これらの端境期にはソテツ澱粉も頻繁に食された（拵 1937）。沖永良部島ではアワに関する俚諺が多く残されており、重要な作物であったことが伺われる（甲 2011）。

## 3　アワの栽培法と作季

奄美の雑穀のうち、もっとも栽培量の多かったアワについて、その栽培方法と作季を見てみよう。

名越左源太の『南島雑話』によると、1850年頃の奄美大島では焼畑にアワが栽培されていた。アワの播種の時期は旧12月末から2月中旬にかけてで、このアワを「夏粟」と呼んでおり、夏に収穫されていたものと思われる。焼畑の主作物はサツマイモで、アワの栽培量はわずかであった。一方、トカラ列島の中之島では焼畑にアワを大量に作っていたとも記している（名越 1984）。

筆者の聞き取りによると、与路島では1955年頃までサトウキビの出作り耕作が行われており、その出作り地（ヤドリ）の近くに焼畑を開き、主食用のサツマイモやアワなどを栽培していた。サツマイモ用の焼畑は砂糖搾りのあとの旧3月上旬に開かれたのに対し、アワ用の焼畑は旧暦1、2月頃に火入れをし、その直後に直播、旧7月頃に収穫した。この焼畑の作季は、『南島雑話』にある19世紀の奄美大島の焼畑のアワの作季にほぼ一致する。

石灰岩台地の喜界島、沖永良部島ではアワは常畑に作られていた。喜界島では、畑に堆肥や緑肥を入れて地ごしらえし、旧暦2月から3月中旬に雨を待って播種した。密集しないよう、穴を開けた缶に種子を入れて撒播し、タケ箒で地面を掃いて覆土した。大面積の場合は、棒やヤブニッケイの大きな枝に石や子どもを載せて馬に引かせ、覆土と鎮圧を行った。アワは密植すると穂が小さくなることから、除草をかねて間引きが行われた。収穫は旧6月中旬から7月であった。この作季は、焼畑よりも播種がかなり遅いが、収穫が夏であることは共通している。

こういった夏に収穫がおこなわれる作季とは別に、オオムギやコムギの収穫後の旧4月頃に播種し、秋に収穫することがあった。1873年に奄美群島を視察した久野は、奄美大島、徳之島、沖永良部島で、ムギの後作としてダイズやアワが栽培されることを記している（久野 1954）。沖永良部島では、ムギの後作に作られるアワを「ムギュヘーシ」と呼んだ。与論島にもこれと似た作季が知られていた（注1）。

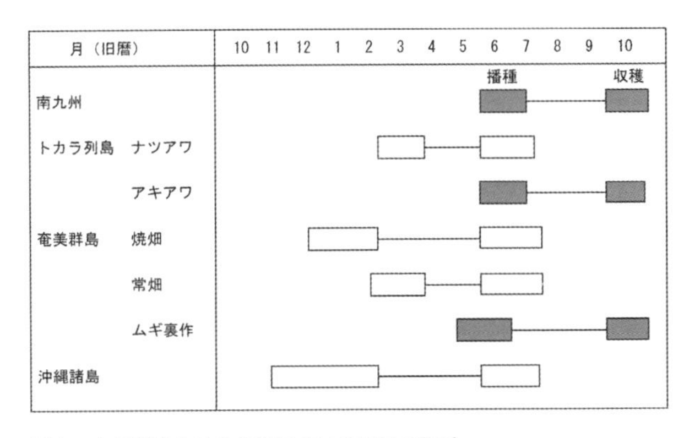


図1　奄美群島とその周辺におけるアワの作季
□：冬作型　■：夏作型

奄美群島における主たる作季は夏に収穫する冬作である。焼畑の方は、播種が早く生育期間が長いので「冬作晩生型」と呼ぶことにする。常畑は一見、夏作にも見えるが、収穫期が焼畑とほぼ同じ夏なのでこれも冬作と見なし、「冬作早生型」とする。ムギの裏作は、まさに夏作の作季なので「夏作型」とする。奄美群島に隣接する地域の作季と比較してみると、沖縄の多くの地域での作季は「冬作晩生型」であった。また、トカラ列島には「冬作早生型」と同じ作季で栽培されるナツアワと、「夏作型」に重なる作季を持つアキアワがあった。南九州では冬作はなくすべて夏作型である（図1）。

## 4　南西諸島の在来品種の出穂特性

アワは、本来は夏作の穀類であるが、前述のように南西諸島の多くの地域で冬作の栽培慣行がとられてきた。アワを冬作する慣行は、台湾、インドネシア、フィリピンといった地域にも認められる。冬作の利点として、夏から秋にかけての台風シーズン前に収穫できること、夏の干ばつの被害を受けにくいといったことがあげられる。また、低緯度にあって冬でも温暖な気象条件が、早い播種を可能にもしている。しかし、短日から長日に向かう冬作の日長条件は短日植物であるアワの生育には不向きなはずである。

そこで、沖縄本島や宮古、八重山諸島のアワやトカラのナツアワを各地の在来アワとともに異なる日長条件で比較栽培をおこない、日長に対する出穂反応を比較した（Takei & Sakamoto 1987）。短日条件下の出穂日数を基本栄養生長期間の長さの指標とし、短日と長日条件での出穂日数の差を日長に対する反応の強さの指標とした。

その結果、日長反応性に関しては、地理的な分布と密接な関係が見いだされた。夏作の行われる東北地方から九州までは、高緯度地域のアワほど日長反応性が弱く、低緯度地域のアワは強いという連続的な変異が見られた。一方、冬作地帯である沖縄とトカラのアワはいずれも日長反応性が弱く、日長反応性の強い九州のアワとの間に連続性は認められなかった。

また、沖縄とトカラのアワは、基本栄養生長期間が長いという特徴があった。とりわけ、沖縄のアワの基本栄養生長期間は著しく長く、この点も九州以北のアワと異なっていた。長い基本栄養生長期間と、短日への要求性が強くないことは、夏作と反対の日長条件の冬作に適した性質と考えられる

九州のアワは夏作型、沖縄のアワは冬作晩生型、トカラのアワは冬作早生型の作季に対応した出穂特性を持つことが実験的に確かめられた。奄美のアワは現存しないが、焼畑では沖縄の品種に、常畑ではトカラのナツアワに似た性質を持つアワが栽培されていたのであろう。トカラのアキアワやムギ裏作用の品種は現存しないため、実験的に確かめることはできないが、その作季から九州のアワと同じ日長反応性の強いアワであったと考えられる。

## 5　南西諸島の冬作のアワの由来

南西諸島におけるアワの主たる作季は冬作にあり、それに適した品種が栽培されてきた。沖縄で収集されたアワは出穂特性だけでなく、それ以外のさまざまな遺伝的形質についても研究されており、日本の他の地域とは異なる点が多く、台湾のアワとの共通性が高いことが明らかになっている（河瀬・福永 2003；福永 2017)。近年まで沖縄で栽培されてきたアワの形質は、日本よりも台湾など南方とのつながりを強く示唆している。しかしながら、考古学的には、南西諸島の穀類の栽培は北から伝えられたとされている。その際に、夏作中心の地域からもたらされた品種が、現在の冬作に適したものであったとは考えにくい。南西諸島においてアワの冬作はいつ頃始まり、定着したのだろうか。

『李朝実録』の朝鮮人漂流記には、15世紀の沖縄本島と波照間島において、

アワの二期作が行われていたことが記されている（李 1972）。二つの島の作季は同じではないが、一期目は冬作であり、二期目は夏作であった。15世紀の時点では、すでに冬作がおこなわれており、かつ夏作も存在したことになる。その後、18世紀以降の沖縄の記録では、アワの作季は冬作のみとなっている。

おそらく、初期にアワは夏作物として伝わったが、その後のある時期（15世紀以前）に冬作に向いた品種の導入があり、冬作と夏作の併存を経て、現在の冬作中心に移行していったのであろう。初期の冬作の導入の時期や要因は特定できないが、17世紀に伝えられたサトウキビやサツマイモは、食料としての雑穀への依存度の低下をもたらし、雑穀の栽培様式に対しても大きな影響を与えたことが考えられる。

在来品種と呼ばれるものも固定的ではなく、常に新たなものが外部から持ち込まれたものによって置き換わりうる。冬作のアワの導入は500年以上前に遡るかもしれないが、遺伝学的に見て台湾のアワと近い性質を持つ現存の品種はもっと新しい時代に入ってきたものである可能性もある。そして、こういった雑穀品種の移入と転換は、今も進行中である。

現在の沖縄県の主要なキビの産地であるいくつかの島では、いずれも1970年～80年代に雑穀栽培の衰退を経験し、県外から導入したキビの種子の育成によって再生に成功した（賀納 2007）。その品種を選んだのは、沖縄県の在来品種よりも早生で育てやすく、脱穀が容易で食味に優れていたためだという。今では地元産として定着しているが、このように来歴がわかっているものは希である。また、1980年代に宮古諸島でクミチマの名で知られていたアワは久米島に由来するとの伝承があったが、早生で草丈が低く、他の沖縄県のアワと異なっていた。久米島で聞き取り調査をしたが、早くにアワ栽培が消滅しており、そのような品種も記憶されておらず、来歴を確かめることはできなかった。

雑穀栽培は過去においても何度も危機を迎え、異なる品種の導入や交代を経験してきたと考えられる。夏作から冬作へという大きな転換も、そういったできごとの積み重ねの中で進行したのであろう。

現在、奄美にもわずかながら雑穀の栽培が残っているところがある。奄美大島宇検村のモロコシ（トージミ）である。この地では、シバサシや盆の行事食としてトージミの餅が伝承されてきた。栽培者の高齢化で今にも消えようとしていたが、引き継いでいこうという方が現れている。近年は健康食品として新奇な雑穀類に注目が集まっているが、こういった奄美に古くからあった雑穀にも再び目が向けられるとよいと思う。

## 注

（1）賀納（2007）の報告する与論のアワ作季のうち、旧4月に播種し、旧9月に収穫する城の例はムギ裏作の作季に共通する。旧1、2月播種、旧9月収穫とする赤崎の例は、播種期に対して収穫が著しく遅く、分類が困難である。

## 参考文献

賀納章雄（2007）南島の畑作文化―畑作穀類栽培の伝統と現在―. 海風社, 大阪

河瀬眞琴・福永健二（2003）アワの遺伝的多様性とエノコログサ. 山口裕文・河瀬眞琴編, 雑穀の自然史 その起源と文化を求めて ,. pp. 15-29. 北海道大学図書刊行会, 札幌

甲東哲（2011）分類沖永良部島民俗語彙集. 南方新社, 鹿児島

久野謙次郎（1954）南島誌・各島村法. 柏常秋校注. 奄美社, 鹿児島

拵嘉一郎（1937）喜界島農家食事日誌 喜界島調査報告一. アチックミューゼアム彙報第28. アチックミューゼアム, 東京

拵嘉一郎（1990）喜界島風土記. 神奈川大学日本常民文化叢書1. 平凡社, 東京

阪本寧男（1988）雑穀のきた道　ユーラシア民族植物誌から. 日本放送出版協会, 東京

Takei,E and S.Sakamoto (1987) Geographical variation of heading response to daylength in foxtail millet (*Setaria italica* P.Beauv.), Japan. J. Breed. 7: 150-158

竹井恵美子（2003）南西諸島のアワの栽培慣行と在来品種. 山口裕文・河瀬眞琴編, 雑穀の自然史 その起源と文化を求めて .pp.114-127 北海道大学図書刊行会, 札幌

名越左源太（1984）南島雑話1：幕末奄美民俗誌. 国分直一・恵良宏校注. 平凡社, 東京

野間吉夫（1942）シマの生活誌. 三元社, 東京

福永健二（2017）アワの起源と作物進化　雑草ネコジャラシはどのようにして雑穀アワになったのか. 化学と生物 55 (2) :98-104

李熙永（1972）朝鮮李朝実録所載の琉球諸島関係資料 . 谷川健一編 . 沖縄学の課題 . 木耳社 , 東京

和田正洲（1972）奄美諸島の農耕技術伝承 . 九学会連合奄美調査委員会編, 奄美 ―自然・文化・社会― . pp. 103-111. 弘文堂 , 東京

# 第12章

# 奄美群島の里山と植物利用

盛口　満

## 1　はじめに

千葉に生まれ、埼玉で教員生活を送っていた私が、沖縄島に移住したときに、とまどったことがある。それが沖縄島には、里山らしきものが見当たらないということだった。

里山の定義は人によっても異なるが、ここでは以下の定義によりたい。

「人里近くに存在する山を中心に、それに隣接する雑木林・竹林・田畑・溜め池（貯水池）・用水路などを含む空間的広がりのなかで、人びとが生活してゆく上でさまざまな関わりあいを維持してきた生態系」（阪本 2007）

むろん、沖縄島においても、郊外に行けば耕作地はある。しかし、そこにみられるのは、サトウキビの単作農地ばかりで、本土の雑木林を背後に広がる田畑といった里山的風景に慣れ親しんだものとしては、異様な思いがするばかりだった。しかし、このような里の有様は、決してそれほど古くからあるものではない。沖縄島の場合、1963年の大干魃を期に、田んぼが急減しサトウキビへの転作が進み、同時にそれまでの自給自足的な暮らしも市場経済へ組み込まれていったのである（盛口 2011）。すなわち、田んぼのあった頃は、里周辺には、その周辺の自然環境に合わせ、自給自足に必要な植物が栽培され、または生育場所が確保され、いわゆる里山が存在していたといえる。そこで、1960年代以前の植物利用について、年配者への聞き取りを行い、かつての里山がどのようなものであったかを明らかにすることを試みた。すると、一口に里山といっても、島によって、その様相はさまざまであったということが少しずつわかってきた。本稿では、奄美群島における植物利用についての聞き取り調査から見えてきた、かつての奄美群島における多様な植物利用の実態と、そこからうかがえる里山の多様さについて述べてみたい。

## 2　奄美群島における里の変化

奄美群島の場合は、沖縄島の場合よりも少し時代が下がり、1970年ごろになってから、減反政策によって田んぼからの転作と圃場整備が進み、里の風景が大きく変わった。例えば奄美大島笠利町の田んぼの減少について、『笠利町誌』(1973年）にはその経緯の概要として次のような説明がなされている。

昭和43年（1968年）に国の農政審議会は深刻な米の供給過剰問題について、米の生産調整の必要性を答申した。これを受けて昭和44年に試験的に導入、翌45年（1970年）に本格的な生産調整の実施が行われた。鹿児島県も面積にして2万4610 haの調整の割り当てが農林省から示された。これを受けて、鹿児島県農政部は、「鹿児島方式」と呼ばれる県内の割り当てを提示することとなった。これは、県下を三区分し、区分ごとに割り当てを変えるというものである。そのうち奄美群島は、「米の品質が比較的悪く、サトウキビの転作の要件がそろっている」ということから、県平均を上回る生産調整が割り当てられた。

こうした結果、同書には「(笠利町では）その達成率は抜群に高く、割り当て面積に対して八倍以上という達成率となった」と書かれている。さらに続いて、「数年前までは、田植えや刈り入れ期になると老若男女を問わず、広漠としたタブクロでいっせいに農作業に従事し、そして豊年満作を祈り祝ったものであるが、今は当時の面影はうすれ、荒れ果てた休耕田に囲まれた田んぼでせっせと働いているようすはわびしくさえおもえる」と記述されている。

同様に、沖永良部島の場合、米の生産調整が行われる以前の1968年には、同島の水田面積は514 haもあったものが、生産調整が行われた後の72年には199 haへと急減し、さらに92年にはわずか1 haと、ほぼ消滅するまでに至っている（前利 1995)。

## 3　緑肥利用植物から見えること

かつて、人々は周辺の自然環境をうまく利用しながら、自給自足に近い生活

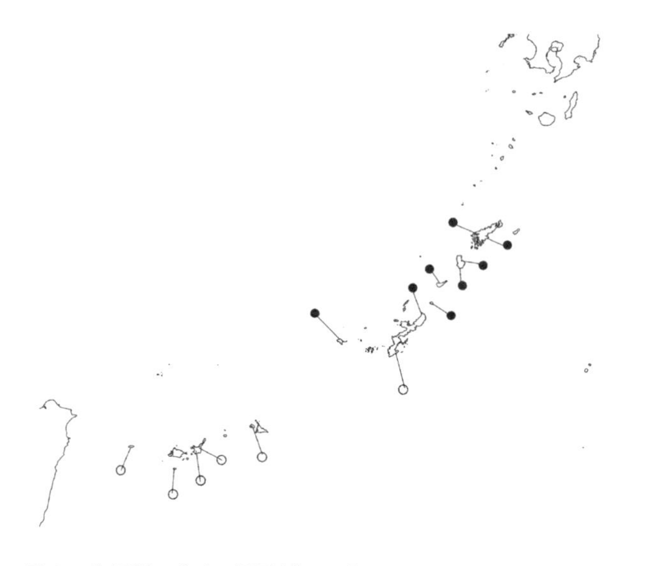

図1　琉球列島における緑肥植物の分布。
●ソテツを利用。○クロヨナを利用

を送ってきた。自給自足的な農耕生活を送る場合、田畑といった耕作地のほかに以下のような環境や資源が必要となる。

田畑の肥料となる緑肥の採取場所、日常生活および製糖期の薪の採取場所、家畜（牛馬は耕作に使役されるほか、糞は肥料として利用された。豚や山羊は肥育され食用とされた）の飼料となる草地、屋根を葺く素材の生育する草地、繊維利用植物、農具・漁具の素材、救荒用植物源、そのほかの利用植物（魚毒、薬用、子供たちのおやつなど）など。

これらが里山の構成要素となっていたわけである。

琉球列島の島々で緑肥にどんな植物を利用していたかについてまとめたものが、図1である。これを見ると、緑肥利用に関しては、奄美群島ではソテツの葉を田んぼの緑肥として利用してきたのに対し、沖縄島中南部以南の島々では、マメ科のクロヨナの葉を田んぼの緑肥として利用していたというように、琉球列島の島々が大きく二分されることがわかる。

琉球列島の島々の里山を特徴づける植物の一つにソテツがある。ソテツは実のみならず、幹に含まれるでんぷんも毒抜き加工をすれば食料となることから、救荒食糧源として里に積極的に植栽されてきた。琉球王府時代の文書により、1878年頃の沖縄島と伊江島には、あわせて75万本以上のソテツが植栽されていたことがわかっている。なお、1809年の「田地奉行規模帳」によると、ソテツは毎年、百姓一人につき、30本ずつ植えつけることが義務付けられていた（豊見山 2015）。

行政にたずさわる者からの令達の形で書かれた王府時代の農書として、『農務帳』がある。『農務帳』は琉球の杣山制度などを整えた蔡温によって1734年に令達されたものである（福仲 1983）。この『農務帳』が地方に伝わる中で、さらに補足され改訂されていったのだが、そのうち現代まで文章が残っている『八重山農務帳』（1769年に最初の布達、その後1857年、1874年に改訂されている）では、ソテツは一軒につき20本は植えておくべきであると定められている。

この『八重山農務帳』には、田んぼの緑肥としてオカハ（クロヨナ）を踏み入れるとよいということも書かれている。すなわち、先の図1において、ほぼ、旧琉球王府の領内に重なるようにクロヨナの緑肥利用がみられたのは、この農書の影響ではないかと考えられる。一方、薩摩による琉球侵攻（1609年）ののち、割譲された与論以北の奄美群島の場合は、王府の農書の頒布外であったことと、薩摩による砂糖増産で、日常的にソテツに食を頼らなければならない状態（逆に言えば、ソテツがそれだけ豊富に存在した状態）にあって、ソテツ葉の緑肥利用が広がったのであろうと考えられる。

このような奄美における複合的なソテツ利用を評して、奄美大島での聞き取りの中では「ソテツ文化」という表現が聞き取れた（盛口 2013）。また、ソテツの実や幹のでんぷんの利用は、一般には窮乏生活といったイメージがつきまとうが、奄美大島の年配者からの聞き取りの中では「ソテツは恩人」という肯定的な言葉も聞き取れた（盛口・安渓 2011）。

## 4　アダンの重要度

奄美群島は、沖縄の島々に対し、緑肥利用に関してソテツ葉を利用してきたという共通点があげられた。しかし、奄美群島に属する主な島々である、奄美大島、徳之島、喜界島、沖永良部島、与論島のうち、前二者の最高標高は600 mを超え、一方後三者の石灰岩台地の占める割合は90％を超す。すなわち、前二者は高島（ただし徳之島は石灰岩台地の占める割合が60％を超し、低島要素も含む）で、後三者は低島に分類できるという違いがある（目崎 1985）。

集落の背後に木々の繁る山を持つ島と、島全体がほぼ平坦であらかた耕作地となってしまっている低島では、特に燃料源となった薪の確保の困難さに相違がある。奄美群島の中でも低島の代表である与論島で聞き取りをした際には､「薪は与論の泣き所」や「木の枝はなかなか拾えないので、拾えたら最高だった」という発言を聞き取った。そのため与論島では、アダンやソテツ、ススキの枯れ葉が燃料として盛んに利用された。明治6年に大蔵省が派遣した調査団による報告書にも「山林なく薪は皆蘇鉄・アダン（木名なり）の葉を用ふ。かくの如く燃料に乏しきを以て、在番士及び与人横目等の外、島民は常に浴湯することなく近傍の池水に至って手足を洗ふのみ」とある（久野 1954)。

聞き取り調査の結果からは、このような低島においては、沿岸植生として見られるアダンが重要な意味をもつことがわかってきた。アダンの実は食用、気根の繊維はさまざまな綱や網の素材として利用され、幹もときに小屋の柱などに利用される上、枯れ葉は重要な燃料源となっていたのである。一般的に枯れ葉は木の枝などに比べると、燃料効率がいいとは言えない。そのためアダンの枯れ葉をどれくらい利用していたかを聞き取ることによって、集落の周囲の自然環境（周囲にどのくらい森林が存在したか）を推定することができるだろう。

端的な例として、宮古諸島の池間島がある。池間島の最高標高は 25.6 m。石灰岩の台地の占める割合は 63 % の低島だ。この島では、北部海岸沿いにアダンニーと呼ばれるアダン林があり、かつて人々はここから毎日のように枯れ葉をつんでは持ち帰り、煮炊きをする際の薪として利用していた（盛口 2017)。また、島のアダンの枯れ葉が不足した場合は、船に乗って対岸の宮古島まで枯れ葉を採取しにいったというほど、薪をアダンの枯れ葉に頼っていた（平良 2002)。

奄美群島の中で、アダンの枯れ葉をよく利用していたのは与論島である。この与論島には､アダンパダムヌ(アダンの葉の薪の意)という言葉がある。また、ほかにもアダナシ（気根)、アダナシビマイ（気根の繊維でなった小縄)、アダニヌチー（ばらばらにした実)、アダニシブルー（アダンの群生地)、アダニママショーシ（実で作った酢の物）など、アダンに関する用語が多い（菊・高橋 2005)。こうしたアダンに関する用語の多さは、アダンをどれだけ重要視していたかの指標といえるだろう。

さらにアダンに注目をすると、同じ島内にあっても、集落によって、より低島的なところと、高島的なところという、いわば里山環境の違いが存在することに気づく。

徳之島において、犬田布、花徳、阿三、馬根、金見、井ノ川各集落で聞き取りを行った。このうち阿三で「アダン、あれは芋を炊く時の燃料です。ソテツの葉も燃料」という話を聞き取った。周囲の集落からも、かつて、「阿三に嫁にいくと、アダンの葉を朝晩むしらされる」とうたわれていたという話を聞き取った。また、金見では、アダンの葉を薪とすることはなかったというが、金見では、実はおやつとし、気根から繊維を取り、幹は小屋の柱にするなど、多様なアダンの利用が行われていた。同時に金見では、アダンの実をばらばらにしたものをチと呼ぶなど、アダンに関する特別な用語も見られた。すなわち、これらの集落は徳之島の中ではより低島的な里山環境にあった集落であるといえるだろう。

## 5　魚毒利用に見る多様性

島ごとのみならず、同じ島の集落ごとでも植物利用の在り方は異なっている。この点を、アダン以上に明確に示すのが魚毒に関する聞き取り結果である。

植物体に含まれる有毒成分を水中に流しだすことで魚を麻痺させて捕獲する漁法が魚毒漁である。このとき、魚毒として働く成分としては、アルカロイド、配糖体、サポニンなどさまざまなものがある（秋道 2008）。魚毒漁がおこなわれるのは、河川や湖沼などの淡水域に加え、サンゴ礁などの沿岸域である。ただし、大河や遠浅の浅瀬などは魚毒漁に適しておらず、ある程度限られた水域（沿岸域の場合は干潮時の潮だまりなど）が、魚毒漁をなしうる場所である。魚毒漁は網や釣り針などの道具を特に必要としないため、古くから存在する漁法であり、世界各地から知られている。本土においても、サンショウ、オニグルミ、エゴノキ、イヌタデ、サンゴジュ等が魚毒に利用されており（長沢 2006）、このうち最も頻繁に使用されたと考えられるのがサンショウである。宮沢賢治の書いた「毒もみの好きな署長さん」という作品においても、魚毒漁の好きな主人公がサンショウの毒で違法に魚を捕るという話が登場する（宮沢

表1　各地で魚毒として使われる植物

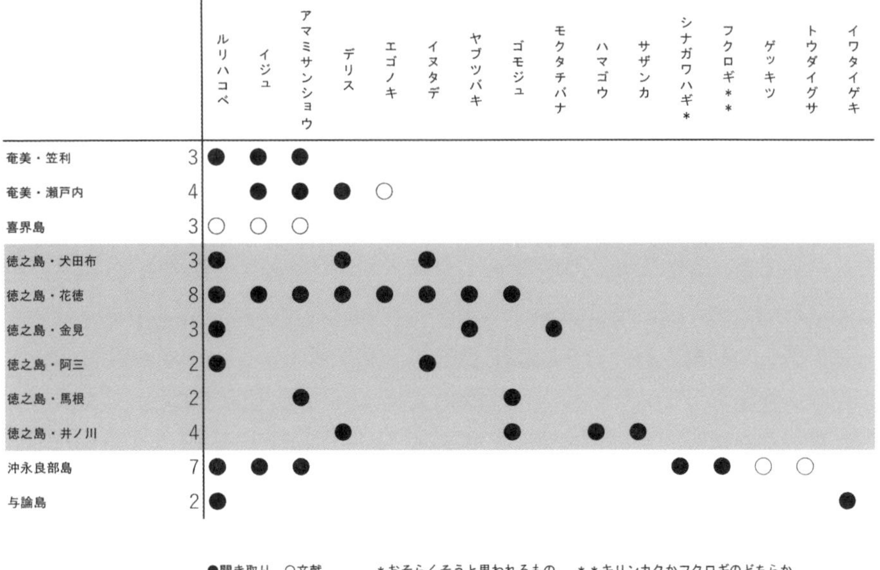

| | | ルリハコベ | イジュ | アマミサンショウ | デリス | エゴノキ | イヌタデ | ヤブツバキ | ゴモジュ | モクタチバナ | ハマゴウ | サザンカ | シナガワハギ* | フクロギ** | ゲッキツ | トウダイグサ | イワタイゲキ |
|---|---|---|---|---|---|---|---|---|---|---|---|---|---|---|---|---|---|
| 奄美・笠利 | 3 | ● | ● | ● | | | | | | | | | | | | | |
| 奄美・瀬戸内 | 4 | | ● | ● | ● | ○ | | | | | | | | | | | |
| 喜界島 | 3 | ○ | ○ | ○ | | | | | | | | | | | | | |
| 徳之島・犬田布 | 3 | ● | | | ● | | ● | | | | | | | | | | |
| 徳之島・花徳 | 8 | ● | ● | ● | ● | ● | ● | ● | ● | | | | | | | | |
| 徳之島・金見 | 3 | ● | | | | | | ● | | ● | | | | | | | |
| 徳之島・阿三 | 2 | ● | | | | | ● | | | | | | | | | | |
| 徳之島・馬根 | 2 | | | ● | | | | | ● | | | | | | | | |
| 徳之島・井ノ川 | 4 | | | | ● | | | | ● | | ● | ● | | | | | |
| 沖永良部島 | 7 | ● | ● | ● | | | | | | | | | ● | ● | ○ | ○ | |
| 与論島 | 2 | ● | | | | | | | | | | | | | | | ● |

●聞き取り　○文献　　*おそらくそうと思われるもの　**キリンカクかフクロギのどちらか

1979)。『ものと人間の文化史101　植物民俗』には「真夏の渓流の渇水期のころを見計らい、サンショウの木を伐ってきて皮をはぎ、細かく切ってソバ殻を焚いた灰（他の灰ではダメ）を混ぜてどろどろになるまで一晩煮つめ、これを木灰でこねて握り飯くらいな大きさのだんごにする。これを流れの中でもみほぐしながら水に溶かして流す」とその方法が紹介されている（長澤 2001)。ただし、サンショウ属の植物を魚毒に使用するのは、世界的には限られており、日本とネパールからのみ報告されている（南 1993)。

これまでの聞き取り調査と文献調査によって、奄美群島からは16種の植物が魚毒として利用されてきたことがわかった。島ごとに見ると、奄美大島5種、喜界島3種、徳之島11種、沖永良部島7種、与論島2種という種数になる。また、同じ徳之島にあっても、花徳では8種の魚毒利用植物について聞き取れたのに対し、阿三では2種の魚毒利用植物についてしか聞き取れなかった。また、モクタチバナのように、琉球列島全体を見渡しても、現在のところ徳之島・金見での使用例しかみあたらないような例もある（表1)。

このような違いについて、考察してみる。

魚毒漁といっても、さまざまな使用のなされかたがあり、以下のような観点で区分することができる。

①使用目的：行事とかかわるか否か
②使用者：集落全体か、有志集団または個人か
③使用者の年齢：大人か子供か
④使用場所：海か川か
⑤対象魚
⑥使用植物

上記の観点に即して、奄美群島における魚毒漁について、もう少し具体的に見てみよう。

琉球列島のうち、本土同様、魚毒としてサンショウ属を利用するのは奄美群島の特徴であり、沖縄の島々では石垣島で一部、ヒレザンショウを使用する例がある以外は例がない。このサンショウは、川でウナギを捕るために使用され、奄美大島の龍郷の場合、サンショウを使った魚毒漁にサンショウヒキという呼称がある（『龍郷町誌』）。

魚毒漁は、雨乞いの儀式と関連して行われる場合がある（盛口 2015a）。石垣島白保や沖縄島名護市などに例がみられるが、現在のところ奄美群島では雨乞いと関連した魚毒漁については聞き取れていない。そのかわり、徳之島・井ノ川では旧の3月3日、同じく徳之島・花徳では8月15日に魚毒漁を行ったという話を聞き取れた。

こうした行事とかかわる魚毒漁の場合は、集落全体で行われる場合が多い。そのため、行事とかかわる魚毒漁を行いうるには、集落に隣接して適度な大きさの川や潮だまりが存在するという立地条件が必要である。個人や有志で行う場合でも、適度な大きさの川や潮だまりが近くに存在しているかというのは、やはり漁の必要条件となる。川と海では目的とする魚も異なり、使用する魚毒植物も異なっている。となると、集落に隣接して、適当な川または潮だまりがない場合、聞き取る魚毒植物の種数は少なくなるだろうし、逆の場合は、種数

は多くなることになる。

また、魚毒漁は植物を利用するため、当然、使用する植物が集落近くに生育しているかどうかが関係する。例えば魚毒に利用する植物のうち、樹皮を粉砕して魚毒とするイジュは、集落の近隣に森がないと得られず、低島の場合、その使用例がみられないことがままある。ただし、低島では、場合によってはほかの高島から持ち込んで使用する場合があり、喜界島では奄美大島産のイジュを魚毒として使用したという（岩倉 1973）。

徳之島の花徳は、８種の魚毒利用植物について聞き取れたが、これは背後に山があるため、さまざまな植物を魚毒として利用できるということに加え、集落に隣接して川があり、また集落前のイノーに適度の大きさの潮だまりがあるため、集落全体による魚毒漁もおこないえるなど、多様な魚毒漁を行える立地にあるためである。

一方、ルリハコベは、使用する時期がその生育期である春に限られるものの、畑の雑草として広くみられるため、低島でも利用しうる魚毒植物である。調査結果においても、ルリハコベは琉球列島の島々の多くで魚毒として利用されている。

ルリハコベに含まれる成分はサポニンである（森 1962）。ルリハコベは畑で全草をつみ、潮だまり周辺でつぶして投げ込めば使用できるという手軽さがあるため、子供でも使用できるものだ。ただし、聞き取りによると、しばしばその毒の効き目の弱さについて語られ、子供の遊びとしてのみ使用される場合や、対象が潮だまりの小魚（トビハゼなど）に限定される場合もあった。

魚毒として利用される植物について聞き取ると、中には限られた島（集落）でのみ利用されていた植物があることがわかる。聞き取りで明らかになった与論島で利用されていた魚毒植物は、広く利用がみられるルリハコベと、海岸の岩場に生育するイワタイゲキの２種であった。このうちイワタイゲキは琉球列島の中で、今のところ与論島だけで、使用例を聞き取っているものである。

また、沖永良部島での聞き取りの中で、「黄色い小さな花をつける草を、子供が釣りの餌のハゼを捕るのに潮だまりで使った」という話を聞き取れたが、これはマメ科のシナガワハギを指すものだと考えられた。帰化植物のシナガワハギは琉球列島に広く帰化しており、那覇などの都市部の路傍でも見ることができる。が、この植物を魚毒として利用していることを聞き取れたのは、今のところ沖永良部島のこの例と、宮古諸島の池間島の例のみである（盛口・三輪 2015)。帰化植物であるシナガワハギの使用例は、様々な植物を試行錯誤的に使用して、たまたま有効だった植物を選んで使用してきたためではないかと考えられる。

同様に、古く導入された栽培植物であるトウダイグサ科の多肉植物（フクロギまたはキリンカク）は、琉球列島の島々各地で栽培されて来たものの、魚毒として利用する例は、石垣島白保（岩崎 1974）と、沖永良部島のみから知られる。ちなみに江戸末期に書かれた『南島雑話』には、絵入りでキリンカクが紹介されており、この当時にすでに導入されていたことがわかる。文献によると、沖永良部島で魚毒として利用されていたのは、キリンカクではなく、近縁のフクロギだとある（池田 1986)。かつて魚毒として利用されたというトウダイグサ科のこの多肉植物は、沖永良部島では民家の石垣沿いに植えられていたというが、魚毒漁が行われなくなって以後、次第に撤去されてしまっている。調査時に、以前生育していたという場所を話者に案内してもらったものの、その姿は見ることができなかった。

## 6　まとめ

1970年代以降、奄美群島の里周辺の自然環境は大きく姿を変えた。田んぼが消滅状態となったことが、一番大きな変化である。ソテツはまだ植栽がみられるところが少なくないが、往時の里山と比べれば、植栽されている量は減少している。特に、畑の境界線に植えられていたソテツは、圃場整備の際に撤去されてしまったところが多い。また、他県（千葉県南部）におけるソテツ栽培（葉を花卉用に出荷する）のため、奄美大島から大量のソテツ株が出荷された経緯もある（盛口 2015b)。かつて低島において重要な資源植物として位置づけられてきたアダンも、ほぼかえりみられなくなっている。キリンカクのような古い時代に導入された植物で姿を見なくなったものもある。本項ではここまで取り上げなかったが、各集落から姿を消した栽培植物の一つにシュロもある（盛口 2016)。

かつての里山の様子をうかがうべく、年配の方々に植物利用の話をうかがうと、集落によって違うと言っていいほど、多様な植物利用が存在していたことが浮かび上がってくる。魚毒利用植物は、その多様性の一つの指標である。

奄美群島においては、まだまだ、聞き取りをおこなえていない集落が多く、埋もれた植物利用の知識や、明らかにされていないかつての里の自然の実態があるのではと考える。できるだけ早いうちに、多くの記録を残し、次代に伝えたいと思う。

## 謝辞

本研究の一部は、2017 年度トヨタ財団研究助成（「消失の危機にある琉球の生物文化の記録保存から生物文化遺産創出の道を開く」代表：当山昌直）の援助を受けて行われた。

聞き取りに当たっては、多くの話者の方にご協力をいただいたが、特に以下の方々は、各島において聞き取りのコーディネイト等、多くのご協力をいただいた。記して感謝したい。

奄美大島：故前田芳之氏および町田健次郎氏

徳之島：美延睦美氏および徳之島虹の会の方々

沖永良部島：前利潔氏・新納忠人氏

与論島：麓才良会長はじめ与論郷土研究会の方々

## 引用文献

秋道智彌（2008）マメ科植物の魚毒漁―アジア・太平洋のマメ科デリス属を中心に. Biostory, 9：pp. 72-82

池田豪憲（1986）沖永良部島の植物方言資料 . 鹿児島県の植物 8：pp. 57-86

岩倉市郎（1973）喜界島漁業民俗 . 日本常民文化研究所編 . 日本常民生活資料叢書第 4 巻　九州南島篇 . pp. 627-783. 三一書房 , 東京

岩崎卓爾（1974）岩崎卓爾一巻全集 , 伝統と現代社 , 東京

笠利町誌執筆委員会（1973）笠利町誌 . 鹿児島県大島郡笠利町 , 鹿児島

菊千代・高橋俊三（2005）与論方言辞典 . 武蔵野書院 , 東京

阪本寧男（2007）里山の民族生物学 . 丸山徳次・宮浦富保編 . 里山学のすすめ . pp.28-

50. 昭和堂, 東京
平良新弘（2002）海人の島. 自家版
竜郷町誌民俗編編さん委員会編（1988）竜郷町誌民俗編. 鹿児島県大島郡龍郷町, 鹿児島
豊見山和行（2015）琉球王府による蘇鉄政策の展開. 安渓貴子・当山昌直編. ソテツをみなおす　奄美・沖縄の蘇鉄文化誌. pp. 50-65. ボーダーインク, 沖縄
長澤武（2001）ものと人間の文化史101　植物民俗. 法政大学出版会, 東京
長沢利明（2006）毒流し漁と魚毒植物. 西郊民俗196：pp. 1-14
名越左源太著・国分直一・恵良宏校注（1984）. 南島雑話2. 平凡社東洋文庫, 東京
久野謙次郎手記・柏常秋校訂（1954）南島誌・各島村法. 奄美社, 鹿児島
福仲憲（1983）近世琉球の農業と農書. 仲地哲夫ほか. 日本農書全集34　農務帳ほか. pp. 183-218. 農山漁村文化協会, 東京
前利潔（1995）奄美自立への私論. 佐藤正典ほか. 滅び行く鹿児島―地域の人々が自ら未来を切り拓く―. pp. 294-330. 南方新社, 鹿児島
南真木人（1993）魚毒漁の社会生態―ネパールの丘陵地帯におけるマガールの事例から. 国立民族学博物館研究報告18 (3)：pp. 375-407
宮澤賢治（1979）宮澤賢治全集代10巻. 筑摩書房, 東京
目崎茂和（1985）琉球弧をさぐる. 沖縄あき書房, 沖縄
森巌（1962）沖縄産魚毒植物成分の研究（2）ルリハコベ（*Anagallis arvensis* L.）サポニンの魚毒作用並びに溶血作用, 琉球大学文理学部紀要　理学編（5）：pp. 16-21
盛口満（2011）植物利用から見た琉球列島の里の自然. 安渓遊地・当山昌直編. 奄美沖縄環境史資料集成. pp. 335-362. 南方新社, 鹿児島
盛口満（2013）琉球列島の里の自然とソテツ利用. 沖縄大学地域研究所彙報第10号 .75pp.
盛口満（2015a）魚毒植物の利用を軸に見た琉球列島の里山の自然. 大西正幸・宮城邦昌編. シークヮーサーの知恵　奥・やんばるの「コトバ―暮らし―生き物環」. pp. 103-128. 京都大学学術出版会, 京都
盛口満（2015b）里山のソテツ栽培―琉球列島から房総半島へ―. 地域研究. 15：pp. 19-26

盛口満（2016）琉球列島におけるシュロ（*Trachycarpus excelsus*）の消失. 沖縄大学人文学部紀要 18：pp. 1-10
盛口満・安渓貴子編（2009）聞き書き島の生活誌②　ソテツは恩人　奄美のくらし. ボーダーインク, 沖縄
盛口満・三輪大輔（2015）魚毒植物を中心とした池間島における植物利用の記録. 地域研究 16：pp. 191-206
盛口満・三輪大輔・三輪智子・木下靖子（2017）池間島における特別な利用植物としてのアダン. 沖縄大学人文学部 こども文化学科紀要 4：pp. 91-108
和泊町誌編纂委員会編（1974）和泊町誌 民俗編. 和泊町教育委員会, 鹿児島

# 第13章

# 植物繊維を織る
## —— 奄美群島の染織文化 ——

落合雪野

## 1　布とその原料植物

人びとの日常生活において、食べものや住居とともに欠かせないモノが衣服である。衣服を構成する布は、普段着や仕事着、晴れ着として人びとの身体を覆い、また寝具や手ぬぐい、風呂敷などとしての役割を担う。わたしたちは現在、工業生産された布製品を購入して使用しているが、かつては植物から糸へ、糸から布へのプロセスに、人びとが直接たずさわっていた。つまり、繊維の原料となる植物を採集したり栽培したりしたのち、その茎などから繊維をとりだし、これを長くつないで糸を作り、さらに糸を機にかけて織ることによって布を手に入れていたのである。

では、奄美群島の人びとは、糸や布を得るために植物をどのように利用してきたのだろう。まず、布とその原料植物について、奄美群島での記録を概観しておこう。民俗学や生活科学の研究から、絹布、木綿布、苧麻布（ちょまふ）、芭蕉布、葛布、芙蓉布の少なくとも6種類の布が奄美群島で織られ、利用されてきたことが明らかになっている。

絹布、木綿布、苧麻布は日本列島で広く製作されてきており、奄美群島各地にもその技術が導入されたと考えられる（恵原 1974；名越 2007a）。木綿布はおもに一般の人びとの普段着や仕事着に用いられた。絹布や苧麻布は、晴れ着や上流階級の人びとの衣服に使われたり、税として貢納されたりした。この3種類は、カイコの飼養、ワタ（*Gossypium* sp.）やチョマ（カラムシ）（*Boehmeria nivea* (L.) Gaudich.）の栽培によって糸が得られる点で他の布と区別される。

芭蕉布は、バショウ科の大形草本リュウキュウイトバショウ（*Musa*

*balbisiana* Colla）の葉鞘から葉脈繊維をとりだし、糸に績み、布に織ったものである。現在、沖縄県の大宜味村や竹富町などで生産が続いているが、かつては琉球列島の沖縄本島、石垣島、小浜島、竹富島、与那国島（竹内 1995；長野・ひろい 1999）、奄美群島の奄美大島、喜界島、徳之島、沖之永良部島、与論島、宝島で織られ、おもに夏季の衣服に用いられていた（下野 1980；名越 2007a；多々良 2010）。

いっぽう甑島では、絹布、木綿布、苧麻布のほかに、布の原料となる4種の繊維植物として、マメ科のクズ（*Pueraria montana* var. *lobata* (Willd.) Sanjappa & Pradeep)、アオイ科のサキシマフヨウ（*Hibiscus makinoi* Jotani et H. Ohba.）とイチビ（*Abutilon theopharastii* Medik.)、トウダイグサ科のアカメガシワ（*Mallotus japonicus* (L.f.) Müll.Arg.）が記録されている（下野 1980)。このうち、クズを原料にした葛布とサキシマフヨウを原料にした芙蓉布については、その製作はすでに途絶えているものの、糸や衣服などの実物資料や聞き取りの記録が残されている。いっぽう、アカメガシワとイチビについては、ともに繊維植物として知られているが、イチビを菜園で栽培し、葛糸と混ぜて布を織った（下野 1980)、イチビの繊維で仕事着「イチッダナシ」を作った（水流 1978）といった事例のほかは、具体的な記録や資料にとぼしい。

本稿ではこのような布とその原料植物のなかから、2014年から2016年におこなった現地調査をもとに奄美大島の芭蕉布、甑島の葛布と芙蓉布をとりあげ、繊維植物と人とのかかわりについて検討してみたい。

## 2　奄美大島の芭蕉布

奄美大島では、リュウキュウイトバショウの繊維から芭蕉布が製作され、おもに普段着や仕事着として用いられたほか、糸の状態で琉球方面に出荷されたりしてきた（名越 2007a；名越 2007b；恵原 2009)。

本場奄美大島紬共同組合には、芭蕉布で仕立てた衣服が島内各地から集められ、資料として収蔵されている。2015年1月、この資料の中から、江戸時代後期から大正時代にかけて製作されたとされる女性用単衣長着7点と男性用単衣長着4点を観察する機会を得た。使用されていた芭蕉布の大部分は平織であり､女性用長着に花織が1点のみあった。平織の芭蕉布には､1）無着色無地､2）藍染無地、3）藍染の芭蕉糸（経糸、緯糸）の一部に白糸の木綿糸（経糸）と交ぜ織りして縞を表現したもの、4）藍染の芭蕉糸（経糸、緯糸）と木綿糸藍染の絣糸（緯絣あるいは経緯絣）と交ぜ織りして絣を表現したもの、5）縞と絣とを組み合わせたものなどがあった。さらに、すべての資料に、衣服として使用された痕跡や、ほころびやほつれをていねいに補修した痕跡が見られた。奄美大島で多様な芭蕉布が織られ、さまざまな生活の場面に活用されていた実態が、この資料からうかがえるのである。

さらに奄美大島には、繊維をとる目的で持ち込まれたのちに逸出し、野生化したと考えられるリュウキュウイトバショウが残されている。例えば、龍郷町安木屋場のソテツ群生地では、ソテツとともに多数のリュウキュウイトバショウが生育する景観を見ることができる。2015年1月の現地調査では、このほかにも宇検村の阿室集落と屋鈍集落の間の幹線道路沿いの3カ所、瀬戸内町嘉鉄集落の2カ所で、リュウキュウイトバショウを確認した。リュウキュウイトバショウは海岸沿いや山際の傾斜地、谷筋、集落内の空き地でみつかっており（写真1、2)、耕地のように人の管理が行き届いてはいないものの、人が作り出した場

写真1　海岸と幹線道路の間のリュウキュウイトバショウ群落（宇検村）

写真2　道路脇に生育するリュウキュウイトバショウ（宇検村）

所、人の活動に近い場所に生育している点が注目される。

では、人びとはリュウキュウイトバショウをどのように利用してきたのだろう。2016年2月、宇検村教育委員会の協力のもと、屋鈍集落と佐念集落で、昭和4年から8年の生まれの女性3名と男性1名に聞き取りをおこなった。祖父母たちが芭蕉布を製作する様子を見ており、その実践を伝えうる最後の世代と思われる方々である。

### (1) 所有と関与

［屋鈍］［佐念］所有について、リュウキュウイトバショウ「バシャ」の群落「バシャヤマ」は個人の土地で、そこに生えるリュウキュウイトバショウはその人のものとされていた。他の人がそこに入って勝手に採ることはなかった。結婚する女性がその土地を持参する習慣があった。

［屋鈍］繁殖について、糸を得るために茎を切ったあと、自然に新芽「コドモ」が生えてくる。これで増えるので、わざわざ苗を植えたり、種子を播いたりはしない。生える場所は、谷沿いの水のあるところがよい。もともと土が肥えていると茎が太くなったり、そうでないところは細くなったりするが、とれる糸の質に大きな違いはない。管理について、他の作物のように肥料をやったりはしない。ただ、他の木がバシャヤマに混じって生えてきたらバシャが負けるので、他の木を除いて、手入れをしなければならない。

写真3　リュウキュウイトバショウの偽茎断面（奄美市）

［佐念］繁殖について、新芽「コドモ」が増えて、広がっていく。成長は速く、ふつうは5、6年、遅くとも10年で糸を得られるようになる。今でもバシャが生えている場所が山にたくさんあり、とくに川沿いの水があるところによく生えている。管理について、肥料として生ゴミを入れたことがある。また、大きい木が

生えてくるとバシャヤマが荒れてしまうので、かならず手入れをしなければならない。

### (2) 葉鞘繊維の利用

リュウキュウイトバショウの茎（偽茎）は、葉鞘が重なり合った構造をしている（写真3)。葉鞘から繊維を得る際には、いちばん外側の緑色の層2、3枚分はかたすぎて使えないので捨てる。その中の白い層のうち、外側ではよりかたい繊維が、内側ではより柔らかい繊維がとれる。外側に近い層のややかたい繊維で縄を作り、中心に近い層のやわらかい繊維で、糸を績み、布を織る。

#### 外側繊維の利用

[屋鈍] 茎から繊維をとりだし、海岸に干して乾燥させ、細かく割いてから縒って、縄「バシャデナ」を作った。戦前は、この縄で石を縛って船の碇として使ったり、漁網を修理したりした。また、戦前から戦後にかけて、青年たちがこの縄で履きものを編み、名瀬の商人に販売して現金収入を得ていたことがあった。同じ仕事を阿室集落や戸田集落の人もしていた。

#### 内側繊維の利用

[屋鈍] 茎を煮て繊維をとりだし、雨で濡らさないように注意しながら、海岸の垣根に干す。これを細かく裂いてから績んで糸を作り、経糸、緯糸ともにこの糸を使って布を織る。この布で着物「バシャギン」を仕立て、外出着、普段着、仕事着として着ていた。その後ろ身頃に、別布「シリアテ」を縫い付けて補強することもあった。芭蕉布の着物を着ると夏は涼しく過ごせるといい、実際にお年寄りが着ていたのを見たことがある。また、ノロの衣装「ドゥギン」を仕立てたこと、大昔は糸を交易に出していたという話を聞いたことがある。
[佐念] 茎がドロドロになるまで煮たあと、いったん冷ましてから川に持って行って洗い、繊維をとりだす。これを細く裂いてから糸を績み、布を織ってきものを作る。布には質の違うものがあり、上質な糸は柔らかく、ユタの衣装にする布を織ったり、販売したりした。上質でない糸で織った布は、一般の人が衣服を仕立てるのに用いた。

佐念集落では、芭蕉布で仕立てたユタ用の上衣と一般男性用の長着が保管されており、両者を比較しつつ観察させていただいた。リュウキュウイトバショウの繊維を経糸と緯糸に使用している点、染色していない点で両者は共通していたが、ユタの上衣の生地は、表面に光沢があって薄手であるのに対し、男性用長着の生地は、ざっくりとしてやや厚手である。生地を拡大して観察すると、ユタ用上衣の布では、糸にほとんど撚りをかけておらず、経糸に比べて緯糸が太く、織目の密度が低いのに対し、男性用長着の布では、糸に撚りをかけてあり、経糸と緯糸の太さがほぼ同じで、織目の密度が高いといった特徴があった。この観察によって、糸の質の違いは明らかにできなかったが、布の用途に応じて、糸の作り方や織り方を調整していることが確かめられた。

### (3) 食用

偽茎の中心部分にある葉鞘は、繊維組織が十分に発達していない。このため糸はとれないが、野菜として利用した。また、果実の部分をバナナと同じように食べた。

[屋鈍] 偽茎の中心部分「バシャムンジョ」を、生で食べた。サクサクとした食感だった。また、ゆでてから味噌や砂糖とまぜて和えものにしたり、煮物「バシャニモノ」を作ったりした。

[佐念] 偽茎の中心部分を、細かく切って塩で揉んでから、和えものにした。また、煮物を作り、葬式のときのふるまいの料理とした。

[屋鈍] 果実「ウムナリ」をおやつに食べた。果肉は甘いが、種子が多いので食べるのが大変である。種子ごと食べるとあとで便秘になったりした。

[佐念] 果実「ウム」を食べた。果肉は少ないが食べられる。

### (4) その他の用途

葉身部分を素材として用いたり、植物体で子どもが遊んだりした。

[屋鈍] 葉について、甕の口を覆って蓋にしたり、蒸し器の底に敷いて食べものを蒸したりした。また、ものを包んだり、(ちまき状に) 菓子を包んだりした。

[屋鈍] 小学生の頃、サツマイモを登校前に芽のところに隠しておき、下校時

に食べた。他の子が隠しておいたサツマイモを食べてしまうといういたずらをしたこともあった。

現在、芭蕉布の生産を続けている沖縄県大宜味村では、リュウキュウイトバショウを集落内の畑で栽培することにより、糸や布の質を管理している。いっぽう宇検村の事例では、リュウキュウイトバショウは個人の所有物と認識されてはいるものの、繁殖には関与せず、混じって生えてくる樹木を排除する程度の管理、つまり半栽培によって集団が維持されてきたといえよう。繊維植物の要件を考えるとき、生育環境が極端に限られる場合や、栽培管理に手間がかかる場合には、生活に必要な量の繊維を継続的に得るのは困難である。リュウキュウイトバショウは、この点、ゆるやかな関与や管理のもと、植物体の生育と偽茎の収穫のサイクルを繰り返すことができ、日常の衣服をまかなうのに好適な繊維植物であったと考えられる。

さらに、繊維を利用する以外に、食べたり、ものを包んだりしていた点が興味深い。ここであげた以外にも「芭蕉糸で糸を括り、大島紬の絣模様を出した（恵原 2009）」、「徳之島では子どもが偽茎で筏を作って遊んだ（田畑満大氏談）」といった例がある。繊維をおもに利用しつつも、幅広い用途がリュウキュウイトバショウに見出されていたのである。

## 3　甑島の葛布と芙蓉布

日本各地の山野に広く分布するクズは、地下部に貯蔵されたでんぷん（葛粉）を利用する食用植物であり、同時に、地上部の茎から繊維をとりだし、糸や布（葛布）を得る繊維植物でもある。葛布は静岡県掛川市の特産品として知られるが（吉岡 2004）、鹿児島県大隅半島の垂水と牛根（内藤 1964）や佐賀県唐津市（長野・ひろい 1999）でも製作が記録されている。甑島の場合、衣服や袋、漁具の製作を目的に大正末期まで、また旧上甑村瀬上では販売を目的に戦前まで、葛布の製作が続いてきたとされる（下野 1980；小野 1991；水流 1978）。

2014年11月、甑島の葛布について、生育地の観察と資料調査を実施した。まず、上甑島と下甑島で、斜面や林間の開けた場所にクズが生育しているのを

写真４　林間の開けた場所に生育するクズ（薩摩川内市上甑町）

観察した（写真4）。クズは雑草性の強い草本で、しばしば旺盛に繁茂するが、かつては、１月頃の山焼きによって新芽の再生をうながす、集落でとりきめをして６月頃の決まった日にいっせいに採集するといった方法をとって、クズを資源としてわざわざ確保する必要があった（小野 1991；竹内 1995)。このことは、クズが繊維原料としていかに重要であったかを示している。

資料調査については、鹿児島県歴史資料センター黎明館で、旧上甑村の「クズタナシ」４点、糸１点、繊維２点、旧里村の布２点、糸４点、旧下甑村の「クズタナシ」６点、蚊帳１点の合計 20 点を観察できた。また、上甑郷土館には長着３点、反物１点、繊維１点と筬、糸車、おぼけなどの道具類が、下甑郷土館には「クズタナシ」「ハンテン」各１点が、それぞれ展示されていた。

甑島の葛布の構造を観察すると、1)「機結び」によって葛糸を績む、2) 葛糸に撚りをかけてある、3) 基本的には、経糸緯糸ともに葛糸を使って平織にする、4) 葛糸と木綿糸と交ぜ織りにして格子や縞を表現する、といった特徴が認められた。いっぽう、静岡県掛川市の川出幸吉商店で製作が継承されている葛布では、1)「葛結び」によって葛糸を績む、2) 緯糸にのみ葛糸を用いる、3) 葛糸に撚りをかけず、テープ状のまま布に織りこんで光沢を出すといった特徴があり、同じ植物を素材にしながらも両者は明らかに異なる。掛川の葛布は、裃や袴、道中着など、武士や神官などの衣服としておもに使用されてきたのに対し（吉岡 2004)、甑島の葛布は住民の普段着や仕事着である「クズタナシ」に仕立てられることが多く（小野 1991)、その用途の違いが、布の構造や風合いに現れているのである。

さらに、葛布の用途として、黎明館に収蔵された葛布の蚊帳に着目したい。通常、タイマまたはチョマの繊維で織られる蚊帳に、旧下甑村では例外的にクズの繊維が用いられていたのである。甑島では耕地が少なく、チョマやタイマの栽培がほとんど行われていなかったこと、タイマの繊維を手に入れるには、鹿児島県串木野市や宮之城町近辺まで買いにいかねばならず、しかも非常に高価であったことから、大麻布の衣服や蚊帳は相当の資力のある家しか持てなかった（竹内 1995）。つまり甑島では、タイマやチョマに相当する繊維植物としてクズが位置付けられ、資源としての維持や管理を図りながら、日常着や蚊帳に利用されてきたと考えられるのである。

いっぽう、サキシマフヨウの靭皮繊維で布を織る芙蓉布は、薩摩川内市下甑町瀬々野浦で明治末期まで製作されていたとされる。下甑島以外では記録されておらず、昭和50年3月に「発見」されて話題となったが、これに関する資料や記録はきわめて少ない。また、その後復元が試みられたものの、継承には至っていない（下野 1980；川上 1995）。

写真5　サキシマフヨウの開花（薩摩川内市下甑町）

2014年11月の甑島での現地調査では、下甑郷土館で長着「ビータナシ」2点を観察し、芙蓉布が細い糸で精巧に織られていることを確認した。また、2016年1月の現地調査では、鹿児島大学理学部の宮本旬子氏の助言のもと、サキシマフヨウの生育状況を観察した（写真5、6）。その結果、1）上甑島と下甑島に多数の個体が分布している、2）道路沿いの斜面や耕地のわき、庭先の空き地など、

写真6　耕地脇に生育するサキシマフヨウ（薩摩川内市里町）

人が活動する場所で頻繁に見つかる、3）細い側枝を数多く展開する樹形であるといった特徴があった。このような生育条件と形態から、サキシマフヨウが繊維植物として、継続的に茎を採集し、繊維を得るのに適当な性質を持っていると推察できた。

## 4　布をめぐる植物利用文化のこれから

奄美群島では少なくとも6種類の繊維植物が、それぞれに利用され、糸や布が作り出されてきた。そのプロセスの後半部分、植物から糸へ、糸から布への過程についてはすでに一定の研究成果が蓄積されているが、いっぽうで、その前半部分、つまり繊維となる植物をどのように選び出し、どのような関与や管理によって継続的に利用していくのかについては、比較的研究が少ない。本稿はその意味から、染織文化研究において人と植物とのかかわりの全体に着目することの意義を指摘し、また、その情報の一端を提示したものである。

奄美群島に住む人びとは、地域の植物相から種々の植物を選び出し、あるいは外来の植物を受け入れることによって、日々の生活を支えてきた。染織文化に関連しては、繊維植物以外にも、糸や布に色や模様を表現するための染料植物、また、布は織らないものの、狩猟や漁労、農耕などの道具に繊維を用いる植物が、それぞれ記録されている。ものづくりや手仕事に関わる在来の知識や地域での実践が再評価される現在、奄美群島の染織文化を、それを支える有用植物の多様性とともに見直そうとする視点が求められるのである。

### 謝辞

現地調査の実施にあたっては、本場奄美大島紬協同組合、宇検村教育委員会、田畑絹織物（株）、里村郷土館、上甑郷土館、下甑郷土館、鹿児島県歴史資料センター黎明館にご協力をいただきました。ここに記して深く感謝申し上げます。

### 引用文献

恵原義盛（1974）沖縄・奄美の衣と食. pp. 139-174. 明玄書房, 東京

恵原義盛（2009）復刻奄美生活誌. pp. 267-291. 南方新社, 鹿児島

小野重朗（1991）かごしまの民具 pp. 80-81. 慶友社 , 東京
川上カズヨ（1995）南部九州の古い衣料（第1報）ビータナシについて . 鹿児島純心女子短期大学研究紀要 25: 65-75
下野敏見（1980）南西諸島の民俗Ⅰ . pp. 166-177. 法政大学出版会 . 東京
竹内淳子（1995）草木布Ⅱ . pp. 141-174. 法政大学出版局 . 東京
多々良尊子（2010）与論の衣生活文化－ピキマギ（無双仕立ての袷着物）の構成について . 鹿児島県立短期大学地域研究所「研究年報」42: 1-9
水流郁郎（1978）甑列島の民俗Ⅱ . pp. 52-53. 鹿児島県教育委員会 . 鹿児島
内藤喬（1964）鹿児島民俗植物記 . pp. 82-83. 青潮社 . 熊本
長野五郎・ひろいのぶこ（1996）織物の原風景—樹皮と草皮の布と機 . 紫紅社 . 京都
名越左源太著、国分直一・恵良宏校注（2007a）南島雑話 1 幕末奄美民俗誌 . pp. 31-61. 平凡社 . 東京
名越左源太著、国分直一・恵良宏校注（2007b）南島雑話 2 幕末奄美民俗誌 . pp. 133-136. 平凡社 . 東京
吉岡幸雄（2004）別冊太陽日本の自然布 , pp. 37-44. 平凡社 . 東京

# 第14章
# サトウキビの伝来と種の融合

寺内方克

## 1　はじめに

作物である栽培種サトウキビは、他の多くの作物同様に人為的に我が国へ持ち込まれた外来生物である。古くから漢字文化圏では初出以来「蔗」または「甘蔗」と呼ばれ、我が国でも「甘蔗」と記載されてきた。その伝来は、記録に残るところでは、西暦744年、鑑真和上が2回目の渡海を試みた際に積み荷に「甘蔗八十束」が加えられていたのが最初で、その時は暴風雨のため渡海に成功しなかった。後に鑑真和上は来日したものの、その際の積み荷に記載がないためサトウキビの伝来や定着は確認されていない（樋口 1956）。その当時、砂糖の類は薬種であり、仏教と深い関わりのあることが知られており、「石蜜」や「蔗糖」とともに持参しようとしたサトウキビの数量が、80本ではなく、80束であることに鑑真和上の強い思いが感じられる。

その後、確たる情報がない中、ずっと後の慶長年間（1600年頃）になって奄美大島に甘蔗と製糖が伝来したとする説があるが、信頼性に欠けるとされている（荻原 1985）。確たるものとしては、1623年の儀間真常による製糖がある。この年は沖縄へのサトウキビ伝来としばしば誤解されることがあるが、これ以前にサトウキビが琉球に伝来・定着していたことは確実である。谷口（1982）によると、南西諸島への定着が推測されるのは、朝鮮王朝の「李朝実録」世宗11年（1429年）に、甘蔗についての「琉球国と江南に多種あり」との記述である。また、同じ頃の中国の費信による「星槎勝覧（1436年）」の琉球についての記述に甘蔗の記載がある。1534年の冊封使の記録である「使琉球録」には琉球にあるものとして「甘蔗」が記載されており、これらは琉球王国の正史「球陽」（1745年）にある「本国甘蔗有りて製糖を知らざる」と符合する。サトウキビの伝来は1373年の「中山王察度遣弟泰期等随載入朝」（明史）のような公式往来の契機によることも考えられるが、鑑真和上の渡海以前である可能性すら否定できず、文献的な推定は限界となっている。

このように、栽培種サトウキビは外来のものであるが、我が国にはその野生種（スポンタネウム種）*Saccharum spontaneum* L.（和名ワセオバナ、別名ナンゴクワセオバナ、別名ハマススキは他種の名称として使用されることがある）が自生している。分布域は南西諸島から茨城県を北限とする太平洋岸で、奄美方面では、徳之島南東部や奄美大島の笠利で大きな群落がみられる他、錦江湾内にも分布している（永富ら 1984；永富ら 1985；佐藤ら 2005；田中ら 2013）。本種の分布情報が得られるのはほとんどが海岸沿いの地域で、例外的に茨城県や千葉県では利根川沿いなど内陸部で確認されることがある。これらの地域は有史時代にも海であった内湾の沿岸部であり（斎藤ら 1990）、海との繋がりの深い地域である。しかしながら、その分布は太平洋側に限られ、日本海側はもとより、現在もサトウキビ栽培が行われている九州の西海岸側でも確認されたという情報は聞かれない。熱帯・亜熱帯原産の本種が高緯度に位置する我が国への侵入は約1万年前頃終了した最終氷期以降とみられるが、その南

表1　サトウキビ属植物と近縁種

| 種　名 | 和名・別名等 | 分布・特徴等 |
|---|---|---|
| *Saccharum*（サトウキビ属） | | 種間雑種である近代品種は*Saccharum* spp. hybridsと表記されている。 |
| *S. offcinarum* L.（オッフィシナルム種） | 高貴種 | *S. robustum*からニューギニア島などメラネシアで栽培化されたと考えられている在来種。茎の汁液を吸うフルーツ用として栽培されている。 |
| *S. barberi* Jeswiet（バルベリ種） | インド細茎種 | インドを中心に伝播していた在来の栽培種で、*S. offcinarum*と*S. spontaneum*の雑種であることが判明している。 |
| *S. sinense* Roxb. Amend. Jeswiet（シネンセ種） | 中国細茎種 | 中国を中心に伝播していた在来の栽培種で、*S. offcinarum*と*S. spontaneum*の雑種であることが判明している。 |
| *S. edule* Hassk.（エデュレ種） | | ニューギニア島などでみられる幼穂を食用とする栽培種で、*S. robustum*から分化した可能性が高いと考えられている。 |
| *S. spontaneum* L.（スポンタネウム種） | ワセオバナ<br>ナンゴクワセオバナ | 日本、ユーラシア南部、スンダ列島などの比較的乾いた土地に自生する野生種。アフリカやメラネシアの一部にも分布する。地下茎を持つ。 |
| *S. robustum* Brandes et Jeswiet ex Grassl（ロブストゥム種） | | ニューギニア島などの川沿いの低湿地に分布する。栽培種サトウキビの祖先種。 |
| *Miscanthus*（ススキ属） | | |
| *M. sinensis* Andersson | ススキ | 国内では南西諸島を含めて広く分布し、比較的乾いた場所に自生する。茎に芽子がない。 |
| *M. sacchariflorus* (Maxim.) Bentham | オギ | 国内では本州などの湿地に自生する。茎に芽子があり、花序はススキに似てワセオバナとは異なる。 |
| *Erianthus*（タカオススキ属） | | |
| *E. arundinaceus* (Retz.) Jeswiet | ヨシススキ | 近年、国内でも造成地などで見られるようになった。国内でみられるものはススキよりも大きな株を形成する。 |
| *E. kanashiroi* Ohwi, | ムラサキオバナ | 自生地は沖縄で、*Saccharum kanashiroi*として絶滅危惧IA類に分類されている。 |

西諸島および本州への分布拡大には黒潮の流れが深く関係している可能性があり、東シナ海への黒潮流入や利根川下流の内陸化との関係、海面下に没した島への侵入など、その外来経過についての知的興味は尽きない。その他サトウキビ属とその近縁種は表1にまとめられ、図2に示す分布地と伝搬経路が推定されるが、以下にそれらの詳細を述べる。

## 2　オッフィシナルム種サトウキビ

かつて、サトウキビはインドのベンガル地方付近が原産と考えられていたこともあったが、現在はすべての栽培種サトウキビの由来をたどると、高貴種とも呼ばれるメラネシア原産の在来品種群オッフィシナルム種（*S. offcinarum* L.）にたどり着くことが判明している。オッフィシナルム種はニューギニア島などに自生する祖先種である野生のロブストゥム種（*S. robustum* Brandes et Jeswiet ex Grassl）から汁液を味わうフルーツ用途として紀元前2500年以前（年代の根拠は不明）に人為的に選抜されたものと考えられている（Daniels & Roach 1987）。祖先種ロブストゥム種は、そのほとんどが染色体数80本でオッフィシナルム種と同じであり、その基本数はx=10（D'Hont *et al.* 1998）で、*Saccharum* 属共通の祖先から分離後に生物の分布境界線であるウォレス線の東側のサフルランドと呼ばれるメラネシア地域で進化したことが想定されている（Grivet *et al.* 2004）。地下茎を持たない点や水辺の湿地に自生する点などでスポンタネウム種（ワセオバナ）と異なっている。オッフィシナルム種より以前から庭先に植えられるなど人間による利用がなされていたと考えられており、そうした背景からオッフィシナルム種が選抜されるに至ったと考えられている（Artschwager & Brandes 1958）。

オッフィシナルム種は収穫部位である茎が多汁で糖分が多く、製糖用やフルーツ用途に向く優れた収穫物特性を有している。叢生で収穫後の株の永続性は弱いものの、太茎で高品質な原料が得られる。多彩な色や縞模様などの品種が存在し、庭先の観賞用にも用いられていた（図1）。このような優れた品質特性から、太平洋の島々はもとより、ウォレス線を西へと越え、アジアや太平洋の島々へと人為的に拡散していったと考えられている（Artschwager &

*S. officinarum*（左端から5本目まで）
*S. barberi*（右から2、3本目）
*S. sinense*（右端）

路傍の *S. spontaneum*

ススキの如く繁茂す *S. spontaneum*
（インド北部）

図1　多様なサトウキビとワセオバナ *S. spontaneum*

Brandes 1958)。

中国の文献「異物志」に見える「味が良く茎の本と末にむらがない。蔗茎の太さ数寸」で「珍品」（谷口 1980）とするものに合致するのはオッフィシナルム種である可能性があり、すくなくともその栽培地であるベトナムのハノイ近辺まで伝播していたとみられる。しかしながら、オッフィシナルム種は、作物としては病害、虫害を受けやすく、耐寒性、耐干性ともに不十分で風折に弱いため、世界的な栽培地域の拡大はヨーロッパ人のアジアへの進出以後となる。

優れた品種がより多くの利益をもたらすことは現在も同じである。ヨーロッパ人が東南アジアに進出してオッフィシナルム種の優れた特性が明らかになると、18世紀には、オッフィシナルム種の中心地メラネシア原産の「Otheite」や、これに続く「Cheribon」などの在来品種が新世界を含む各地に送り出された。そして、西インド諸島などの世界の主要な産地では、それまでのインド由来のバルベリ種（インド細茎種）*S. barberi* Jeswiet である「Creole」と置き換わった。しかし、植物防疫に配慮を欠いた品種の拡散は病害の拡散でもある。19世紀中頃からゴム病などの病害が世界で多発したことにより、オッフィシナルム種の栽培は困難となり、病害への抵抗性を備えた品種が求められるようになった。そして、病害に強いシネンセ種（中国細茎種）*S. sinense* Roxb. Amend. Jeswiet の「Uba」などへの置き換えが改めて進んだ一方、病気に強い品種を探す遺伝資源収集がより盛んに行われるようになり、また、19世紀末にはインドネシアやバルバドス等で人工交配による品種改良が開始されることとなった（Stevenson 1965)。そしてオッフィシナルム種は製糖用としての役割を終えた。

なお、このように品質が優れる一方で作物としては脆弱な側面があるためか、オッフィシナルム種の慣用名である高貴種の呼称はオランダの育種家がnoble caneと呼んだことから始まるとされる。明治以前に本種が我が国にもたらされていたか不明であるが、製糖用として用いられたものはない。現在は、一部でわずかにニューギニアの在来品種「Badila」とみられる品種が生食用として栽培されているにすぎない。

## 3　スポンタネウム種（ワセオバナ）

スポンタネウム種 *S. spontaneum*（ワセオバナ）は、一見するとススキ（*Miscanthus sinensis* Andersson）と区別がつかない草姿をしており、簡単に見分けることはできないが、茎の葉腋に芽子があることでススキとは区別することができる。しかし、同様に葉腋に芽子を有する植物にオギ（*M. sacchariflorus* (Maxim.) Bentham）があり、これとの区別には花序の形態を確認する必要がある。我が国のスポンタネウム種は、8月下旬から9月にかけて出穂するものが多く、ススキの別名である「尾花（オバナ）」に対して、より早期に出穂することがその和名ともなっている。この時期に出穂していないものはススキやオギ等である可能性が高い。スポンタネウム種もススキなどと同様に花序に多数の毛を有するが、ススキやオギの花序が数条の穂状で明確な中心軸を欠く場合が多いのに対して、スポンタネウム種の花序は円錐状で明確な中心軸を有する点で大きく異なる（図1）。また、ススキやオギでは開花成熟後も小穂とともに花序に毛や小穂軸が着生したままで白く見えるのに対し、スポンタネウム種は、小穂が脱落するため、中心軸のみが残る。このため、冬季にいたっても種を容易に識別できることがある。なお、オギの種名 *M. sacchariflorus* の由来としてサトウキビに似た花を咲かせるとする説明がなされるが、花序は明らかにススキであり、容易に区別できる。花序は異なる一方で、芽子のついたオギの茎はサトウキビの茎を細くしたスポンタネウム種とそっくりであるが、これが種名 *M. sacchariflorus* の由来にどのように結び付いたのか、気になるところである。

スポンタネウム種はインド・東南アジアを中心に分布しており、分布の中心地では優占種となっており、我が国のススキのごとくありふれた野草となっている。染色体数も40～128と多様で（Panje & Babu 1959）、インドネシアに自生する比較的長大なものから我が国自生の細茎短小なものまで形態的にも大きな変異がみられる。永年性で地下茎でもって生育範囲を拡大する特性を有しており、乾燥や刈り取りに強いなど、不良環境に強い特性を有している。火山島などの新開地にも早期に進出するなど（Suzuki 1984）、侵略的性質を持つ本種の分布域は、西は中近東を越えてアフリカに及び、東は本州やメラネシア、北はアラル海の南付近や本州を北限として、南はインドネシアからメラネシア付近まで分布していると考えられている（Panje & Babu 1960）。現在は、さらに広がっていることも考えられ、本種が育種のために持ち込まれたカリブのバルバドス島では野生化して一般的な野草となっている。

なお、我が国には、出穂がなくても lamina joint（葉身と葉鞘の結節部位）がない点などでサトウキビやスポンタネウム種と容易に識別できる *Erianthus arundinaceus* (Retz.) Jeswiet（和名ヨシススキ）が自生する。*Erianthus* 属植物は、例えば、沖縄に自生する *Ripidium kanashiroi* として記録され（永富ら 1984）、極めて希な植物であったが、現在では *E. arundinaceus* が高速道路の法面などに群生する姿を容易に確認できるありふれた植物となっている。これらは緑化用の中国産ススキ種子に混入していたものと考えられている（山田 2015）。一方で *E. arundinaceus* はバイオマス作物としても注目され、セルロース系資源作物として利用技術の開発が進められている（松波ら 2016）。さらに本種を含む *Eriannthus* 属植物は *Miscanthus* 属植物とともにサトウキビに近縁な植物グループとされ、サトウキビ種の成立に関係している可能性が指摘されてきたが（Daniels & Roach 1987）、こうした浸透交雑説は近年の遺伝子解析により完全に否定されている（Grivet *et al.* 2004）。しかしながら、*E. arundinaceus* はサトウキビの品種改良素材としての雑種利用が進められつつある（Fukuhara *et al.* 2013）。

## 4　スポンタネウム種との自然交配による能力向上と伝播

### (1) 自然交配による不良環境抵抗性の獲得

ニューギニア島付近で栽培化されたと考えられるオッフィシナルム種サトウキビ（高貴種）は、ウォレス線西側でスポンタネウム種が多く自生する地域に持ち込まれ、いずれかの場所でスポンタネウム種と自然交配し、雑種が生じたと考えられている（Grivet *et al.* 2004）。雑種植物は耐干性や耐冷性、風折抵抗性などの不良環境耐性と、病害や虫害への抵抗性も獲得して、人為的な分布を大きく拡大したと考えられている（図2）。しかし、一方でショ糖含有率の低下、繊維分の増加、細茎化などの不良特性も併せもつこととなった。

そうした自然交配は異なる地域で複数生じたとみられ、バルベリ種（インド細茎種）やシネンセ種（中国細茎種）といった多様な在来種を生み出した。インドには大きくわけて少なくとも4種の在来品種群があり（Bremer 1966）、中国系の在来種も含めて多様なサトウキビが栽培されていた（Daniels *et al.* 1991）。中国在来のシネンセ種は形態的な特徴や最初に見出された栽培地の違いから便宜上インド在来のバルベリ種とは別種として扱われているが、現在ではいずれもオッフィシナルム種を母親としてスポンタネウム種と自然交配した

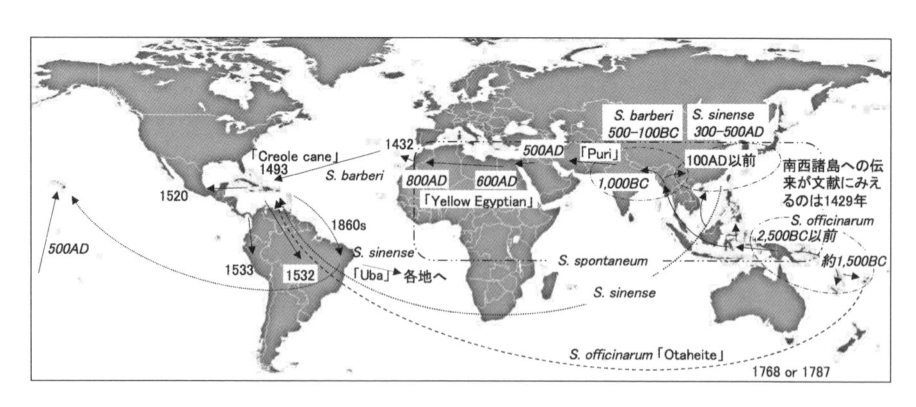


図2　サトウキビの伝播
Daniels and Roach 1987、Stevenson 1965、Artschwager and Brandes 1958 等を参考に筆者作成。
斜体の年代は不確実

雑種であることが判明している（Grivet *et al.* 2004）。

その交配が起こった地域であるが、Grivet *et al.*（2004）は雑種植物が人間に利用されるためには、その母親であるオッフィシナルム種よりも優れている必要があることや製糖との結びつきから、可能性のある地域としてアッサム、ミャンマー北部から雲南を提示している。しかしながら、同緯度にある沖縄本島や石垣島において、我が国の在来種が希にしか出穂を見ないことは、これがより低緯度で生じたことを示唆している。栽培種サトウキビの出穂は高緯度ほど遅くなり、特にオッフィシナルム種は緯度の高い地域で出穂しないか出穂しても出穂時期が遅い一方、高緯度のスポンタネウム種はオッフィシナルム種よりも早く出穂するため自然交配が生じにくい。このため、北インドや中国などの緯度の高い地域で自然交配した可能性は低くなる。自然交配は、オッフィシナルム種の栽培は可能であるが、低温や乾燥などによってオッフィシナルム種の生育に何らかの制約を受けているような比較的低緯度にある地域、それも稲作などで採種の習慣のある地域で起こった可能性が高いと筆者は考えている。いずれにしても、雑種植物が生じたことにより、不良環境抵抗性を獲得したことが、亜熱帯地域への分布拡大に寄与したことは確実である。

### (2) バルベリ種（インド細茎種）の世界展開

インドでは、前1500年から前500年頃までのヴェーダ時代の賛歌にサトウキビへの言及が見られ、製糖技術もインドで発達してきたと考えられている（Abbott 2008）。サトウキビは、6世紀までにはペルシアに伝わり、7世紀には製糖が行われ、アラブ人の勢力拡大に伴い各地に伝播し、エジプトでも8世紀半ば頃に栽培されていたとされる（佐藤 2008）。その後、十字軍を経てヨーロッパ人による栽培地域の拡大がすすみ、1420年にはポルトガル人によりモロッコ沖のマデイラ島に導入され、コロンブスの時代には旧世界の大西洋の島々に広がっていた。新世界には1493年のコロンブスの2回目の航海で導入され、メキシコには1520年、ブラジルには1532年、ペルーには1533年に導入されたとされる（Stevenson 1965）。

新世界でその後300年にわたり栽培され、奴隷貿易の中核となる砂糖生産を支えた品種「Creole」は、バルベリ種のMungo品種群の品種「Puri」と同一と考えられており、節間の短いやや緑がかった黄色の茎で、丈夫なステッキよりも太くない品種とされている（Stevenson 1965）。この品種はエジプトで栽培されていたYellow Egyptianとも同一と考えられており、単一の品種が西側の世界を席巻したことになる。ただし、18世紀初めの図に節間の形態の異なるものが描かれており、その時点で2種類が存在した可能性も指摘されている（Daniels & Roach 1987）。

バルベリ種は不良環境への適応性を有しているが、好適な環境条件下においては、オッフィシナルム種（高貴種）が収量や品質で優る。この違いが知られるようになると、18世紀には好適な環境条件下にある新世界の「Creole」は「Otaheite」などのオッフィシナルム種に置き換えられ、その使命を終えることとなった。しかしながら、その後、オッフィシナルム種でのゴム病などの病害発生が問題となり、病害抵抗性や不良環境適応性、収量に優れたシネンセ種（中国細茎種）に更に置き換えられることになる（Stevenson 1965）。その主要品種「Uba」はZwinga（場所不明）もしくは日本に由来するとされている（Deerr 1921）。

### (3) シネンセ種（中国細茎種）の日本への伝来

中国へのサトウキビの伝播はインドよりも遅れていたと考えられており、中華としての中国本土へ伝来したサトウキビがどのようなものであったかは定かでない。中国への伝来を示す最古の文献は紀元前4世紀（佐藤 2008）とも、紀元前2世紀（金子 1912）とも言われるが、筆者は確認していない。後漢（100年）に成立したとされる「説文解字」に「蔗」の文字があり、伝来はそれ以前であることは確かである。その「蔗」の文字は「シャ」と読み、その語源は梵語「サッカロ」に由来すると金子（1912）は断言する。

谷口（1980）によると、唐代の674年には太宗皇帝が諸蔗（サトウキビ）を運ばせたと「唐書」に記載があり、公的な導入も行われた。この時にどのような種が導入されたかは不明だが、12世紀半ばの「糖霜譜」には、「甘蔗に4種あり」として、「杜蔗＝竹蔗」、「西蔗」、「芳蔗＝蝋蔗＝荻蔗」および「紅蔗＝紫蔗＝崑崙蔗」をあげている。これらはサトウキビの品種ないしは品種群を指すものとみられ、このうち「竹蔗」については、「うす水色のうすい皮をもち味は芳醇」と記述されており、後の「本草綱目」では、「蘇頌いわく」として、「その葉は荻に似て二種あり。荻蔗は、茎が細く、短くて節は疏である。ひとり生食に堪う。」、竹蔗は、「茎は粗にして長し。汁をしぼりて沙糖をなすべし。」とされ、「荻蔗」は北の浙江省方面、「竹蔗」は福建省にあたる地域で栽培されていたとされる。

金子（1912）によると、後の台湾では古くから「竹蔗」が製糖用に栽培されてきた。この「竹蔗」は典型的なシネンセ種の「Uba」「Tekcha」および日本種と類似しており、「読谷山」、「喜界島蔗」は同一であるとしている。これらシネンセ種に分類される品種は、一様に低温や乾燥に強く、強健である一方、しなやかさを有し、台風で折れることは少ない特徴を有している。ただし、生食用としては少々繊維分が多い。

このほか、金子（1912）は「蚋蔗」が製糖用、「紅蔗」が生食用として栽培されてきたとし、河野（1930）によれば、この他に「南貢蔗」、「竹仔蚋蔗」があり、5種が栽培されていたとしている。これらは四川に同種のものがあり、紅蔗は崑崙蔗であると推論している。

江戸時代、幕府の命により中国の貿易船の船長が提出した書面に「蔗には両種あり、一名は甘蔗、一名は竹蔗という。砂糖に煮るには、竹蔗を上とし、甘蔗を次とする。」とある（荒尾 2012）。幕府も関与する形で普及し、門外不出とされて現在確認されるに至った日本本土の在来種は、現代に伝わり、台湾の「竹蔗」の類であることは疑う余地はない。「今諸国に多く栽ゆる者は荻蔗なり」と後の本草綱目啓蒙には記載されているが、琉球より幕府が入手した蔗苗は、事前の情報に従い「竹蔗」であったと考えるのが自然である。

その琉球では、1713年琉球王府編纂による「琉球国由来記」によると、儀間真常の製糖導入（1623年）の動機について、「当国、中古より甘蔗有るといえども（唐土より帯び来たらん。俗に唐荻と云う）、砂糖制法を知らず」とされる（谷口 1983）。カッコ内の注釈をそのまま解釈すると、琉球には製糖開始以前に「唐荻」というものがあったことになる。東（1977）によると、伊波・真境名の「琉球の五偉人」に「中国から沖縄に渡来したサトウキビは4種有り、島荻、読谷山荻、唐荻（トウウジ）、菓子荻で、島荻と読谷山荻は沖縄在来ともいうべきもの」との記載がある。しかし一方で、読谷山は島荻の突然変異と説明されており、竹蔗系である読谷山と他の品種との関係に整合性がとれない部分が残る。

明治以降、古い名称が残る時代に品種の特徴を記録した金子（1912）によれば、台湾の「紅蔗」は蔗茎赤紫色を帯び糖分は多いが茎囲細くて収量は低いとしている。新植に比べて、特に株出しの収量が劣るとしている。しかしながら、沖縄より取り寄せた「沖縄紅蔗」も特徴が記録されており、茎の形状は台湾のものと同じ円筒形で色やその他の特徴は微妙に違っている。しかし、収量は格段に良くて茎長は竹蔗類並で、茎囲は若干上回り、一茎重は大きく上回る。しかし、一株あたりの茎重量は同等程度となる。株出し収量も極端に低くはない。

「沖縄唐荻」は、茎は紅緑色で日光を受ければ濃紫色を呈し、白粉を被るとしている。節間は中央膨大、冠葉の幅は中程度で直立する。茎囲は竹蔗類の2倍であるが、茎長は概ね半分を少し上回る程度に留まっている。このほか、「蚋蔗」は「蝋蔗」とも書くとして、蔗茎直生して黄緑色を帯び、節間は円筒形で下部が太く、日光に当たれば淡赤紫色となる。竹蔗に比べて茎囲太く、葉は狭く直生するとしている。「南貢蔗」に記載されている特徴は「蚋蔗」とほぼ同じとなっている。「沖縄菓子蔗」は、葉が幅広で垂れ下がる点が「蚋蔗」と大きく異なる点となっている。これらの情報からは「沖縄唐荻」、「蚋蔗」および「南貢蔗」が同じ品種群に属す可能性があり、その一部は「蝋蔗」と呼ばれていたことになる。

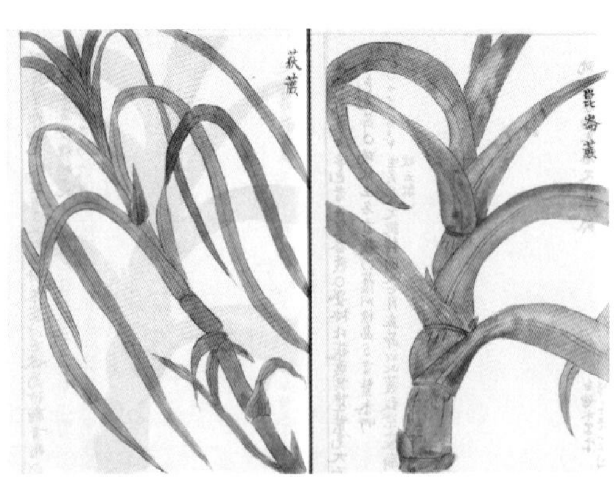


図3　琉球産物誌による「荻蔗」および「崑崙蔗」
坂上登（1911）琉球産物誌巻 10-13．国立国会図書館デジタルコレクションより転載

荒尾（2011）によると、1770年に薩摩藩によりまとめられた「琉球産物誌」にサトウキビが「荻蔗」と「崑崙蔗」として描かれている。その絵を見る限り、絵師が実見して描いたものではないことは明白であり、何らかの原図を写したものか、聞き取った内容を描いたもののいずれかと推察される（図3）。それ

でも荻蔗は葉鞘で茎が見えずやや細いことがわかり、崑崙蔗は茎の付近が赤い様子（図中のやや暗い部分）が窺える。そして、崑崙蔗には、「琉球土名真荻」「種子島方言紫黍草」と表記されている（荒尾 2011）。

作物の名称は、金子（1912）も「甘蔗は同物異名極めて多く品種の混雑甚だしき」と指摘したように、地域によって同じ物が別な名前で呼ばれたり、別なものが同じ名前で呼ばれたりする。特に、島嶼地域では、しばしば土着ものを「島〜」と呼び習わすことがあり、「島荻」という名称があった場合、それが島毎や時代によって違っていることを想定する必要がある。

沖縄本島〜種子島にかけての地域では、現在、サトウキビのことを「オーギ」あるいは「ウージ」と呼んでおり、徳之島では「wugi」の発音に漢字「荻」の字があてられている（上野 2017）。地域によっては「ウギ」と短く発音する場合もある。サトウキビという名称が使われるのはいつからか定かでないが、中国では「甘蔗」であり、琉球の歴史書や日本の農学書でも「甘蔗」が用いられてきた。しかし、実際には「荻」を意味する言葉で呼び習わされていることからすると、琉球〜種子島で広く認識されるようになった最初の品種は「荻蔗」として到来したと筆者は考える。特に、歴史的に「オーギ」「ウージ」と長く伸ばすことが続けられてきたことからすると、「唐荻」の発音が出発点である可能性が高いのではないかと考える。

サトウキビの「キビ」の呼称は薩摩藩が1695年に奄美大島に派遣した役人「黍検者」（谷口 1983）に関連を見ることができる。「黍横目」など、「黍」の文字が薩摩藩に使われ、後の大島代官による「大島私考」には、「今の人砂糖黍と云うは甘蔗なり。嶋民なべて荻と云う。吾藩人黍と呼ぶ。」と記載されている（谷口 1983）。これは薩摩藩が「黍」という呼称を用いたことによって奄美大島あるいは喜界島などを含めて役人の間では「砂糖黍」という呼称が用いられるようになったことを意味しており、「サトウキビ」の語源を示している。また、併せて元禄時代に「黍検者」が設置されていたときに、島には「荻」の名称が定着していたことも伺える。奄美大島への慶長年間（1600年頃）伝来説は否定的とされているが、サトウキビだけをとってみれば、元禄年間以前に伝来し、「荻」とよばれていたことは確実と言える。

「大島私考」には、「本草綱目を按ずるに」としつつも「竹蔗は大竹の如く大き丈余の赤色にして紅蔗と云う」と、本草綱目と異なる指摘をした上で、「大島の蔗は皆荻蔗にして竹蔗なし。嶋荻と云う事実に当たれり」としている。大島地域の製糖について解説した荻原（1988）によると、「名瀬市誌（上）」（1968）の記述として、「明治以前は島黍（シマウギ）という栽培種が1種類で、他にも唐黍（トウウギ）といって生食する以外に製糖とは関係ない、自家用に櫃えたものだけであった」との証言がある。また、「封建治下における奄美大島の農業」において小出・有馬（1963）は「琉球に古来甘蔗ありて生食に供せしこと史実に著しく、島荻（シマウーヂ）とて在来を意味する種類の外に、唐荻と呼ぶ食用蔗が輸入せし時代亦甚だ古きが如きも……、現在大島では、大島在来という種類の外に紅蔗あり、近年台湾より移入されたるものならんも、徳之島の一地方にて之を唐蔗と呼ぶ、或いは支那より直接舶来せしか又は沖縄の唐荻と縁あるにや」との記述をあげている。その他の情報も加味した上で、荻原は現在に伝わる品種の名称が「荻蔗→島荻→大島在来」と変化したと考察している。

このようなことから、「大島私考」にいう「荻蔗」は後に本州で栽培される「竹蔗」であることは明らかである。「琉球産物誌」にみえる「荻蔗」が、実は「竹蔗」を描いたものであり、「崑崙蔗」を「紫黍草」と呼ぶようになったのは、「黍」や「砂糖黍」が定着した後で、「崑崙蔗」は当時の種子島には珍しい品種であったことが推察される。さらに、「琉球産物誌」に描かれた形態、「崑崙蔗」が生食用であることや、金子（1912）によれば、「崑崙蔗」に該当するであろう「沖縄紅蔗」は「竹蔗」よりも葉の幅が広く茎が太いこと（ただし茎の形は樽型でなく円筒形である点が不一致）、などからすると、「崑崙蔗」とは、オッフィシナルム種であった可能性が考えられる。現在沖縄で行われている「Badila」とみられる赤紫のサトウキビを墓前などに備える風習は、古くは「崑崙蔗」で行われていたのかもしれない。ただし、その「崑崙蔗」が中国の古典「霜糖譜」に見える「崑崙蔗」である保証は今のところない。

製糖が始まる以前のサトウキビの用途は生食である。製糖用として優れた特性を示す「竹蔗」は、生食用としては必ずしも最適とは言えない。筆者は最初に伝来したサトウキビは「霜糖譜」や本草綱目にいうところの「荻蔗」であり、我が国では「唐荻」と呼ばれていたと考えるが、サトウキビの呼び名と伝来した品種との関係は歴史への興味を大いにそそる謎といえる。

## 5　スポンタネウム種との人工交配による能力向上

さて、現代のサトウキビ品種であるが、これらはインドで栽培されてきた在来種を利用しつつも基本的には新たに改良されてきたもので、オッフィシナルム種（高貴種）とスポンタネウム種（ワセオバナ）による自然交配を人為的に再現して開発された交雑種が基礎となっている。その新たな交雑種は学術誌では一般に*Saccharum* spp. hybridsと表記されている。

染色体数は不定で、オッフィシナルム種由来の80本にスポンタネウム種由来の40本程度が加わった120本前後のものが多いものとみられる。近代品種の染色体数は不定となっているが、その理由は次のとおりである。オッフィシナルム種にスポンタネウム種を交配すると、非還元受精という現象が起こり、オッフィシナルム種の染色体80本に維持されたままスポンタネウム種の染色体の半数が加わる。オッフィシナルム種はそのままに野生種の遺伝子に半分を取り込んだような状態となる。スポンタネウム種由来の染色体は、その後の交配で配偶子の形成の際に正常に対合できないために脱落などが起こり、染色体数は不定となる（Sreevivan *et al*. 1987）。

人為的に交配されたサトウキビのF1世代は、雑種強勢となり生育は極めて旺盛なものが得られる。そして、不良環境や病虫害への抵抗性を有する極めて健強な植物となる。しかも株の永続性が強く、地下茎を生じるものもある。しかし、砂糖を得るための原料としては茎のショ糖含有率が低く、繊維分が多いため搾汁効率も低下することから、そのままでは製糖原料として利用するのが困難なものとなる。このため、雑種植物にオッフィシナルム種（高貴種）を戻し交配することで、ショ糖含有率を高め、繊維分を下げる育種操作が行われてきた。しかし、「高貴化」と呼ばれるこの操作は、一方で雑種強勢を失わせ、株の永続性をも弱体化する原因になってきた。こうした交雑育種はインド、インドネシア、バルバドスなどで19世紀の終わり頃から活発に行われ、そして、一定の能力を持った品種や系統が形成されると、その後は雑種となった品種や系統どうしを交配する品種改良へと転換されていった。

サトウキビの品種改良は、有史以前の在来種の形成と近代のスポンタネウム種の利用で行われてきたが、品種改良の現場においては、現在品種改良に利用されている材料の遺伝的背景の狭さが問題視されてきた（永富 1989）。近代品種は限られたオッフィシナルム種とスポンタネウム種を元に開発された材料が利用されていることから、品種改良の限界が近づいていると考えられている。そこで、現代においてもスポンタネウム種による不良環境耐性の強化や低温耐性の強化、病害虫抵抗性の強化、株の持続性の向上などなどを目的に交配利用が進められている。そうした中、雑種強勢によるバイオマス生産力の向上に目を見張るものがあることから、その特性を活用した新たな利用展開が期待されている。その一つが飼料用サトウキビで、ショ糖の含有率はそれほど高くないが、健強旺盛な植物体を家畜飼料とすることで、我が国南西諸島における飼料生産に貢献しつつある（境垣内・寺島 2008）。その特性は永年性で、台風や干ばつに強く、茎に経時的にショ糖を蓄積していくことから、消化性の変化が少なく、収穫適期幅の極めて広い利用しやすい飼料作物となっており、現在南西諸島全域で普及が進んでいる。こうした飼料用サトウキビは、一方でその種々の優良特性を製糖用の品種に引き継ぐ中間母本としての役割を果たし、製糖用サトウキビの品種改良に大きく貢献しつつある。

現在、我が国に自生するスポンタネウム種は、外来のオッフィシナルム種に由来する栽培品種との交配が行われ、比較的高緯度にあって低温条件となる日本のサトウキビ生産に貢献すべく育種利用が進められている。

### 補足

植物の分類には多説あり、*Erianthus* 属植物については、有名な図鑑等においてもしばしば *Saccharum* 属植物として表記されていることが見られる（例：Koyama 1987）。しかし、分子生物学的な研究結果からは *Saccharum* 属と *Miscanthus* 属との類縁関係よりも *Erianthus* 属植物は遠縁である可能性が指摘されており（Grivet *et al*. 2004）、また、サトウキビと *Erianthus* 属植物の雑種作出は難しく、弱勢個体が生じることから、*S. spontaneum* および *S. robustum* の2種から派生した栽培種のみを *Saccharum* 属とすることが遺伝的な面からは適当である。一方、*Saccharum* 属内においては、*S. barberi* の一部に*S. sinese*種に分類すべきものが含まれていることが知られており（Stevenson 1965）、その来歴や遺伝子解析からも同質と認められているが（Grivet *et al.* 2004）、サトウキビ育種研究者の間では慣行*S. edule* Hassk.を含む6種の分類が踏襲されている。種の成り立ちの原理からすると、現行の製糖用品種は*S. barberi*または*S. sinese*と表記すべきところであるが、これらは在来種を意味することから、少なくともサトウキビ育種研究者の間では今後とも採用される可能性はないものと推測する。

### 参考・引用文献


Abbott E (2008) Sugar – A bittersweet history. 樋口幸子訳2011砂糖の歴史. 513pp 河出書房, 東京

荒尾美代（2011）内外の伝統的な砂糖製造法（4）吉宗の国産化政策と薩摩藩のさとうきび. 砂糖類情報2011 (10)

荒尾美代（2012）内外の伝統的な砂糖製造法（7）吉宗時代に幕府が入手した中国の製法. 砂糖類情報2012 (1)

Artschwager E, Brandes E W (1958) Sugarcane (*Saccharum officinarum* L.): origin, classification, characteristics, and descriptions of representative clones. USDA agriculture handbooks. 307pp. Agricultural Research Service, Crops Research Division

東清二（1977）沖縄におけるサトウキビ重要害虫の生態学的研究, 特にサトウキビ品種の変遷と害虫の発生消長について. 琉球大学農学部学術報告24：1-158

Bremer G (1966) The origin of the north Indian sugarcanes. Genetica 37: 345-363

Daniels J, Roach BT. (1987) Taxonomy and evolution. in Sugarcane Improvement through Breeding. (Heinz, D. J. ed.). (Heinz, D. J. ed.) Elsevier Press, Amsterdam. 7-84

Daniels J, Roach B T, Danliels C, Paton NH(1991) The taxonomic status of *Saccharum barberi* Jeswiet and *S. sinese* Roxb. Sugar Cane 1991 (3): 11-16

Deerr N (1921) Cane Sugar. 642pp. N. Rodger, London

D'hont A, Ison D, Alix K, Roux C, Glaszmann J C (1998) Determination of basic chromosome numbers in the genus *Saccharum* by physical mapping of ribosomal

RNA genes. Genome, 41: 221-225

Fukuhara S, Terajima Y, Irei S, Sakaigaichi T, Ujihara K, Sugimoto A, Matsuoka M (2013) Identification and characterization of intergeneric hybrid of commercial sugarcane (*Saccharum* spp. hybrid) and *Erianthus arundinaceus* (Retz.) Jeswiet. Euphytica 189: 321-327

Grivet L, Daniels C, Glaszmann J C, D'Hont A (2004) A Review of Recent Molecular Genetics Evidence for Sugarcane Evolution and Domestication. Ethnobotany Research & Applications 2: 9-17

樋口弘（1956）日本糖業史．544pp．味灯書屋，東京

池原研（2007）東シナ海の堆積作用と古環境の変遷．地質ニュース 634: 21-28.

池原真一（1979）概説沖縄農業史．349pp．月刊沖縄社

金子昌太郎（1912）甘蔗農学．738pp．東京糖業研究会，東京

河野信治（1930）日本糖業発達史（生産編）．526pp．糖業発達史編纂事務局，神戸

Koyama T (1987) Grasses of Japan and its neighboring regions : an identification manual.　570pp. Kodansya, Tokyo

松波寿弥・小林真・安藤象太郎・寺島義文・霍田真一・佐藤広子（2016）栽植密度および施肥水準がエリアンサス（*Erianthus arundinaceus*（L.）Beauv.）の乾物収量に及ぼす影響日草誌 61（4）：224-233

永富成紀・Sastrowujono S・Silverio GT・杉本明 1985 南西諸島におけるサトウキビ遺伝質の探索 -- 第3次調査 沖縄県農業試験場研究報告 (10), p. 1-24

永富成紀・大城良計・仲宗根盛徳（1984）南西諸島におけるサトウキビ遺伝質の探索 ; 第1・2次調査．沖縄県農業試験場研究報告 9：1-27

永富成紀（1989）サトウキビの起源と遺伝資源 農業技術 44（9）：21-24

荻原茂（1985）奄美地域の糖業（Ⅰ）糖業創始．鹿大農学術報告 35：243-251

荻原茂（1988）奄美地域の糖業（Ⅲ）藩政期における展開（中編）．鹿大農学術報告 38：243-252

Panje RR, Babu CN (1960) Studies in *Saccharum spontaneum*: Distribution and geographic association of chromosome numbers. Cytoogia 25:152-172

斎藤文紀・井内美郎・横田節哉（1990）霞ヶ浦の地史 : 海水準変動に影響された沿岸湖沼環境変遷史．地質学論集 36：103-118

境垣内岳雄・寺島義文（2008）飼料用サトウキビ「KRFo93-1」の育成と普及に向けた研究展開．農業技術 63：24-29.
佐藤光徳・野島秀伸・高木洋子（2005）鹿児島県大隅半島東岸，宮崎県南部におけるサトウキビ野生種の探索収集．植探報 , 21: 23-29
佐藤次高（2008）砂糖のイスラーム生活史．241pp．岩波書店，東京
Sreevivan T V, Ahloowaloa B S, Heinz D J (1987) Cytogenetics. In: Sugarcane improvement through breeding. (Heinz, D. J. ed.) Elsevier Press, Amsterdam. 211-254.
Stevenson G C (1965) Genetics and breeding of sugar cane. 284pp. Longman, London
Suzuki E (1984) Ecesic pattern of *Saccharum spontaneum* L. on Anak Krakatau Island, Indonesia. Japanese Journal of Ecology 34(4): 383-387
田中穣・吉田孝・境垣内岳雄（2013）茨城県東南部におけるサトウキビ野生種（ワセオバナ）の探索及び収集．植探報 30：63-69
谷口学（1980）古典の中に現れた砂糖（１）砂糖伝来事情とその周辺．季刊糖業資報 68:14-44
谷口学（1982）古典の中に現れた砂糖（その３）調味料への新たな階梯．季刊糖業資報 74:19-52
谷口学（1983）古典のなかに現われた砂糖（その 4）砂糖貿易の本格開始と国内糖業の黎明 77：21-53
上野善道（2017）徳之島浅間方言のアクセント資料（3）国立国語研究所論集 12: 139-161
山田守（2015）ヨシススキ　*Saccharum arundinaceum* Retz. 日緑工誌 41(2)：352-353

# 第15章

# 薬としての唐辛子

山本宗立

## 1　はじめに

唐辛子（注1）といえば、やはりあの辛さをまずは思い浮かべるだろう。うどんやそばにかける一味や七味はわかりやすい例だが、九州だとゆずこしょう（注2）、奄美群島では果実を酢や蒸留酒につけた調味料も利用されている。また、ピーマンやパプリカ、獅子唐などは辛くないが、いや獅子唐は時には辛いけれど、これらもすべて唐辛子の仲間である。つまり、唐辛子の果実は香辛料としてだけではなく、野菜としても重宝されている。そして、地域によっては唐辛子の葉が佃煮の材料や味噌汁の具などにも利用されてきた。

唐辛子は中南米原産のナス科（Solanaceae）植物で、日本で栽培・利用されている唐辛子のほとんどが植物学的にトウガラシ（*Capsicum annuum*）に属す。しかし、奄美群島ではトウガラシとは別種のキダチトウガラシ（*C. frutescens*）も栽培されており、その果実は非常に辛く、独特の香りや風味をもつ。果実の長さが３～5cm程度の小型であれば、それがキダチトウガラシ、といいたいところだが、奄美群島ではキダチトウガラシとほぼ同じ大きさの果実をつけるトウガラシも栽培されているため、果実だけではどちらの種なのか判別しがたい（図1）。植物学的に種を同定したい、という方がおられれば、花や蕾を見ていただきたい。トウガラシの花弁が白色（時には紫がかることもあるが）なのに対し、キダチトウガラシの花弁は黄緑色である。果実だけではなく、唐辛子の花や植物体そのものにもぜひ目をむけてほしい。

香辛料や野菜として利用される唐辛子。実は世界中で薬としても利用されてきた。奄美群島も例外ではないのだが、唐辛子の薬としての利用はあまり注目されてこなかった。飛び石状に続く奄美群島の島々において、唐辛子の薬用に関する伝統知に連続性があるのか、固有性が高いのか、非常に興味深い。そこ

図 1　与論島の唐辛子：島トウガラシ（アーグシュ）として販売されている果実が小型のトウガラシ（左）、魚の内臓の塩辛であるワタガラシに添えられたキダチトウガラシの果実（右）

で、奄美群島における唐辛子の薬用例を紹介するとともに、奄美群島周辺地域における利用方法との類似点・相違点を明らかにしたい。

## 2　奄美群島

奄美大島において唐辛子の薬用に関する現地調査を 2009 年に行った（表 1）。知名瀬でお会いした女性（1931 年生）によると、唐辛子の方言名はこしょ（または、こしょう）で、唐辛子の果実を蒸留酒に漬けておき、足が痙攣するとき、その液体を患部に塗るとよいらしい。戸円では「はらぐすりになる、焼酎に果実をつけておき、その汁を飲む」（男性・1926 年生）や「腹痛時、薬を飲むようにして果実を飲む」（男性・1950 年生）のように、唐辛子を腹痛の薬として利用していた。また、今里では「果実を焼酎に漬けておき、その液体を飲むと風邪薬になる」（女性・1934 年生）、山間では「普段から果実を食べていると、お腹の薬になる」（男性）という情報が得られた。『鹿児島民俗植物記』の「トウガラシ」・「大島」の項には、「凍傷の時、実を刻み煎じて局部に塗るとよい」、「腎臓炎にもよい」、「花や種子を干したもの又は之の生を煎用すれば利尿の効がある」とある。

徳之島では「胃病　トウガラシ（コシュ）を焼酎にひたしておき、水にうすめて飲む」（徳之島民俗研究学会 1962）、「胃の病気　トウガラシ（クシュ）を焼酎に浸しておいて水にうすめて飲む」（伊仙町 1978）のように、胃病のときに果実を焼酎に漬けたものが利用される。また、「シマトウガラシ（*Capsicum frutescens*）クシュウと呼ばれ（中略）腹痛の時、卵にトウガラシを入れ卵やきにして食べたことがある」（田畑 1979）、「トゥグシュ（中略）腹痛のときはクガ（卵）にトゥグシュを入れてクガヤキ（卵焼き）にして食べさせた、クシュダケ（胡椒酒）も貴重な服用であった」（川野 1999）のように、腹痛時に唐辛子入り卵焼きが食される（表1）。沖永良部島でもワタヤミ（腹痛）の時には「フシュ（からし）を食べればよい」とある（先田 1965）。与論島では「健胃に食前粉末を飲む」、「神経痛に瓶に酒を入れ20日以上」、「湿布」などのように唐辛子が利用されるようだ（山 2007）。

表1　奄美群島における唐辛子の薬用例

| 島名 | 病名等 | 利用部位 | 用法 |
|---|---|---|---|
| 奄美大島 | 風邪 | 果実 | 果実を焼酎に漬けておき、その液体を飲むと風邪薬になる（現地調査結果：今里、女性・1934年生） |
| | 痙攣 | 果実 | 果実を蒸留酒に漬けておき、足が痙攣するとき、その液体を患部に塗る（現地調査結果：知名瀬、女性・1931年生） |
| | 凍傷 | 果実 | 凍傷の時、実を刻み煎じて局部に塗るとよい（内藤 1964） |
| | 腹痛 | 果実 | 腹痛時、薬を飲むようにして果実を飲む（現地調査結果：戸円、男性・1950年生） |
| | | 果実 | 普段から果実を食べていると、お腹の薬になる（現地調査結果：山間、男性） |
| | | 果実 | はらぐすりになる、焼酎に果実をつけておき、その汁を飲む（現地調査結果：戸円、男性・1926年生） |
| | 腎臓炎・利尿 | 花・種子 | 花や種子を干したもの又は之の生を煎用すれば利尿の効がある（内藤 1964） |
| 徳之島 | 胃病 | 果実 | トウガラシ（コシュ）を焼酎にひたしておき、水にうすめて飲む（徳之島民俗研究学会 1962） |
| | | 果実 | トウガラシ（クシュ）を焼酎に浸しておいて水にうすめて飲む（伊仙町 1978） |
| | 腹痛 | 果実 | 卵にトウガラシを入れ卵やきにして食べる（田畑 1979） |
| | | 果実 | クガ（卵）にトゥグシュを入れてクガヤキ（卵焼き）にして食べさせた、クシュダケ（胡椒酒）も貴重な服用であった（川野 1999） |
| 沖永良部 | 腹痛 | 果実 | ワタヤミ（腹痛）の時には、フシュ（からし）を食べればよい（先田 1965） |
| 与論島 | 健胃 | 果実 | 食前粉末を飲む（山 2007） |
| | 神経痛 | 果実 | 神経痛に瓶に酒を入れ20日以上（山 2007） |
| | 打撲 | 果実 | 湿布（山 2007） |

## 3　奄美群島以南の島々

奄美群島周辺地域として、まずは奄美群島から南に連なる島々、沖縄県、台湾、フィリピンのバタン諸島、そしてフィリピンの東側に位置するミクロネシア連邦をみてみよう。

『沖縄民俗薬用動植物誌』によると、沖縄島では下痢・歯痛・頭痛・咳・腹痛・二日酔に、久米島では結膜炎・破傷風に、大神島では湿布・肺病に、石垣島では破傷風に、果実が薬として利用される（表2）。奄美群島との共通点としては、「酒」（蒸留酒と思われる）に果実を漬けて薬として利用する点、そして腹痛時に果実を利用する点である。「唐辛子と卵を混ぜて、焼いて食べる」という用法が徳之島と全く同じであったのは、特筆すべきことだろう。

台湾の台湾原住民族（注3）は、胸痛・出産・食欲不振・腹痛・二日酔・蛇咬傷（注4）に唐辛子の果実を薬として用いる（山本 2009；Yamamoto & Nawata 2009）。腹痛に果実を用いる点、蒸留酒に果実を漬けて薬として利用する点が奄美群島・沖縄県と共通している。一方、一部の台湾原住民族は唐辛子の根を腹痛の薬として利用しており、主に果実のみを薬に用いる奄美群島や沖縄県とは異なる。

フィリピンのバタン諸島では、果実が関節痛や傷口の薬に用いられる（Yamamoto & Nawata 2009；Yamamoto 2010）。ただし、まだ情報量が少なく、奄美群島の薬用例とは比較しがたい（表3）。ミクロネシア連邦では、果実を関節痛・眼病・駆虫・下痢・歯痛・頭痛・鼻水に、種子を歯痛に、葉（花芽や未熟な果実を含む）を眼病・傷口（注5）・止血・耳垂れに、花を難産に、根を傷口に用いる（Yamamoto 2011；2012；2013）。果実だけではなく、種子、葉、花、根など、あらゆる部位を利用している点が奄美群島とは大きく異なる（表3）。「下痢の時に果実を食べればよい」という事例は、奄美群島における腹痛時の果実の利用と似ているが、直接的に奄美群島と共通する用法は今回確認されなかった。

表２　沖縄県および台湾における唐辛子の薬用例

| 地域名 | 島名または民族名 | 病名等 | 利用部位 | 用法 |
|---|---|---|---|---|
| 沖縄県（前田・野瀬 1989） | 沖縄島 | 下痢 | 果実 | 卵を油であげ、それに唐辛子を混ぜて食べる（宜名真） |
| | | 歯痛 | 果実 | 唐辛子を虫歯につめた（伊豆味） |
| | | 頭痛 | 果実 | ①卵と唐辛子を油でいためて食べた（辺土名、平敷屋）、②唐辛子に黒砂糖を加えて煎じて飲む（嘉手納） |
| | | 咳 | 果実 | キッパン、唐辛子、ショウガ、氷砂糖を味醂につけ、浸出してきた液を1日3回湯飲みの半分程度飲む、喘息にも効果がある（鏡原） |
| | | 腹痛 | 果実 | ①唐辛子を少しつつき、水を加えて飲む（安慶名、志多伯、吉原）、②唐辛子を酒につけ、それを飲む（安慶田）、③煎じて飲む（百名、伊覇）、④唐辛子と卵を混ぜて、焼いて食べる（渡口）、⑤唐辛子とソーメンを混ぜて、チャンプルーにして食べる（当間、松田） |
| | | 二日酔 | 果実 | 生味噌を少しと唐辛子3個をつつき、それに水を1合加えて混ぜ、それを飲む（安慶名、知念、仲宗根、田嘉里） |
| | 久米島 | 結膜炎 | 果実 | 赤唐辛子に少し水を加え混ぜて目につける、目を開けたら痛いので、3分間は目を閉じておく（真我里） |
| | | 破傷風 | 果実 | ①酒を燃やして、その中に唐辛子を入れ、黒くなったら取り出して、その酒を少し飲む（泊）、②酒に唐辛子と塩を入れて飲む（泊） |
| | 大神島 | 湿布 | 果実 | リュウゼツランと紫色のサツマイモを同量と、それに唐辛子を2～3個入れ、つついて患部にはった |
| | | 肺病 | 果実 | 唐辛子を茶碗1杯と豚の三枚肉（600g）を一緒にして、煮て食べた |
| | 石垣島 | 破傷風 | 果実 | 卵の黄身に唐辛子5個をすって飲ますと、ひきつけが止まる（大川、新川） |
| 台湾（山本 2009; Yamamoto & Nawata 2009） | カバラン | 食欲不振 | 果実 | そのまま果実をかじる |
| | ブヌン | 胸痛 | 果実 | ①果実を食べるとよくなる、②子供は辛いのがかわいそうだから、果実を丸まま飲ませる |
| | | 食欲不振 | 果実 | 果実を食べるとよい |
| | カナカナブ | 二日酔 | 果実 | イヌホオズキの葉をたっぷりの水で煮て、果実を何本か入れて煮立て、冷ましてから飲む |
| | サアロア | 二日酔 | 果実 | イヌホオズキの葉をたっぷりの水で煮て、果実を何本か入れて煮立て、冷ましてから飲む |
| | アミ | 蛇咬傷 | 果実 | 果実をつけてバナナの果皮で傷口をおおう |
| | ルカイ | 腹痛 | 果実 | ①水を沸かして果実を潰して入れて飲む、②水にトウガラシ2～3個刻んでいれて飲む、③蒸留酒に果実をつけ、その汁を飲む |
| | | 二日酔 | 果実 | ①湯につぶした果実を入れて飲む、②キマメのスープに果実を加えて飲む |
| | パイワン | 出産 | 果実 | ①出産後の一ヶ月間、お産の血を出し切るため、水に唐辛子の果実を加えて飲む、たくさん飲めば飲むほどよい、②果実をたくさんつぶし、ハチミツと水を加えたものを一ヶ月間飲む |
| | | 腹痛 | 果実 | ①果実をつぶしたものに塩と水を加えて飲むと治る、②果実をそのまま飲む |
| | | 腹痛 | 根 | 根を細かく刻み、水で煎じ、酒を少し加えて飲む |

表 3　フィリピン・バタン諸島およびミクロネシア連邦における唐辛子の薬用例

| 地域名 | 島名 | 病名等 | 利用部位 | 用法 |
|---|---|---|---|---|
| フィリピン・バタン諸島（Yamamoto 2010） | サブタン島 | 関節痛 | 果実 | 関節が痛いときに果実を食べるとよい |
| | イトバヤット島 | 関節痛 | 果実 | 果実をすりつぶし、ココナッツオイルとまぜ、それを痛い関節に塗ると痛みがとれる |
| | | 傷口 | 果実 | 果実をすりつぶして傷口に塗ると治る |
| ミクロネシア連邦ヤップ州（現地調査結果） | ヤップ諸島 | 駆虫 | 果実 | 食べるとお腹の虫がいなくなる、子供のお腹に虫がいたら食べさせるとよい |
| | | 頭痛 | 果実 | 果実をつぶして皿におき、少し離れたところから匂いをかぐとよい |
| | | 鼻水 | 果実 | 果実を食べると鼻の通りがよくなる |
| ミクロネシア連邦チューク州（Yamamoto 2012） | ウェノ島 | 眼病 | 果実 | たくさん食べると目にいいと聞く |
| | | 駆虫 | 果実 | 腹に虫（*nikanipun*）がいるとき、10個の果実を飲むと、虫を殺すことができる |
| | | 歯痛 | 果実 | 歯が痛い時に果実をつぶしてその部位につける |
| | | 眼病 | 葉 | 葉をたくさん食べると目にいいと聞く |
| | | 傷口 | 根 | 根を乾燥させ、ココナッツオイルにまぜると、いいスキンオイルになる、怪我したときに塗るとよい |
| | ロマヌム島 | 歯痛 | 種子 | 歯が痛い時に種子をその部分につめる |
| | ピスパネウ島 | 眼病 | 果実 | *manakini*（果実を酢につけた調味料）をたくさん食べていると、目が悪くならないという |
| ミクロネシア連邦ポンペイ州（Yamamoto 2011） | ポンペイ島 | 駆虫 | 果実 | 果実を食べると胃腸にいる虫を殺すことができる |
| | | 傷口 | 葉 | 葉を絞った汁をたらす、または葉を揉んで患部につけ、布でまくと傷がよくなる |
| | | 止血 | 葉 | 葉をもみ、傷におき、布でまくと止血できる |
| | | 耳垂れ | 葉 | 葉をつぶし、その汁を耳にいれて乾かすとよい |
| | | 難産 | 花 | ①花を5個とか10個とかまとめ、妊婦に食べさせる、②後産を促進するため、花を6つ集め、その女性の髪の毛一本でくくり、その女性に飲ませる |
| | モキール島 | 傷口 | 葉・蕾 | 若い葉（蕾も含む）をきざんでつぶし、ベイビーオイルを3滴たらして、それらを傷口におき、布でかぶせる |
| | ピンゲラップ島 | 関節痛 | 果実 | 関節が痛いときにたくさんたべるとよい |
| ミクロネシア連邦コスラエ州（Yamamoto 2013） | コスラエ島 | 下痢 | 果実 | 下痢の時に食べるとよい |
| | | 歯痛 | 種子 | 歯痛のとき、種子をその場所につめる |
| | | 傷口 | 葉 | 葉をつぶして、その汁を、傷やうちみにつけるとよい |

## 4　奄美群島以北の日本各地

次は奄美群島以北の日本における唐辛子の薬用例に着目したい。奄美群島の北に位置する三島村の竹島・硫黄島・黒島において、2016年に唐辛子の利用に関する調査を行ったが、残念ながら薬用の情報を得られなかった。また、種子島および屋久島に関しては、『西之表市百年史』、『中種子町郷土誌』、『増田の民俗誌』、『わたしたちの種子島　民俗編』、『南種子町郷土誌』、『屋久町郷土誌第一巻～第三巻』、『屋久島麦生の民俗誌 II』、『屋久町の民俗 II』に記載されている薬用植物を調査したが、唐辛子の薬用に関する記載は見つからなかった。ただし、『屋久町郷土誌第三巻』の安房村の項に「打ち身のとき、トイシ草とタマゴ・メリケンコ・焼酎・コショウなど七品をすり合わせて患部につける」とあった。この「コショウ」が文献からは胡椒なのか唐辛子なのか判別がつかなかったが、屋久島では唐辛子のことを「こーしょう」などと呼ぶ場合があるため、唐辛子である可能性も否めない。

『鹿児島民俗植物記』には「果は凍傷薬とする」(鹿児島県鹿児島市)、「寒中食べると、温まる」(島根県美濃郡)、「保温には粉末を袋に入れて靴に入れておけば足が温まる。殊に冬季雪降りの時がよい」(大阪府豊能郡)、そして『日本の食生活全集』には「とうがらし―湿布して痛みの熱をとる」(佐賀県)、「薬用作物として栽培されてきたものに、にんにくがある。これは風邪薬、精力増強剤として（中略）とうがらしも同様である」(福島県)、「しもやけのときは、お湯につけて温め、とうがらしをあてる」(北海道）という情報があった。奄美群島以北の地域では、「寒さ」と関係した用法が多くなる傾向がありそうだ。

## 5　さいごに

奄美群島における唐辛子の薬としての利用の特徴を周辺地域と比較してまとめてみたい。腹痛時に果実を丸のみにする、果実を食べるとよい、のような利用例は、アジア・オセアニアの幅広い地域で知られている（Yamamoto 2011)。唐辛子の辛味成分であるカプサイシン類には抗菌・鎮痛作用がある（岩井・渡辺 2000)。各地で下痢や歯痛に利用されているのも、科学知ではなく経験知によって唐辛子に抗菌・鎮痛作用があることを見出したのかもしれない。

唐辛子の果実を蒸留酒に漬けて薬とする事例は、奄美群島、沖縄県、台湾で確認された。中国では生薬を酒に漬けた薬酒が古くから利用されており、日本でも江戸時代の本草学の書籍に薬酒が散見される。唐辛子の果実を蒸留酒に漬けて薬として利用するのは、本草学の影響を受けている可能性がある。しかし、このような利用方法は奄美群島以北では現在のところ知られていないため、奄美群島以南から奄美群島へ伝わったのではないだろうか。上記のような利用方法について、中国南部などの大陸部における調査が待たれる。

腹痛時に唐辛子入りの卵焼きを食べるとよいという事例は、奄美群島と沖縄県のみで確認されたため、奄美･沖縄に固有ともいえる用法なのかもしれない。ただし、非常に用法が似ているため、片方の地域からもう一方の地域へ利用方法が伝わった可能性を考えておく必要があるだろう。

さて、本章であつかった唐辛子の薬用については、科学的に根拠があるのかないのか、まだわからないことが多い。例えば、私は唐辛子をたくさん食べると、次の日はおしりが「ホカホカ」するし、時にはお腹を下すこともある。薬と毒は表裏一体。もし何かを試す場合は、くれぐれもご注意ください。

## 注

（1）本章ではトウガラシ属（genus *Capsicum*）のすべての種を含めた総称として唐辛子を用いる。

（2）ゆずこしょうの「こしょう」は胡椒ではなく唐辛子のこと。日本における唐辛子の方言名については山本（2016）を参照。

（3）台湾原住民族とはオーストロネシア語族に属す人々で、幾度かにわたって東南アジア大陸部から海伝いに、あるいは大陸南部から直接台湾へ移動したと考えられている（山田 2015)。現在16民族（タイヤル、セデック、サイシヤット、サオ、タロコ、カバラン、サキザヤ、ツォウ、ブヌン、カナカナブ、サアロア、アミ、プユマ、ルカイ、パイワン、タオ）が台湾政府に認定されており、約50万人が山地部・平野部に居住している。日本では「先住民」という語彙が適切とされるが、現地の公称や少数民族の意見を尊重し、本章では「原住民族」を用いる。

（4）台湾以外の地域では、カンボジアで唐辛子の果実が蛇咬傷に用いられるほか（Yamamoto *et al.* 2011）、1765年に清で刊行された『本草綱目拾遺』に「毒蛇傷　辣茄を生で十一二箇を嚼む。…（中略）…或は嚼み爛らして傷口に敷く。やはり腫を消し痛を定める」（李ほか 1979）、そして明治15年（1882年）に刊行された『農業雑誌』の「蕃椒の説」に「蝮蛇に咬まれしときは蕃椒の粉末を酢に調和し塗り附くべし」とある（著者不明 1882）。

（5）唐辛子の葉を傷口や腫れ物、おできに用いる事例は、オセアニアの幅広い地域で知られている。もともとはナス属植物の葉を利用していたが、唐辛子がこの地域に伝播したあと、唐辛子の葉が利用されるようになったと考えられている（Whistler 1992）。

## 引用文献


伊仙町（1978）伊仙町誌．伊仙町，伊仙町

岩井和夫・渡辺達夫編（2000）トウガラシ　辛味の科学．幸書房，東京

川野誠治（1999）徳之島民俗語彙誌（十二）．徳之島郷土研究会報 24：8-27

李時珍著・鈴木真海訳・木村康一新註校定（1979）新註校定國譯本草綱目　第十四冊．春陽堂書店，東京

前田光康・野瀬弘美編（1989）沖縄民俗薬用動植物誌．ニライ社，那覇

内藤喬（1964）鹿児島民俗植物記．鹿児島民俗植物記刊行会，鹿児島

農山漁村文化協会（2000）CD-ROM版日本の食生活全集．農山漁村文化協会，東京

先田光演（1965）沖永良部島の民間治療法聞書．民俗研究 2：138-163

田畑満大（1979）徳之島における植物の利用．徳之島郷土研究会報 7：45-94

徳之島民俗研究学会（1962）徳之島民俗誌．奄美社

Whistler W.A. (1992) Polynesian Herbal Medicine. National Tropical Botanical Garden, Kauai

屋久町郷土誌編さん委員会編集（2003）屋久町郷土誌第三巻．屋久町教育委員会，屋久町

山悦子（2007）与論島薬草一覧．私家版

山田仁史（2015）首狩の宗教民族学．筑摩書房，東京

山本宗立（2009）台湾原住民のとうがらし文化—キダチトウガラシを中心にして—．台湾原住民研究 13：39-75

Yamamoto S. (2010) Use of *Capsicum* peppers in the Batanes Islands, Philippines. South Pacific Studies 31 (1): 43-56

Yamamoto S. (2011) Use of *Capsicum frutescens* in Pohnpei Island, Mokil Atoll, and Pingelap Atoll, Federated States of Micronesia. People and Culture in Oceania 27: 87-104

Yamamoto S. (2012) Use of *Capsicum frutescens* in Chuuk Atoll, Federated States of Micronesia. Tropical Agriculture and Development 56 (4): 151-158

Yamamoto S. (2013) Use of *Capsicum* on Kosrae Island, Federated States of Micronesia. South Pacific Studies 33 (2): 87-99

山本宗立（2016）薩南諸島の唐辛子—文化的側面に着目して—．高宮広土・河合渓・桑原季雄編，鹿児島の島々—文化と社会・産業・自然—，pp. 72-83，南方新社，鹿児島

Yamamoto S., Matsumoto T., Nawata E. (2011) *Capsicum* use in Cambodia: The continental region of Southeast Asia is not related to the dispersal route of *C. frutescens* in the Ryukyu Islands. Economic Botany 65 (1): 27-43

Yamamoto S., Nawata E. (2009) Use of *Capsicum frutescens* L. by the indigenous peoples of Taiwan and the Batanes Islands. Economic Botany 63: 43-59

著者不明（1882）蕃椒の説．農業雑誌 第170号：714-717

# 第16章

# 薩南諸島のイモ類
## ― ヤムイモとタロイモ ―

遠城道雄

## 1　はじめに

「イモ」と聞くと、多くの人がまず、サツマイモ（ヒルガオ科）やジャガイモ（ナス科）を思い浮かべるのが一般的ではないだろうか。実際に、薩南諸島ではサツマイモやジャガイモの栽培も多い。

サツマイモの祖先は南アメリカ大陸の熱帯地域に自生し、元来が暖かい地域で栽培される作物である。日本には、1600年代の初めに中国福建省から琉球を通じて薩摩に伝えられ、その後全国に広まっていった。鹿児島ではサツマイモのことをカライモ（唐芋）と呼び、それ以外の地域ではサツマイモ（薩摩芋）と呼ぶことが多いのは、この導入経路に由来している。

ジャガイモは中・南アメリカ大陸が原産であり、日本へは、1500年代の終わりから1600年代の初めにインドネシアのジャカトラから導入された。導入先の地名ジャカトラからジャガタライモと呼ばれ、ジャガイモという名前になったことは有名である。ジャガイモの生産量で思い浮かべる都道府県はどこかと訊かれれば、ほとんどの人が北海道と答えるであろう。では、２番目、３番目はどこであろうか？　あまり知られていないが、長崎県と鹿児島県がその地位を占めている。両県では温暖な気候を活かし、北海道の生産ができない、秋から春が栽培の適期であり生産が可能だからである。逆にこれらの地域は、夏は暑すぎて、ジャガイモ栽培には適さない。なお、サツマイモの生産量は、書くまでもなく鹿児島県が第１位であり、両イモ類は鹿児島県農業でも重要な位置づけとなっている。

ところで、薩南諸島で栽培されるイモ類は、実はこれだけではない。農業の生産統計にもあまり記載されないが、ヤムイモとタロイモがわずかであるが生産されている。著者は約20年近く、薩南諸島を含む、鹿児島から沖縄にかけて栽培されるヤムイモとタロイモの調査研究を行っており、近年、機能性成分の発見や薩南諸島の気候に適したイモとして特産化の可能性も認められるようになっている。そこで本章では、あまり知られていないヤムイモとタロイモについて紹介する。

## 2　ヤムイモ

### （1）はじめに

ヤムイモとはあまり聞き慣れない言葉であるが、ヤマノイモ科（Dioscoreaceae）ヤマノイモ属（*Dioscorea* spp.）に分類される作物の総称として用いられている。ヤム（Yam）とはこの作物を指す英語でそれに日本語のイモをつけたものである。日本では、主に山の中で生育する温帯原産のジネンジョ *D. japonica* や青森、北海道を主産地とする同じ温帯原産のナガイモ *D. polystachya* が知られている。しかし、これら温帯原産のヤムイモは、ヤムイモの分類上珍しいグループに属する。なぜなら、世界で栽培されるほとんどのヤムイモは熱帯を原産とするからである。したがって、熱帯に近い温暖な気候を持つ薩南諸島で栽培されるヤムイモもこの両種ではない。この地域で栽培されるヤムイモはダイジョ *D. alata* であり、東南アジアを起源とする。いつごろ導入されたかははっきりしないが、人々の交流の中で南方から伝わってきたことは間違いないであろう。

### （2）ダイジョとは

ダイジョは、アフリカ、東南アジア、中南米、太平洋島嶼の世界中の熱帯で広く栽培されるヤムイモである。ダイジョという名称は学問上このヤムイモを指す呼称（和名という）であり、一般的には知られておらず、奄美大島ではコウシャマンと呼ばれることが多い。また、南西諸島では、地域ごとで方言名が存在し、ボーウムやマーウムの「ウム」など同じ作物を示していると考えられる類似した語尾がつき、これも導入の経路を示す指標になるとされる。ただ、

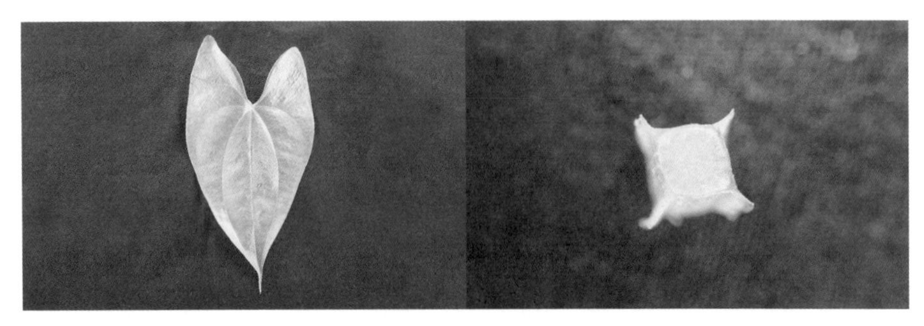

写真1　くさび型の特徴があるダイジョの葉　　写真2 四角いダイジョの茎断面（直径5mm ぐらい）

最近はヤマイモやツクネイモという呼び方が多くなっている。薩南諸島で栽培されるヤムイモは、ほぼ100％がダイジョであるといっても過言ではない。熱帯アジア原産であるダイジョは低温に弱いので、本来の栽培適地は屋久島が北限であると考えられる。あるヤムイモがダイジョかどうかを見分ける方法は簡単で、つる性で葉はクサビの形で、茎が四角いこと、その四角い角に羽のような突起がついていることである（写真1、2）。日本で栽培されるヤムイモには、このような茎の特徴は、ダイジョ以外見られないので、初めて見る人でも、容易に識別が可能であろう。一方で、イモの形は円柱形、卵形、尖頭形など様々であり、イモからではダイジョを識別することはできない。

残念ながら、大規模な栽培はほとんど見られず、家庭菜園程度が散見されるだけである。しかし、最近は、地域おこしの一環として特産化を目指す動きも出てきている。ダイジョのもう一つの特徴として、イモが紫色を呈する系統（以下、紫ダイジョと表記）の存在が挙げられる。

なお、ここで「系統」という言葉を用いたが、ダイジョは雌雄異株で、開花もほとんど見られないため、交雑されて育成された品種はほとんどないので、「系統」と呼ぶことを覚えていただきたい。

### （3）紫色のダイジョ

イモが紫色を呈するものはヤムイモの中でも珍しい。薩南諸島、とくに奄美大島では、紫ダイジョが多く栽培されている。紫ダイジョと言っても、イモ全体が紫色になる系統、スポット的に紫色が入る系統、中心部もしくは周辺（皮の近く）が紫色になる系統などがあり、さらに紫色の濃淡も様々で、しかも栽培条件でこれらは微妙に変化を起こしている。

なぜ、この地域では紫ダイジョが多く存在しているのであろうか。これは、紫ダイジョが儀式食として用いられていることに関係している。残念ながら、今はほとんど失われているようであるが、奄美大島、喜界島、徳之島、沖永良部島、与論島などでは、新年（旧正月の場合もある）の祝いの際に、紫ダイジョを紅白の紅に見立てて、料理や飾りつけに利用する習慣があった。紫ダイジョだけを飾る場合や、白い普通のダイジョとの両方で紅白とする場合もあった。

2000年に著者らが徳之島と沖永良部島で聞き取りを行った際は、「新年だけでなく、冠婚葬祭の冠婚祭の時は、紫と白のダイジョを、葬の時は白のみを持って行くことがあった。」との話も聞いている。

どのようにして、この習慣が形作られていったのかは、今となっては不明であるが、薩南諸島の気候に適した作物で紫（紅）色を呈するものがなかったことや、収穫期が12月から1月にあたり、新年の儀式に利用しやすいことが、その理由であったのかもしれない。

著者は1990年代から関東の大都市圏を中心に、紫ダイジョの販売を模索してきた。しかし、当時は、紫色の食べ物はナスぐらいしかなかったので、ごく一部、高級料亭で短冊切りにし、白いナガイモと併せて、紅白に見立てた料理程度にしか利用されなかった。しかし、最近はブルーベリーや紫のサツマイモなど、紫色はアントシアニンという機能性成分を持ち、体に良いとされて、人気を博し、利用が拡大している。また、著者らが奄美大島から収集したダイジョ紫系統には、抗菌物質が含まれることも明らかとなっており、紫ダイジョにおいても、食品加工の色素素材として、今後の利用に期待が持てる。

以上のように、薩南諸島では、ダイジョがその地域の文化、風習などと強く結びついていたことで、マイナーな作物と言えるダイジョでも様々な系統が、わずかではあるが栽培され続け、生き残ってきたことは間違いない。

次の（4）項では、ダイジョ利用の可能性について述べる。

### (4) ダイジョの利用

日本人がヤムイモを食する場合、最も多いのがすりおろして作るとろろや短冊切りにする調理方法で、いずれも生食でその割合はヤムイモ調理法の 80 ％を占めるとされる。世界の５つの主要イモ類であるジャガイモ、キャッサバ(タピオカ)、サツマイモ、ヤムイモ、タロイモ（後述する）の中で全く調理しないで生食可能なのはヤムイモ類の一部だけである。そして、それを生食しているのは世界中で日本人だけである。さらに言えば、とろろという調理方法は世界でも例を見ないとされる。ダイジョは熱帯地域から八重山諸島を経由し薩南諸島を北上したと考えられる。そのため、沖縄県では熱帯地域の料理法を継承し、少し前まで生食はせずに、蒸したり、茹でたりしていたようであり、加熱と生食の境界線はトカラと奄美群島の間との説も存在している。鹿児島の銘菓「かるかん」は山の中で採集されるジネンジョを主原料に米粉（うるち米）と砂糖を混ぜて製造され、その白さも商品価値の一つと考えられるが、最近は、紫色の「かるかん」も販売されている。しかし､紫かるかんの紫はほとんどが、紫色のサツマイモを利用している。前述のように、「かるかん」は温帯産ヤムイモのジネンジョが原料であるので、材料にはサツマイモではなく、せめて紫ダイジョを使ってほしいと願っている。

「かるかん」以外にもダイジョは菓子類の原材料として使われている。ただし、原材料名表示でダイジョと書かれてあっても誰も理解できないので、「ヤマイモ」と表示されることが多い。

著者らはこれまで、南西諸島で栽培されるダイジョを収集し、生理生態学的な多様性について調査をしてきたが、現在は、品質の特性についても調査を開始している。まだ、始めたばかりではあるが、薩南諸島のダイジョは、いくつかの機能性成分含量や粘りについて、系統間で大きく異なる特性を持つことが明らかになりつつある。さらに鹿児島県全体で栽培されているダイジョ系統を比較した場合、県本土と島嶼域での系統では生理生態や品質の特性が異なっていることも明らかになっており、島嶼という環境がダイジョという作物の多様性を促進しているのではと考えている。そして、この多様性が持つ意味は大きい。すなわち、ある系統は生食用やソバなどのつなぎとして、ある系統は加工用として、また紫系統は天然の着色料や機能性の付与として食品の価値を高めるためというように、異なる系統で異なる様々な利用方法が考えられるからである。

## 3　タロイモ

### （1）はじめに

タロイモとはサトイモ科 Araceae に属し、イモや葉柄などを利用する植物の総称である。日本で食用とされるタロイモはほとんどが、サトイモ属 *Colocasia* に分類され、サトイモと呼ばれている。サトイモの原産地はインド東部から東南アジアの湿地帯とされている。普通、サトイモは畑で栽培されているが、南西諸島では、水田で栽培されるタイモも多く見られ（写真3）、本項ではこのタイモについて紹介する。

### （2）タイモ

タイモは、水田で栽培されるサトイモである。以前は、国内の暖地でもこの方法での栽培が見られたようであるが、現在は、南西諸島の一部でみられるだけである。薩南諸島では、ターウム、タームジと呼ばれることが多い。タイモは親イモが大きくなるサトイモである。サツマイモを除いて、ジャガイモ、ヤムイモ、サトイモなどのイモ類の短所は、収穫したイモを次世代の種イモとして利用するため、食用部位と繁殖部位が重複してしまうことである。ヤムイモでは、実に収穫したイモの3割が次世代の種イモとなる。つまり、人にとって必要な食用部分が減ってしまうことになる。しかし、タイモの繁殖は、独特で、収穫し

写真３　湛水状態で栽培されるタイモ

写真4　植え付け前のタイモの苗

た際、先端にある茎と葉にイモの部分を少し付けて、いっしょに切り取り、これを苗として、イネの田植えのように、水田に植えこむ（写真4）。この方法では、収穫したイモはすべて、人が利用することができる。繁殖効率の低いイモ類を増やす方法としては、とても興味深い。一方で、タイモの栽培などに関する研究はほとんどなく、品種の違いなども明らかになっていない。これらは今後の課題である。

### （3）タイモの利用

タイモは茎とイモの両方を食用とする。タイモは粘着性が強く、サトイモよりもおいしいとされ、薩南諸島の一部では畑地のサトイモよりもタイモを重視する傾向があると言われる。イモの調理方法はいろいろと紹介されているが、儀礼に使われるときは、煮てからつぶして餅状にして提供されることが多いようである。

タイモもダイジョと同様に、正月の祝いや盆行事などの飾りとして利用され、食されているとの報告がある。儀礼、儀式に使われることが、現在まで栽培が継続されている要因のひとつになっていると考えられる。

## 4　まとめ

今回、ダイジョとタイモというあまり知られていないイモについて紹介した。このようなマイナーな作物であっても近年、機能性成分が含まれることが明らかになったものもあり、その重要性は高まっていると感じている。これは、薩南諸島に住む人々が長きにわたって大切にこれらの作物を育ててきてくださったからに他ならない。作物、植物など生き物は一度消滅してしまえば、現代科学でも復活させることは容易ではない。残念ながら、薩南諸島の作物も野生生物も消滅の危機に瀕している。

南西諸島から熱帯地域にかけて作物や野生植物研究の第一人者であった鹿児島大学名誉教授の故堀田満先生は、「薩摩藩の時代から栽培されてきた作物は、いずれも九州南部から南西諸島に存在する貴重な遺伝資源であるが、研究もされないままに消え去りつつある。栽培植物も人の系譜も、そして地域固有に見える文化の伝統も、地域的な規模でのヒトの移動と交流の中で受容され、育てられてきたものである。」と述べられている。私たちは、この地域で栽培される在来作物の重要性を再度十分に認識し、保存と研究、そして利用に取り組んでいくべきである。

## 参考文献

荒木卓哉（2013）タロイモ．今井勝・平沢正編．作物学．pp. 129-132．文永堂出版，東京

淺海英記・杉本秀樹（2017）サトイモ．岩間和人編．イモ類の栽培と利用．pp. 159-182．朝倉書店，東京

堀田満（1996）「いも」の栽培文化とその起源．植物の世界 114: 190-192. 朝日新聞社，東京

堀田満（2003）九州南部から南西諸島の自然環境と人々の暮らし―交流と重層と隔離の歴史．人環フォーラム 13: 40-45

吉成直樹・庄武慶子（1997）日本における熱帯系根菜農耕文化の展開に関する文化地理的考察．高知大学学術報告 46: 125-148

吉成直樹・庄武慶子（2000）南西諸島における基層根菜農耕文化の諸相．沖縄文化研究 26: 235-310

# 第17章
# 薩南諸島のカンキツ

山本雅史

## 1　世界と日本のカンキツ

カンキツ（柑橘）はミカン科ミカン亜科真正カンキツ類に属する亜熱帯性の常緑果樹であり、北緯40度から南緯40度までの地域で主に栽培されている。統計上生産量の最も多い果樹で、中華人民共和国、ブラジルおよびアメリカ合衆国が主要な生産国である。現在は世界中で栽培されているが、起源地はインドのアッサムから中国の雲南地方にかけての地域と考えられている。従って、現在世界中に分布しているカンキツは人の手によって伝播したものである。主な経路は、ヒマラヤ山脈南麓から中央アジアを経てヨーロッパに向かう西方への伝播と中国や東南アジアに向かう東方への伝播である。アメリカ大陸にはコロンブスの新大陸への到着以降に伝えられた。

現在、生産の多いカンキツは、スイートオレンジ（*Citrus sinensis*）、グレープフルーツ（*C. paradisi*）、マンダリン（ミカン）（*C. reticulata*）およびレモン（*C. limon*）であるが、DNA分析による研究によって、カンキツの起源種はシトロン（*C. medica*）、ブンタン（文旦）（*C. maxima*）、マンダリンおよびパペダ（*C. macroptera* 等）であることが解明されている（Tshering Penjor *et al*. 2016）。すなわち、多くの主要カンキツは偶発実生（自然交雑によって発生した種子由来の植物）として発生した雑種である。ちなみに、スイートオレンジはブンタンとマンダリン、グレープフルーツはブンタンとスイートオレンジ、レモンはサワーオレンジ（ダイダイ（橙、代々））（*C. aurantium*）とシトロンとの雑種である（Tshering Penjor *et al*. 2016）。

我が国でもカンキツは最も生産量の多い果樹である。主産地は関東地方から西の温暖地および暖地である。日本もカンキツの起源地からは離れているため、現在栽培されているほとんどのカンキツは海外から導入されたもの（例：

キシュウミカン（紀州ミカン））（*C. kinokuni*）、海外導入種間の偶発実生（例：ウンシュウミカン（温州ミカン））（*C. unshiu*）および計画的育成品種（例：'不知火'）である。最も古いカンキツ導入の記録は、垂仁天皇（BC20 年～ AD70 年）の命を受け田道間守（たじまもり）が、常世国（とこよのくに）から橘（タチバナ）を導入したという古事記および日本書紀の記述である。このタチバナは現在タチバナと呼ばれる日本固有のカンキツとは異なるものと考えられるが、それが何であったかは未解明のままである。また、最近 DNA 分析によってウンシュウミカンがキシュウミカンとクネンボ（九年母）（*C. nobilis*）（共に導入種）との組み合わせで発生したことが解明された（Fujii *et al*. 2016；Shimizu *et al*. 2016）。

前述の通り、我が国のほとんどのカンキツは導入種由来であるが、ごく一部ながら有史以前に我が国に自生していたカンキツが存在する。それがタチバナ（*C. tachibana*）およびシィクワーサー（*C. depressa*）である。タチバナは三重、高知、宮崎等の太平洋沿岸地域が主要な自生地である。その分布域は黒潮の流れと一致しており、両者に何らかの関係があった可能性もある。沖縄でタニブターと呼ばれるカンキツは、タチバナの一種と考えられており（稲福（寺本）ほか 2010）、台湾での自生の記録もある（田中 1931）。薩南諸島においては奄美大島で自生タチバナが発見されているが、その特性に関する情報は不明である。また、著者の奄美大島での調査においては、タチバナと呼ばれるものがあったが、果実形態からはシィクワーサーと考えられた。一方、シィクワーサーは南西諸島から台湾まで広く分布しており、薩南諸島もその例外でなく、様々な情報が得られている。従って、本章においてはタチバナに関する記述はこれだけにとどめ、これからは原生種のシィクワーサー、導入種、これらを基に発生した偶発実生および現在の栽培状況を紹介し、今後の展望についても考えてみたい。

## 2　薩南諸島の自生種であるシィクワーサー

シィクワーサーは小果のマンダリンで *C. depressa* の一般名であるが、沖縄における呼称でもある（図 1）。薩南諸島では奄美群島に分布しており、徳之島ではヤマクニンまたはシークニン、沖永良部島ではシークリブおよび与論島

図1　シィクワーサー

ではキンカンと呼ばれている（表1）。沖縄では系統分化が確認され、固有の系統名（例：大宜見クガニー、イシクニブ等）が付されているが、奄美群島では各島で呼称は異なるものの島内において系統名をつけることはなかったようである。しかし、これは各島内のシィクワーサーに多様性が無いことを示すものではない。実際に、奄美群島間および島内でのシィクワーサーに多様性があることはDNA分析によって明らかにされている（Yamamoto *et al.* 2017）。

シィクワーサーの特徴の一つは種内多様性が極めて高いことである。奄美群島内の多様性は前述したが、沖縄のものを加えるとさらに多様性は高くなる（Yamamoto *et al.* 2017）。種内における多様性は自生種の特徴であり、交雑が種内分化に関与していることを示している。これは、種内分化が突然変異によるスイートオレンジやウンシュウミカンと異なる点である。種内の多様性は高いもののシィクワーサー全体としては、もう一方の日本自生種であるタチバナとは遺伝的に明確に区別できる（Yamamoto *et al.* 2017）。また、果実形態の類似する中国原産のスンキ（*C. sunki*）ともDNA分析によって区別可能である（Yamamoto *et al.* 2017）。

さらにシィクワーサーの遺伝的特徴としては、葉緑体DNAに2種類のタイプが存在することである。一方は日本自生のタチバナと同じタイプであり、もう一方は中国原産のスンキおよびインド原産のクレオパトラ（*C. reshni*）と同じである（表2）。この葉緑体DNAのタイプは核DNAの近縁性とも関係している（Yamamoto *et al.* 2017）。奄美群島ではスンキおよびクレオパトラと同じタイプが優勢であるが、タチバナタイプも存在する。母系由来の葉緑体DNAに2種類あることは、シィクワーサーが単一の祖先を由来とするものでなく、複数起源の可能性を示唆するものである。シィクワーサーの起源や分化につい

表 1　薩南諸島の在来カンキツ

| 一般名 | 学名 | 分布 | 呼称 | 起源 |
|---|---|---|---|---|
| シィクワーサー | *Citrus depressa* Hayata | 奄美大島 | タチバナ，シィクワーサー | 自生 |
| | | 加計呂麻島 | シィクワーサー | |
| | | 徳之島 | シークニン，ヤマクニン | |
| | | 沖永良部島 | シークリブ | |
| | | 与論島 | キンカン | |
| クネンボ | *C. nobilis* Lour. | 黒島 | キネーブ | 導入 |
| | | 奄美大島 | トークネブ | |
| | | 加計呂麻島 | トークネブ | |
| | | 喜界島 | トークー | |
| | | 徳之島 | トークニン | |
| | | 沖永良部島 | トークリブ | |
| | | 与論島 | トークニブ | |
| ダイダイ | *C. aurantium* L. | 薩南諸島全体 | ダイダイ | 導入 |
| | | 喜界島 | アッコー | |
| ブンタン | *C. maxima* (Burm.) Merr. | 加計呂麻島 | ボンタン | 導入 |
| | | 喜界島 | ボンタン | |
| 大紅ミカン | *C. tangerina* hort. ex Tanaka | 黒島 | 赤ミカン | 導入 |
| | | 奄美大島 | 赤ミカン | |
| シトロン | *C. medica* L. | 黒島 | ユリミカン | 導入 |
| 島ミカン | *C* . sp. | 黒島 | 黒島ミカン | 恐らく導入 |
| | | 屋久島 | 黒島ミカン | |
| | | 種子島 | 黒島ミカン | |
| | | 奄美大島 | 島ミカン | |
| | | 加計呂麻島 | 島ミカン，スミミカン | |
| | | 徳之島 | チナゼクニン | |
| キシュウミカン | *C. kinokuni* hort. ex Tanaka | 喜界島 | ウスカワ | 導入 |
| カーブチー | *C. keraji* hort. ex Tanaka | 中之島 | ショウコウ | 偶発実生 |
| | | 奄美大島 | 喜界ミカン（キャーミカン） | |
| | | 加計呂麻島 | 喜界ミカン（キャーミカン） | |
| | | 与路島 | 喜界ミカン（キャーミカン） | |
| | | 喜界島 | クリハー | |
| | | 徳之島 | ナツクニン | |
| | | 沖永良部島 | カボチャ | |
| | | 与論島 | イラブオートー | |
| ケラジミカン | *C. keraji* hort. ex Tanaka | 喜界島 | ケラジミカン | 偶発実生 |
| オートー | *C. oto* hort. ex Yu. Tanaka | 沖永良部島 | クルシマ | 偶発実生 |
| | | 与論島 | ユンヌオートー | |
| ロクガツミカン | *C. rokugatsu* hort. ex Yu. Tanaka | 黒島 | シリトンガリ | 偶発実生 |
| | | 加計呂麻島 | 呼称不明 | |
| | | 与路島 | クーブトゥー | |
| | | 喜界島 | フスー | |
| | | 徳之島 | 島ミカン | |
| | | 沖永良部島 | フスークリブ，トゥンゲ | |
| | | 与論島 | イシカタ | |
| — | *C* . sp. | 奄美大島 | クサ，クサラ，クサクネブ | |
| | | 加計呂麻島 | クサ，クサラ，クサクネブ | |
| | | 与路島 | クサ，クサラ，クサクネブ | |
| | | 喜界島 | シークー | |
| | | 徳之島 | トゥヌゲクニン | |
| — | *C* . sp. | 黒島 | コズミカン | 偶発実生 |
| | | 屋久島 | コズ | |
| | | 種子島 | コズ | |

ては不明な点が多く、今後のさらなる研究が必要である。

表2　各種カンキツ類の葉緑体 DNA のタイプ

| タイプ | 種類 |
|---|---|
| 1 | パペダ, シトロン, ブンタン, ライム, レモン, グレープフルーツ, スイートオレンジ, ダイダイ, クネンボ, カーブチー, ケラジミカン, オートー, ロクガツミカン |
| 2 | カシーパペダ |
| 3 | イーチャンパペダ, ユズ |
| 4 | タチバナ, 一部のシィクワーサー |
| 5 | 一部のシィクワーサー, スンキ, クレオパトラ, シークー類 |
| 6 | ウンシュウミカン, ポンカン, キシュウミカン, クレメンティン, 島ミカン |

Yamamoto ほか(2011; 2013; 2017)を修正

## 3　薩南諸島の導入種および偶発実生由来種

前述の通り、垂仁天皇（BC20年～ AD70年）の命を受け田道間守（たじまもり）が常世国（とこよのくに）で非時香果（ときじくのかぐのこのみ）を持ち帰ったというのが最も古いカンキツ導入の記録である。種々の記録によると、その後も様々なカンキツが我が国に導入され、珍重されていたようである。特に南方系のカンキツの導入においては、琉球から薩南諸島を経るルートが重要であり、薩南諸島を含む南西諸島のカンキツの種類も豊富になっていった。これら導入種では現在クネンボが最も広く分布している。クネンボはベトナムが原産のスイートオレンジとマンダリン（ミカン）との交雑種で、比較的大果で特有の香りを備えるカンキツである（図2)。薩南諸島においても三島から奄美群島までのほとんどの島で栽培されている。経済的栽培はされていないものの、庭先果樹として現

図2　クネンボ

地での人気は高い。ダイダイ（*C. aurantium*）も導入種である。これはインド原産のブンタンとマンダリンとの交雑種であり、正月の飾りや香酸カンキツとして用いられる。これも庭先果樹として薩南諸島のほとんどの島で確認できる。ブンタン（*C. maxima*）および大紅ミカン（*C. tangerina*）も導入種である。前者はボンタン、後者は赤ミカンと呼ばれている。両者ともそれほど果実品質が優れないこともあって、その栽培は減少を続けている。奄美大島で島ミカンと呼ばれるカンキツは、桜島コミカン（キシュウミカン）（*C. kinokuni*）と果実形質は類似しているが、香りや種子の形質が異なる別種である。これは薩南諸島に広く分布し、黒島ミカンと呼ぶ島も多い（図3）。これらのDNA分析を行ったところ、いずれも区別できず同種類のものが広範に分布していることが分かった（山本 未発表）。形態的特性等から中国由来の導入種と考えられるが、原品種は特定されていない。一方、喜界島のウスカワは形態的特性やDNA分析の結果からキシュウミカンのようである。他の島ではキシュウミカンは確認されておらず、導入経緯に興味が持たれる。キシュウミカンは中国の南豊蜜橘と同じもので（北島ほか 2009）、古くに我が国に導入された。まず九州に導入された可能性が高いので、そこから喜界島に伝わったのかもしれない。日本でシトロン（*C. medica*）遺伝資源を認めることはほとんどないが、黒島のユリミカンの形態的特性はシトロンと同一であった。筆者の南西諸島の在来カンキツの調査で発見した唯一のシトロンである。これについては今後研究する必要がある。

図3　黒島ミカン（島ミカン）

現在、薩南諸島における主要カンキツであるポンカンおよびタンカンも導入種である（永井 1980）。ポンカンは1896年に台湾から鹿児島に導入されたが定着しなかった。その後、1924年に鹿児島県農事試験場が苗木を屋久島等に配布し、民間主導でも栽培が始まり、各地でその栽培が広がった。主要品種の‘吉田ポンカン'は台湾の員林地方で品質の優れているポンカンを母樹として繁殖されたものである。'薩州'は'F－2428系ポンカン'を親として鹿児島県果樹試験場が開発した品種で、1997年に発表された。タンカンは1897年に導入されたが、その際は普及せず、1929年に鹿児島県柑橘研究場に導入されたことから栽培が開始された。'垂水1号'は1964年に導入された大果品種である。

ポンカンおよびタンカンは明治時代以降の導入であり、薩南諸島の在来カンキツの発生には影響を及ぼしていないが、それ以前の導入種は自生種であるシィクワーサーとの間で自然交雑し、それらの雑種である偶発実生が発生した。これらは薩南諸島だけに存在する貴重なカンキツ遺伝資源である。これらの発生には特にクネンボとダイダイが大きく関与している。形態的特性からカーブチー類（*C. keraji*）およびオートー類（*C. oto*）の発生へのクネンボの関与が推察されてきたが、これはDNA分析によっても支持された（山本ほか 2010b; Yamamoto *et al.* 2011）。また、アイソザイム（酵素）の分析によってシィクワーサーが発生に関与したことも解明された（Yamamoto *et al.* 2011）。カーブチー類は薩南諸島に広く分布しており、その呼称は各島で異なっている（図4）。このことから、その発生および栽培が古いことが推察できる。ただし、カーブチー類は薩南諸島だけに分布するのではなく、南西諸島全域で確認され、沖縄本島での栽培が多い。各地のカーブチー類には大きな差異が認められないことから、原木から栄養繁殖（クローン増殖）（一部のカンキツには多胚性という性質があり、この場合、実生（種子から発生した植物）は交雑胚由来ではなく珠心胚（母親と同じ遺伝子構成）由来となることが多い。カーブチー類も多胚性である）で各島に広がっていたと考えられる。残念ながらその起源地は判明していない。オートーの分布は奄美群島南部と沖縄に限られている。各島への伝播経緯はカーブチーと同様であると考えられる。最も発生過程が解明されているのは喜界島のケラジミカン（花良治ミカン）（*C. keraji*）である。

図4　喜界ミカン（カーブチー）

これは18世紀末に喜界島の花良治集落で発生した（郡山 1964)。発生過程には諸説あるが、両親はDNA分析等で解明された（山本ほか 2010a；2010b)。母親（種子親）がクネンボ、父親（花粉親）が喜界ミカン（カーブチー）である。発生が最近であること、無核性（タネ無し）のため実生繁殖が困難であることなどから、喜界島以外の島に伝播することは無かったようである。

ダイダイとシィクワーサーとの交雑種と推定されるのがロクガツミカン（*C. rokugatsu*）およびシークー、クサ、トゥヌゲクニン（以下シークー類）である。前者は九州を含めて薩南諸島に広く分布するが、後者は奄美群島北部のみで認められる。両者は遺伝的に近いものの、母性遺伝する葉緑体DNAが明確に異なることから（表2)、各々独立した種類と考えられる。形態的にはダイダイに近いが、アイソザイム遺伝子にはシィクワーサーの影響が認められる（Yamamoto *et al.* 2011)。

以上の導入種および偶発実生由来種については表1にまとめた。

## 4　在来カンキツの果実特性

薩南諸島の在来カンキツのほとんどは果実中の種子が多いが、ケラジミカンは無核性であり、商品性は高い（図5)。この無核性は強い雌性不稔性（受粉しても種子が形成されない)、自家不和合性（自家受粉では受精しない：種子ができない）および単為結果性（無核性の果実が肥大・結実する）によることが明らかにされている（Yamamoto *et al.* 2002)。さらにケラジミカンは早生ウンシュウと同程度に減酸が早い（山本ほか 2005)。早生ウンシュウはカンキツ全体の中では極めて早生（減酸が早い）であるので、無核性と併せてケラジミカンは優れた特性を備える貴重なカンキツ遺伝資源である。

図5　ケラジミカン

カンキツ類は機能性成分（健康維持・増進に有効な成分）の供給源としても

表3　喜界島における喜界ミカンおよびシィクワーサー果実に含まれるポリメトキシフラボノイド

| 種類 | 調査日（月/日/年） | ポリメトキシフラボノイド 果汁 (pg/mL) | 果皮 (pg/g) |
|---|---|---|---|
| 喜界ミカン | 07/01/04 | 6.4 | 4,283.8 |
| (*Citrus keraji*) | 07/30/04 | 20.0 | 5,501.0 |
| | 09/17/04 | 20.6 | 3,584.7 |
| | 10/27/04 | 12.1 | 2,833.4 |
| | 12/08/04 | 1.9 | 2,628.0 |
| シィクワーサー | 07/01/04 | 14.9 | 5,146.0 |
| (*C. depressa*) | 07/30/04 | 11.2 | 6,005.2 |
| | 09/17/04 | 17.6 | 4,699.8 |
| | 10/27/04 | 9.9 | 3,523.4 |
| | 12/08/04 | 0.9 | 2,848.3 |
| 対照 | | | |
| 宮川早生 (*C. unshiu*) | 10/27/04 | 2.0 | 369.7 |

山本ほか(2008)を修正

重要である。南西諸島のカンキツではシィクワーサーに多量に含有されるポリメトキシフラボノイドが注目されている。この成分はカンキツ特有で種々の生活習慣病だけでなく、アルツハイマー認知症にも効果があることが報告されている（Kawai *et al*. 1999；Miyata *et al*. 2008；Lee *et al*. 2010；Nady *et al*. 2017）。筆者らの研究で（山本ほか 2008）、喜界ミカン（カーブチー）果実に本成分が高含有されていることが明らかとなった（表3）。その後の研究で島ミカン類やウスカワも本成分を高含有していることがわかった。また、薩南諸島の主要カンキツであるポンカンおよびタンカン果実にも本成分は多量に含まれている（山本 未発表）。このように、薩南諸島のカンキツはポリメトキシフラボノイドの供給源として極めて有望である。

カンキツは種類ごとに香りが異なり、これも商品性に大きく関わる性質である。薩南諸島の在来カンキツには香りに特徴のあるものが多く存在する。クネンボが特有の香りを備えるため、その後代であるケラジミカン等の香りも特徴が強い。薩南諸島の在来カンキツが地元で愛される理由の一つがこの各カンキツ固有の香りである。ここでは、最近注目されている香りを備えるカンキツを紹介する。シークー類（図6）がベルガモット（*C. bergamia*）に似た香りであることは以前から指摘されていた。ベルガモットは17世紀からヨーロッパで香料生産のために栽培されているカンキツである。主に果皮から抽出した精油は食品香料やアロマテラピーに用いられる。食品香料としてはアールグレイ紅茶が有名である。ベルガモットとシークーの香気成分を比較したところ（寺本ほか 2017)、主要香気成分は酢酸リナリル、リナロールおよびリモネンであり、その組成が類似していた。DNA 分析の結果から、両者に直接の遺伝的関係は無く、シークー類が奄美群島北部の固有遺伝資源であることが確認されている。

図6　シークー

## 5　薩南諸島で栽培されるカンキツ

薩南諸島におけるカンキツ類の生産面積は表 4 に示した。現在、薩南諸島で経済的に最も重要なカンキツはタンカンである（図 7)。タンカンは亜熱帯性カンキツのため、薩南諸島の気候に適していると考えられる。栽培面積が多いだけでなく鹿児島県全体に対する栽培面積比率も高い。屋久島および奄美大島で栽培が多く、徳之島がそれに続く。薩南諸島での栽培が多いこともあって、鹿児島県の栽培面積および生産量は日本一である。主要カンキツの栽培面積の低下が続く中、果実の商品性が高いため栽培面積は比較的安定している。ポンカンの栽培は屋久島が中心である。永年、鹿児

図7　垂水 1 号（タンカン）

表４　薩南諸島におけるカンキツ類の栽培面積（ha）（2015 年）

| 種類 | 三島村 | 十島村 | 種子島 | 屋久島 | 奄美大島 | 喜界島 | 徳之島 | 沖永良部島 | 与論島 | 鹿児島県全体 |
|---|---|---|---|---|---|---|---|---|---|---|
| ウンシュウミカン | 0.0 | 0.0 | 0.3 | 0.0 | 1.4 | 0.0 | 1.3 | 0.0 | 0.0 | 922.7 |
| ポンカン | 0.0 | 0.1 | 25.5 | 115.0 | 40.4 | 0.0 | 6.3 | 0.0 | 0.0 | 482.0 |
| タンカン | 0.0 | 0.2 | 25.7 | 230.0 | 212.4 | 15.0 | 76.4 | 1.4 | 0.0 | 672.3 |
| 不知火 | 0.0 | 0.0 | 0.0 | 0.0 | 0.5 | 0.0 | 0.1 | 0.0 | 0.0 | 177.1 |
| キンカン | 0.0 | 0.0 | 0.0 | 0.0 | 1.2 | 0.0 | 0.1 | 0.0 | 0.0 | 62.9 |
| ハッサク | 0.0 | 0.0 | 0.0 | 0.0 | 0.4 | 0.0 | 0.0 | 0.0 | 0.0 | 3.0 |
| 黒島ミカン | 1.0 | 0.0 | 0.0 | 0.0 | 0.0 | 0.0 | 0.0 | 0.0 | 0.0 | 2.0 |
| ケラジミカン | 0.0 | 0.0 | 0.0 | 0.0 | 0.0 | 0.7 | 0.0 | 0.0 | 0.0 | 0.7 |
| シィクワーサー | 0.0 | 0.0 | 0.0 | 0.0 | 0.0 | 0.0 | 2.5 | 0.0 | 0.0 | 2.5 |
| 津之輝 | − | − | − | − | 6.0 | − | − | − | − | 8.1 |

果樹生産統計（平成27年度実績）（鹿児島県農政部農産園芸課 2017）を修正

島県の栽培面積が日本一であったが、その減少が止まらず、現在では愛媛県の栽培面積の方が鹿児島よりも広い。屋久島はポンカンおよびタンカン生産が島の重要な産業であるため、鹿児島県内では最も早く 1997 年に非破壊選果機（果実を破壊することなく内部品質（糖度や酸含量等）を測定する選果機）が導入された。

本土の主要カンキツであるウンシュウミカン等温帯性カンキツは、薩南諸島ではごく小規模でしか栽培されていない。一般に、他の主要産地に比べると新品種導入のスピードは遅いが、‘津之輝’は奄美大島で他の地域に先駆けて導入が進んでおり、今後の普及の動向が注目される。

在来カンキツで統計資料に掲載されているものは、三島村の黒島ミカン（シマミカン）、喜界島のケラジミカンおよび徳之島のヤマクニン・シークニン（シィクワーサー）のみである。他は小規模園地および庭先果樹として散在しているため、統計資料には掲載されていないが、クネンボやカーブチー類等は自家消費等で一定の人気がある。

## 6　おわりに

以上のように、薩南諸島の在来カンキツは日本および世界の他の地域には存在しないものが多く、極めて貴重な遺伝資源である。しかし、近年ゴマダラカミキリやカンキツグリーニング病等の樹体の枯死を招く致命的な病害虫が拡大しつつある（図8）（坂巻・尾川 2017；津田 2017）。さらに、社会の発展に伴い、カンキツ樹にとっての環境の悪化も起こっている。また、在来果樹に代わり収益性の高い果樹、マンゴーやパッションフルーツ、カンキツではタンカンが栽培されることもある。そのため、経済栽培品種を除くカンキツ類は減少の一途をたどっている。在来カンキツは各島において先人が栽培を続けてきた結果、現在まで引き継がれてきたものであり、文化的な側面も持つものである。従って、これらが絶滅しないように保護・保存する必要がある。しかし、文化財的に保存するのではなく、島の生活の中で利用されつつ保存されることが望ましい。

図8　カンキツグリーニング病で枯死したカンキツ樹（与論島）

一方、近年在来カンキツを見直す機運もある。前述のように、薩南諸島の在来カンキツには特有の香りを備え、機能性が高いものが多いので、それを積極的に活用する動きである。実際に小規模ながらいくつかの島においては在来カンキツを用いた商品が開発されている（図9）。これらは他の地域では生産が不可能な商品であることから、単なる商品ではなく島の魅力の発信という意味も持つ。

図9　在来カンキツを用いた加工品（喜界島）

また、亜熱帯性で高温を好むタンカンのようなカンキツでは、九州や四国の主要産地よりも薩南諸島で高品質果実の生産が可能である。今後は、各島の環境条件に適した経済栽培品種と在来カンキツをバランスよく栽培することで、島のカンキツ産業を発展させつつ、貴重な遺伝資源を保存するだけでなく有効に利用することも可能になると考えらえる。

## 引用文献


Fujii H, Ohta D, Nonaka K, Katayose Y, Matsumoto T, Endo T, Yoshioka T, Omura M, Shimada T (2016) Parental diagnosis of satsuma mandarin (*Citrus unshiu* Marc.) revealed by nuclear and cytoplasmic markers. Breeding Science 66: 683–691

鹿児島県農政部農産園芸課（2017）果樹生産統計資料（平成27年産実績）

Kawai S, Tomono Y, Katase E, Ogawa K, Yano M (1999) Antiproliferative activity of flavonoids on several cancer cell lines. Bioscience Biotechnology Biochemistry 63: 896-899

北島宣・羽生剛・山崎安津・清水徳朗・楊暁伶・鐘廣炎・徐建国・山本雅史・札埜隆志・安部良樹・喜多正幸・根角博久・宇都宮直樹・米森敬三（2009）中国および日本における在来カンキツの類縁関係．園芸学研究8別2: 379

郡山元正（1964）花良治蜜柑由来記．花良治蜜柑振興会，鹿児島．

Lee YS, Cha BY, Saito K, Yamakawa H, Choi SS, Yamaguchi K, Yonezawa T, Teruya T, Nagai K, Woo JT (2010) Nobiletin improves hyperglycemia and insulin resistance in obese diabetic ob/ob mice. Biochemical Pharmacology 79: 1674-1683

Miyata Y, Sato T, Imada K, Dobashi A, Yano M, Ito A (2008) A citrus polymethoxyflavonoid, nobiletin, is a novel MEK inhibitor that exhibits antitumor metastasis in human fibrosarcoma HT-1080 cells. Biochemical and Biophysical Research Communications 366: 168-173

Nady B, Sahar B, Solomon H, Touqeer A, Maria D, Seyed NM, Eduardo S, Seyed FN (2017) Neuroprotective effects of citrus fruit-derived flavonoids, nobiletin and tangeretin in alzheimer's and parkinson's disease. CNS & Neurological Disorders - Drug Targets 16: 387-397

永井芳雄（1980）熱帯果樹の導入と育種について．熱帯農業 24: 81-89

坂巻祥孝・尾川宜広（2017）奄美群島へのカンキツグリーニング病の侵入と喜界島での根絶事例．鹿児島大学生物多様性研究会編、奄美群島の外来生物　生態系・

健康・農林水産業への脅威、pp. 165-181. 南方新社、鹿児島

Shimizu T, Kitajima A, Nonaka K, Yoshioka T, Ohta S, Goto S, Toyoda A, Fujiyama A, Mochizuki T, Nagasaki H, Kaminuma E, Nakamura Y (2016) Hybrid origins of citrus varieties inferred from DNA marker analysis of nuclear and organelle genomes. PLOS ONE doi: 10.1371/journal.pone.0166969

田中長三郎（1931）臺灣に於けるタチバナの發見と其の學術的竝に産業的意義．柑橘研究 5: 1-20

寺本さゆり・二宮隆徳・山本雅史（2017）喜界島（鹿児島県）在来カンキツ‘シークー’（*Citrus* sp.）のベルガモット様香気成分の特徴およびその遺伝的背景．園芸学研究 16: 239-248

寺本（稲福）さゆり・山本雅史・金城秀安・北島宣・和田浩二・川満芳信（2010）沖縄本島北部のカンキツ遺伝資源およびそのポリメトキシフラボン含量．園芸学研究 9: 263-271

Tshering Penjor, Mimura T, Kotoda N, Matsumoto R, Nagano AJ, Honjo MN, Kudoh H, Yamamoto M, Nagano Y (2016) RAD-Seq analysis of typical and minor *Citrus* accessions, including Bhutanese varieties. Breeding Science 66: 797-807

津田勝男（2017）薩南諸島のゴマダラカミキリ類と農業被害．鹿児島大学生物多様性研究会編、奄美群島の外来生物　生態系・健康・農林水産業への脅威、pp. 18-35. 南方新社、鹿児島

山本雅史・福田麻由子・古賀孝徳・久保達也・冨永茂人（2010a）喜界島（鹿児島県）の在来カンキツであるケラジミカン（*Citrus keraji*）の来歴の検討．園芸学研究 9: 7-12

Yamamoto M, Kouno R, Nakagawa T, Usui T, Kubo T, Tominaga S (2011) Isozyme and DNA analyses of local *Citrus* germplasm on Amami Islands, Japan. Journal of the Japanese Society for Horticultural Science 80: 268-275

山本雅史・河野留美子・上野景子・橋本文雄・小橋謙史・松本亮司・吉岡輝高・冨永茂人（2005）ケラジ（*Citrus keraji*）における果実品質の時期別変化とそれらの相互関係．熱帯農業 49: 280-287

Yamamoto M, Takakura A, Tanabe A, Teramoto S, Kita M (2017) Diversity of *Citrus depressa* Hayata (Shiikuwasha) revealed by DNA analysis. Genetic Resources and

Crop Evolution 64: 805-814

Yamamoto M, Tominaga S (2002) Relationship between seedlessness of Keraji (*Citrus keraji*) and female sterility and self-incompatibility. Journal of the Japanese Society for Horticultural Science 71: 183-186

Yamamoto M, Tsuchimochi Y, Ninomiya T, Koga T, Kitajima A, Yamasaki A, Inafuku-Teramoto S, Yang X, Yang X, Zhong G, Nasir N, Kubo T, Tominaga S (2013) Diversity of chloroplast DNA in various mandarins (*Citrus* spp.) and other citrus demonstrated by CAPS analysis. Journal of the Japanese Society for Horticultural Science 82: 106-113

山本雅史・山崎安津・清水徳朗・北島宣・久保達也・冨永茂人（2010b）奄美諸島在来カンキツ類のSSR分析．園芸学研究 9 別 2: 86

# 第 18 章

# 人による植物の利用

## ― 熱帯果樹 ―

冨永茂人

鹿児島県は南北に 600 km の距離があり、南北 600 km のうち 500 km が島嶼部である。奄美群島は北緯 28 度 22 分より以南の約 200 km の範囲にあり、秋冬季が温暖であること、台湾との交流が盛んな沖縄県のすぐ北にあることから、明治以降多くの熱帯・亜熱帯果樹が導入・試作され、中には奄美群島の特産果樹として一定の栽培面積が維持されている果樹もある。ここでは、奄美群島における熱帯・亜熱帯果樹の導入・試作の歴史から現在の生産状況について詳細に述べる。また、熱帯原産の落葉性の果樹であるスモモの‘ガラリ（花螺李）’についても、経済栽培は奄美群島に限定されるので、紹介する。

下の表 1 は平成 26 年度の熱帯・亜熱帯果樹およびスモモの生産について示したものである。

表 1　鹿児島県における熱帯・亜熱帯果樹の生産状況（平成 26 年）
（果樹生産統計資料、鹿児島県農政部）

| | 栽培面積(ha)<br>生産量(ton) | マンゴー | パッションフルーツ | バナナ | パパイヤ | ピタヤ | アテモヤ | ライチ | グアバ | ゴレンシ | パイナップル | スモモ（ガラリ） |
|---|---|---|---|---|---|---|---|---|---|---|---|---|
| 鹿児島県 | 面積（県計） | 65.3 | 38.2 | 22.7 | 16.8 | 10.0 | 3.0 | 2.1 | 0.8 | 0.1 | 2.3 | 73.6 |
| | 生産量 | 445.8 | 260.1 | 71.9 | 26.1 | 33.8 | 5.3 | 8.2 | 3.5 | 1.0 | 9.8 | 217.7 |
| 奄美群島 | 面積（奄美） | 45.1 | 24.2 | 15.5 | 16.4 | 8.5 | 2.3 | 0.0 | 0.7 | 0.0 | 2.1 | 66.9 |
| | 面積比/県（%） | 69.1 | 63.4 | 68.3 | 97.6 | 85.0 | 76.7 | 0.0 | 87.5 | 0.0 | 91.3 | 90.9 |

## 1　マンゴー（*Mangifera indica* L.）

ウルシ科マンゴー属の果樹で、原産地はインドからインドシナ半島周辺であり、完熟果実は独特の芳香で「果物の女王」といわれる。果皮色が緑、黄、橙、赤などおおよそ 1000 品種があるといわれている。未熟果実の果皮と果肉や成熟果実の果皮にはマンゴールと呼ばれるかぶれ物質が含まれている。我が国へは明治時代に東南アジアから導入され、本土では温室栽培、奄美大島では露地栽培されてきたが、樹体が深根性の直立大木であり、我が国の多雨条件下では結実の確保が困難である上に、果実の障害や裂果、病害の発生が多いことなどから栽培は点在するのみであった。大正から昭和初期には、台湾やフィリピンから台湾在来種やカラバオ種が奄美大島や指宿に繰り返し導入されたが、上記のような理由でなかなか定着しなかった（宇都 1980）。

昭和 40 年代になると、フロリダで選抜された赤色系・早生品種（アップルマンゴー）の‘アーウイン（Irwin）’が導入され、日本人の嗜好に合うことから「国産完熟マンゴー」として施設栽培が広がり、我が国で栽培されているマンゴーの 90 % 以上を占めている。しかし、‘アーウイン’はフロリダで開催されている「マンゴーフェスティバル」の評価では中程度の品質とされ、炭疽病に弱く、ヤニ果の発生も多く、作りにくい。小花数 2000 ～ 2 万の複総状花序を付け、生育適温は 24 ～ 30℃、最低気温は 5℃以下にならないことが経済栽培では重要であるが、花芽分化は 20 ～ 22℃以下の気温で促進されることから、我が国の加温施設栽培では気温が低い北の地域から開花・結実する。奄美群島などの島嶼部では開花が遅く、収穫時期も遅い場合が多い。

写真１　奄美大島におけるマンゴー栽培 ( 奄美市）

我が国のマンゴー栽培は平成 26 年には 440 ha、生産量は 3327 トンであり、栽培面積は沖縄県＞宮崎県＞鹿児島県の順、生産量は宮崎県＞沖縄県＞鹿児島県の順である。鹿児島県の栽培面積は 65.3 ha であるが、その 69 % は奄美地域である（表１）。奄美群島では和泊町＞天城町＞知名町＞奄美市＞喜界町＞伊仙町＞龍郷町＞与論町＞宇検村＞徳之島町とほとんどの市町村で栽培が行われている。奄美群島でのマンゴー栽培は秋冬季が温暖なことから加温施設栽培は皆無であり、無加温施設栽培が主体である（写真1）。

## 2　パッションフルーツ（*Passiflora edulis* Sims）

南米原産のトケイソウ科トケイソウ属のつる性果樹で約750種を含む。花弁は5枚、その内側に多くの副花冠、さらにその内側に5本の雄蘂、1個の雌蘂を付け、花柱は3本に分かれている。そのような花の形状が時計に似ていることからトケイソウと呼ばれる。ムラサキクダモノトケイウソウ（*Passiflora edulis* Sims、写真2）は、我が国には明治中期頃に、鹿児島県には大正末期に導入された。戦後に経済栽培が始まり、昭和35～43年（1960～68）頃には鹿児島県内でおおよそ50～60 haの栽培面積があった。栽培面積が最も多かったのは指宿地域であり、次いで奄美大島、屋久島、種子島の順であった。奄美大島では名瀬市芦花部で昭和33年（1958）から栽培が始まったが、昭和38年1～2月の極東大寒波被害に加え、果汁の消費が伸びず、さらにウイルス病、フザリウム病や線虫の被害も発生し、栽培は激減し、ジュース工場も相次いで倒産した（宇都 1980）。この頃のパッションフルーツの品種は純系のムラサキクダモノトケイソウであり、香りが良く、果実品質も良好であったが、果実が小さく（40～50 g）、このことも自家用栽培の域を出ない要因であった。

昭和50年代になると、果実が大きい（平均130 g以上）交雑種（ムラサキクダモノトケイソウ *P.edulis* ×キイロトケイソウ *P.edulis* f. *fravicarpa*）が育成・導入され、栽培は増加に転じた。交雑種としては複数の系統が導入されたが、昭和54年に鹿児島県農業試験場大島支場に導入された種子島の農林水産省九州沖縄農業試験場作物第二部温暖地作物研究室の育成系統が'サマークイーン'

写真2　パッションフルーツの果実と花

写真３　奄美大島におけるパッションフルーツ栽培（奄美市）

として、昭和57年に台湾から導入された系統が'ルビースター'として普及・栽培され、現在に至っている（熊本・迫田 1988)。一方、純系のムラサキクダモノトケイソウはほとんど見られなくなった。ムラサキクダモノトケイソウは自家和合性、キイロトケイソウは自家不和合性であり、交雑種は自家和合性であるが、結実率を上げ収穫量を確保するために人工授粉をする場合が多い。

全国の栽培面積（62.5 ha）のうち、鹿児島県が栽培面積（38.2 ha)、生産量（260.1トン）とも60％以上を占めている。鹿児島県内の生産を見ると、栽培面積、生産量とも奄美大島が60％以上である（表１)。奄美大島では大島本島での栽培が主体で、奄美市＞瀬戸内町＞龍郷町＞宇検村＞天城町＞知名町の順である。

パッションフルーツ果実は芳香があり、やや酸が高いものの、独特の風味から、近年高値で取引されており、奄美群島の果樹の中でも作りやすく換金性の高い果樹である。一方、つる性の果樹であり、挿し木繁殖は容易で開花・結実も極めて早く、植え付け当年から収穫が可能であることから、最近、千葉県、神奈川県、岐阜県などでも青果用あるいは加工用として栽培されるようになっている。

パッションフルーツではウイルス病が大きな問題で、ウイルスフリーの樹から挿し木繁殖苗を２年に１回植え替える栽培方式が多くなっている、仕立て方も土地利用効率が悪い平棚仕立てから柵仕立てが採用されるようになり、さらに風雨の被害を避けるために無加温施設栽培が多くなっている。(写真３)。

## 3　バナナ（*Musa spp.*）

マレー原産の単子葉植物で、バショウ科バショウ属に属する果樹であり、大きな茎に見える部分は仮茎または偽茎と呼ばれ、柔らかい葉鞘が重なったもので、成長点は仮茎基部の短縮茎中心にあり、花茎は葉鞘内を伸長し、先端で開花・結実する。1本の仮茎に1個の花（果）房が付き、収穫後は葉鞘の横から吸枝（ひこばえ）が出て新しい葉鞘を形成する。

沖縄では、琉球王朝時代に中国から冊封使が来ていた頃の記録で、琉球の物品の記録中にバナナ（芭蕉）が見られることから、古くから栽培されていたらしい。近年「在来種」、「島バナナ」として沖縄で扱われているバナナは、「小笠原種」であり1888年に小笠原から栽培目的で導入されたものである。小笠原種の原産は小笠原ではなく、マレー半島であり、モンキーバナナと似ている。沖縄では数系統（品種）のバナナが栽培されているが、小笠原種が一番美味しいと思われる。

バナナの鹿児島県への導入の経緯は不明であるが、昭和30年代までは小笠原種の他、台湾バナナといわれる北蕉種や三尺バナナが奄美大島を中心に温暖で無霜地帯に散在していたと言われる。その後、現在にいたるまで奄美大島が鹿児島県のバナナ栽培の中心であるが、台風による被害が頻発し、大規模な経済栽培は見られず、小面積の栽培が散在しているだけである。一方、北蕉種はウイルス病の被害が大きく、自然淘汰された。昭和40年頃の鹿児島県全体では散在樹を含めて200 haの栽培面積があったようである（宇都 1980)。バナナは栄養成分がバランス良く含まれていることから、我が国のバナナ消費量は非常に多く、2014年には100万トンが輸入されている。輸入バナナは未熟な青バナナを低温とエチレン生成抑制で輸送することから、国産バナナに比べると味の点で劣る。一方、国産バナナは完熟直前まで樹上におけることから味は非常に優れるが、収穫後1週間もしないうちに果柄が落ちるなど日持ち性が極めて悪く、輸送ができないことから、現在、我が国のバナナ栽培は広がっていない。平成25年（2013）の我が国のバナナの栽培面積は32 ha、収穫量は132トンであるが、収穫量の55 %が鹿児島県産、44 %が沖縄県産である。鹿児島県の平成26年のバナナの栽培面積は22.7 haであり、徳之島町6.8 ha、十島村5.6 ha、奄美市4.5 ha、瀬戸内町4.2 haとなっている（写真４）。

写真４　奄美大島におけるバナナ栽培と市場出荷風景（奄美市）

## 4　パパイヤ（*Carica papaya* L.）

中央アメリカの原産で、パパイヤ科パパイヤ属の草本性果樹である。我が国への導入時期は定かでないが、奄美大島や屋久島等では大正時代からブラジル種、タイ種、台湾交雑種等、在来種化したものが半ば野生化したような状況で栽培されていた（宇都 1980）。その後、昭和40年（1965）頃からハワイのソロ種、台湾低脚種、スイカパパイヤ、ガーナ１号等固有の品種が導入され、品質が優れていたため栽培に希望が持たれた。しかし、昭和44年（1969）頃には与論島ではアブラムシ伝染性のウイルス病（パパイヤリングスポットウイル

写真5　奄美大島におけるパパイヤ栽培（徳之島町、右は野菜用パパイヤ、樋口真一氏提供）

ス PRSV）のために全滅状態になった。ウイルス病は島伝いに北上し、その後奄美群島ではパパイヤの経済栽培は不可能になった。しかし、野生（あるいは在来）の罹病パパイヤを除去し、無病の種子あるいは成長点培養苗を植え付けて簡易ハウスで栽培し、媒介昆虫のアブラムシの侵入を防ぎ、剪定用具の使い回しをしないことによってウイルス病の感染を防止できるので、無病苗を用いることによって完熟した果実を果物用として出荷する栽培が行われてきた。パパイヤは成長が極めて早く短期間でビニールハウスの天井まで届いてしまうことから、矮性のワンダー系や‘石垣珊瑚’（2006年、国際農林水産業研究センター〈JIRCAS〉が登録）などが育成された。その頃のパパイヤは完熟した果実を果物用として出荷する用途がほとんどであった。

沖縄では、従前から成熟前の青パパイヤを野菜用として利用してきた。青パパイヤにはパパインというタンパク分解酵素が多量に含まれ（完熟パパイヤにはゼロである）、健康に良いことから、近年では、沖縄県に続いて、奄美群島でも、野菜用の青パパイヤ（写真5、右）の生産が急速に増加している。特に、徳之島では平成26年に約9 haであった青パパイヤの栽培面積が急増している。奄美群島における青パパイヤの栽培品種は完熟・果物用と同じ‘ベニテング’‘レッドレディ’‘ワンダーフレアー’‘石垣珊瑚’が主体であるが、従前から分布している在来系も栽培されている。青果用の完熟パパイヤは果実の成熟・着色に日数を要することからビニールハウス栽培が主体であるが、野菜用の青パパイヤは成長が早く植え付けた年に収穫できることから露地栽培が基本であり（写真5、左）、台風被害（パパイヤは葉が広く、葉柄が長いために強風に極めて弱い）や在来系からのウイルス病伝染、病虫害防除が大きな問題となる。パパイヤの繁殖は種子、接ぎ木、挿し木で可能であるが、パパイヤで最も重要なウイルス病の伝染防止のために種子繁殖が多い。

種子繁殖した実生は雄株、雌株と両性株が出現し、圃場では開花するまで雌雄、両性の区別ができないことや放任すると交雑しやすく変異が出ることから、最近では成長点培養による大量増殖法も行われるようになった。成長点培養では形質は安定して受け継がれることから優良系統は培養で繁殖することが多い。パパイヤは草本性で頂芽が非常に優性に伸長し、腋芽は出にくく、花は葉腋に着生・結実し、ハウス栽培ではすぐに天井に着くことから、高木性の品種では株を横倒して斜めに伸長させる栽培方法がとられたり、矮性の品種が栽培されたりしている。また、太くなった株を途中で切除し、腋芽を発芽させ、数年栽培する方法などが行われるようになった。

## 5　ドラゴンフルーツ（ピタヤ、*Hylocereus costaricensis* (Weber) Beitt & Rose、*H. undatus*）

中米～南米原産の柱サボテンの一種で‘月下美人’の仲間であり、非常に作りやすい果樹である。「果皮と果肉」がそれぞれ、赤色・赤肉（*H. costaricensis*）、赤色・白肉（*H. undatus*）、赤色・ピンク肉などの品種がある。果皮にトゲが多い黄色・白肉は属が異なる。我が国には沖縄の農家が台湾から導入したものと考えられる。鹿児島県では徳之島に平成13年に導入されており、近隣の島々にも広がった。平成26年の栽培面積は奄美市が4.8 ha（写真6）、龍郷町で2.0 ha、天城町で1.7 haである。我が国での栽培が多い赤色・

写真６　奄美大島におけるドラゴンフルーツ（ピタヤ）のポット栽培（奄美市）

白肉種および赤色・赤肉種の両方とも果実糖度が低く、糖度の高い優良系統の育成や高品質果実生産のための栽培方法の確立が急務であるが、なかなかうまくいっていない。ピタヤは長日植物であり、冬季には生産しにくい。ピタヤが乾燥地帯で生育するサボテンの仲間であることから高品質果実の生産は難しく、ピタヤの栽培の急増は難しいものと思われる。なお、奄美群島におけるピタヤの栽培は露地栽培が主体であったが、最近では台風被害防止や開花・結実促進および果実品質向上を目的としてポット栽培も行われるようになっている。

## 6　アテモヤ（*Annona atemoya* hort.、*Annona squamosa* L. × *Annona cherimola Mill.*）

熱帯性気候に適したバンレイシ（釈迦頭）と暖温帯性気候に適したチェリモヤ（安定的な開花・結実にはやや低温が必要）を掛け合わせフロリダで育成された品種である。Atemoyaという名前はバンレイシ（釈迦頭）のブラジルでの呼び名アテ（Ate）とチェリモヤ（Cherimoya）のモヤから付けられた。甘味だけのバンレイシに比べて程よい酸味と芳香を兼ね備えているため、「森のアイスクリーム」とか「カスタードアップル」と呼ばれ、近年急に人気が出てきた果樹である。アテモヤは自家和合性の果樹であるが、雌蕊先熟性の雌雄異熟であり、安定的な結実を得るためには人工授粉を行うことが望ましい。しかし、奄美群島で最も栽培面積が多い与論島では人工授粉しなくても結実するという。アテモヤは夏季剪定を行っても、高温で花芽分化し、剪定後一斉発芽し、約35日後開花し、その後150日程度で成熟し、収穫可能である。収穫時は果実が固くデンプン含量が多いが、収穫後20～25℃の室温で追熟しデンプンが糖に分解され、糖度20度以上の甘い果実になる。

アテモヤの主産地は鹿児島県で、平成26年には与論町で1.3 ha（写真7）、徳之島町で1.0 haの栽培があり、先述のような上品で高い糖度であることから、奄美群島の特産化を目指して、徐々に増殖されている。アテモヤの外見はバンレイシ（釈迦頭）に似ているが、バンレイシは表面の凹凸がうろこ状に剥がれ易いのに比べて、アテモヤの皮は一枚に繋がっている。しかし、品種にもよる

写真７　奄美大島におけるアテモヤ栽培（与論町）

が、果皮がスムースなチェリモヤに比べて果面の凹凸は大きく、輸送中の傷の原因になりやすい。また、緑色の果皮は熟してもやや黄緑色に変化するだけであり、完熟期の判別が困難であることも欠点である。アテモヤの主要品種は、‘ジェフナー’‘ピンクスマンモス’‘アフリカンプライド’‘ヒラリーホワイト’などである。

## ７　パイナップル（*Ananas comosus* (L.) Merr.）

熱帯アメリカ（ブラジル南部、アルゼンチン北部、パラグアイにまたがる南緯15～30度、西経40～60度に囲まれた地域）原産のパイナップル科（*Bromeliaceae*）、アナナス属（*Ananas*）の植物である。主要栽培品種のスムースカイエン種は、台湾から沖縄県に明治元年頃に導入されたと言われる（宇都 1980）。沖縄県では戦後、石垣島で昭和21年（1946）から、沖縄本島で昭和27年（1952）から缶詰用のパイナップル（パイン）栽培が再開され、その後パイン生産は急増し、1960年にはサトウキビと並ぶ二大基幹作物として、沖縄の経済を支えるまでに成長したが、1990年のパイン缶詰の輸入自由化により沖縄のパイン産業は大打撃を受けた。

鹿児島県への導入は定かではないが、大正元～２年（1911～1912）に鹿児島高等農林学校長玉利喜造氏がマレーからサラワク種を導入し、中種子町の赤崎仁助氏に栽培を託し、その栽培は太平洋戦争後まで続いていたという記録がある。奄美大島では戦前から戦後にかけて、在来種が瀬戸内町を中心に栽培されていた模様であるが、どの程度の栽培面積があったのかは不明である（宇都

写真 8　奄美大島におけるパイナップル栽培（徳之島町）

1980）。

奄美大島が日本へ復帰した後の昭和 29 年～ 30 年（1954 ～ 1955）に台湾やフィリピンからスムースカイエン種が導入され、栽培が広まっていった。その後、昭和 36 年頃（1961）、パイン会社が沖縄からスムースカイエン種の優良系統を導入し、県の奨励もあって奄美本島や徳之島でパイン工場も設置され、栽培面積がおおよそ 100 ha に達し、パイナップル産業が大きく発展しそうにみえた。しかし、我が国では温暖な奄美群島であってもパイナップルの生育にとっては北限に近く、産業化は失敗した（宇都 1980）。

今日では、沖縄県では輸入パイナップルに比べて高糖・低酸で高品質な生食用の完熟生果パイン作りが主力となっており、沖縄県農業試験場で育成した'N 67 － 10'が主流品種であり、'ボゴール（スナックパイン）''ソフトタッチ（ピーチパイン・ミルクパイン）''ゴールドバレル（沖縄 8 号）'などが栽培されている。我が国のパイナップル生産量は 99.9 % が沖縄県であり、鹿児島県の平成 26 年度の栽培面積 2.3 ha、生産量は 9.8 トンであり、徳之島町で最も多い 1.2 ha、7.0 トンであったが、品種名ははっきりしない（写真 8）。

## 8　グアバ（バンジロウ、*Psidium guajava* L.）

フトモモ科グアバ属の植物で、メキシコからペルーおよびブラジルにかけての熱帯アメリカの原産である。独特の強い風味とビタミンC含量が高いことが特徴である。我が国への導入時期は明確でないが、明治中期以前には琉球列島に入ったとされ、奄美大島には大正初期には野生状態のものがあったといわれる。昭和22年（1947）には鹿児島高等農林学校卒業生がフィリピンから種子を持ち帰り、指宿に播き、これから洋梨型と赤肉型が発生し、これらの品質が良かったので、周辺に広がった（宇都 1980）。先述のように、奄美大島では野生化したものが散在していたとされるが、この果実をミカンコミバエが好む関係から一時淘汰された。一方、昭和49年（1974）には、鹿児島大学農学部の大畑教授と伊藤教授がグアバ果汁産業を目指して、世界各地から集めた中から大果でビタミンC含量が高い系統を奄美大島に導入した。しかし、グアバ果実はペクチン含量が高く、搾汁が困難であり、産業化には至らなかった。その後、それらの葉をお茶（蕃爽麗茶、グアバ茶）にする計画が持ち上がり、笠利町に加工場まで建設されたが、結局頓挫した。現在では、奄美市でグアバ茶用の栽培が散在するだけになっている。グアバ茶用の樹体は強靱で、放任状態でも良く結実するが、果実の利用はほとんどされていない（写真9）。むしろ、グアバ茶用の樹の落下果実を圃場内に放任することでミカンコミバエの寄生・繁殖が危惧され、果実の圃場からの除去が重要である。

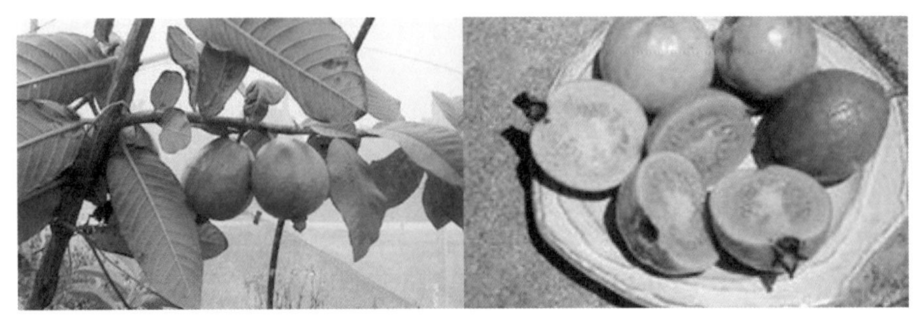

写真9　グアバの結実状況と果実

## 9　アボカド（*Persea americana* Mill.）

クスノキ科ワニナシ属の植物で、原産地は中央アメリカ（コロンビア、エクアドル）およびメキシコ南部とされ、世界的には栽培の歴史は古い。アボカドには、原産地が異なる3系統があり、系統によって果実の大きさや耐寒性が異なる。「メキシコ系」は耐寒性が強く（－6℃でやや被害を受ける)、開花は早くて6～8カ月で収穫可能な早生であるが小果である。「グアテマラ系」は耐寒性が中（－4.5℃で被害が大）程度で、小～中程度の果実である。「西インド諸島系」は耐寒性が弱く（－2.2℃で被害が大)、果実は中～大である。

アボカドは我が国には大正時代から昭和初期･戦後にかけて、鹿児島、愛媛、高知、和歌山県や静岡県南部に導入されたが、結実性や耐寒性や耐強風性等の問題から経済栽培は定着せずに、散在しているのみである。

アボカドは両性花であるが、雌雄異熟であり雌蕊が午前中に活動し、雄蕊が翌日の午後に活動するAタイプと雌蕊が午後に活動し、雄蕊が翌日午前に活動するBタイプとがあり､AタイプとBタイプの両品種を混植する必要がある。アボカドは脂質に富み、ビタミンEの含量が高いことから主にメキシコからハス種（グアテマラ系）を中心に輸入が急増している。そのため、我が国においても暖地を中心に再び栽培への期待感が増加している。ハス種は耐寒性が弱く、肉質もやや劣ることから、フェルテ（グアテマラ×メキシコ系)、ベーコン（メキシコ系)、ズタノ（メキシコ系実生)、ピンカートン（グアテマラ系)

写真10　奄美大島におけるアボカドの試作（奄美市）

などの肉質が良好な品種を耐寒性・耐病性の強いメキシコ系の品種（メキシコラなど）の実生台に接ぎ木した苗を植栽することが多い。奄美大島でも、近年露地栽培が試みられているが。結実まで6〜7年を要することからまだ十分な結実を確認できていない（写真10）。

## 10　ゴレンシ（スターフルーツ、*Averrhoa carambola* L.）

マレー半島の原産であり、ビタミンCを多量に含有するが、シュウ酸カルシウムの含有量も多く、未熟果実や品種によっては舌を刺すような味がする。輪切りにすると五角形の星形であり、和名は五歛子と記載される。この五角形がきれいであることからサラダなどに利用される。最近は糖度が高い品種も見つけられている。ゴレンシの開花期は初夏からである。異花柱性（長花柱花、短花柱花）であり、自家不和合性があると言われる。奄美大島での栽培はほとんどない。

## 11　ライチ（*Litchi chinensis* Sonn.）

中国南部の原産といわれ、玄宗皇帝妃の楊貴妃が好んだというので有名である。ライチの鹿児島県への導入は文化年間（1804〜1817）島津藩主の命により、津崎仁蔵氏が佐多町伊座敷に植えたのが始まりで、その後天保年間（1829〜1843）にも2本を植えたとされている（宇都 1980）。佐多町の島津藩旧薬草園には樹齢100年前後の大木もあり、うっそうと繁っている。ライチは導入以来徐々に佐多町内に広がっていたが、昭和40年代になって栽培面積は拡大した。その後、昭和47年（1972）頃から屋久島、種子島、奄美大島でも新植されたが、現在、奄美大島での栽培はほとんどない。

## 12　スモモ（ガラリ、花螺李、*Purunus salicina* Ehrh.）

スモモは、一般には熱帯・亜熱帯果樹としては扱われていないが、花螺李（ガラリ）は熱帯原産といわれ、台湾から導入され、奄美大島の特産品になって

写真11　奄美大島におけるスモモ（ガラリ）の栽培（大和村）

いる。平成26年の奄美大島の栽培面積は66.9 ha、生産量は156.8トンであり、大和村が37.0 ha、60.0トン、奄美市が22.8 ha、88.6トンとなっている。大和村の生産量が低いのは平成22年10月の奄美豪雨で山際にあるガラリ園が大被害を受け、その後、改植・新植がなされたためである。

本種の鹿児島県への導入は、昭和10年（1935）に名瀬にあった県立糖業講習所（現在の鹿児島県農業開発総合センター大島支場）の農林技師牧義森氏が台湾から苗木を導入し、翌年（昭和11年）当時の助手大山久義氏が自宅の畑に植えたのが本格的普及の始まりであり、これが昭和14年に初結実し、周辺に広まったと言われている（宇都 1980）。さらに、昭和20年代の中期から奄美大島本島から徳之島や沖永良部島などへも普及したが、奄美大島が日本復帰した昭和29年頃から消費が振るわず、価格が不安定になり栽培が伸び悩んだ。その後、日本各地に出荷が拡大し、一時は100 haまで栽培が拡大したが、先述の平成22年奄美豪雨後に減少し、現在では奄美市、大和村に加え、瀬戸内町、龍郷町の大島本島だけが栽培地として残っている（写真11）。

ガラリの果実は40 g程度と小ぶりである。完熟した果実は黒紫色の果皮と柔らかい果肉をしており、甘酸のバランスが良く美味しいが、吸蛾類などの被害が甚大で、一般的には果肉が固いうちに収穫するために、酸味が強く、生食よりは果実酒やシロップ漬けなどへの重要が多い。果実の大きさが加工用を含めた消費拡大の阻害要因になっており、大果系が発見され、栽培されるようになっている。

## 13　奄美群島における熱帯・亜熱帯果樹の将来

冒頭で述べたように、奄美群島は秋冬季が温暖であり、台湾・中国・東南アジアとの交流が古い沖縄県のすぐ北にあることから、昔から熱帯・亜熱帯果樹の導入・試作が行われ、特産果樹として一定の生産が行われているものも多い。また、近年の温暖化の中で、これまで以上に熱帯・亜熱帯果樹の産業化に期待がもたれるようになっている。しかし、果樹は累積的な成長を行う永年性作物であり、草本性のパッションフルーツやパパイヤなどを除いて、ひとたび植え付ければ開花・結実・収穫まで長い年数を要する。また、温暖化が進んでいる中では、豪雨、寒波など極端な気候変動現象も顕著になっている。そのような極端な気象変動に１回でも遭遇すると大きなダメージを受ける。従って、導入・試作から経済栽培を目指すには、適地適作と基本的な栽培管理を行うこと、大きなダメージを避ける栽培手法の採用、コストパフォーマンスを基本にした考え方が重要である。加えて、熱帯・亜熱帯果樹は我が国の消費者にとっては珍しい（新しい）食材であることから、生果・加工品など食べ方の普及も重要な要因となる。そのような点を十分考慮して、温暖な気象条件を活かすことができるような果樹の導入・栽培を望みたい。

### 引用文献

石畑清武（2002）日本に導入されている熱帯・亜熱帯果樹．熱帯農業 46（３）:202-212

熊本修・迫田和好（1988）パッションフルーツの鮮度保持技術．昭和 63 年度熱帯果樹の生産振興基礎調査事業（パッションフルーツ）．鹿児島県農業試験場大島支場．2-8

宇都文男（1980）熱帯果樹の導入と育種について．熱帯農業 24（２）: 81-89

米本仁巳（2011）我が国における熱帯・亜熱帯果樹栽培研究の現状と方向　第１部：世界の三大美果とマンゴー．熱帯農業研究 4（１）: 1-21

米本仁巳（2011）我が国における熱帯・亜熱帯果樹栽培研究の現状と方向　第２部：我が国で栽培されている主な熱帯果樹．熱帯農業研究 4（２）: 67-82

米本仁巳（2012）我が国における熱帯・亜熱帯果樹栽培研究の現状と方向　第3部：
我が国で栽培されているマイナーな熱帯果樹．熱帯農業研究5（1）：1-14

# 第19章
# 「生物多様性保全」を地方再生戦略に活かす

平　瑞樹

## 1　生態系サービスと自然災害

2010年10月、愛知県名古屋市で開催された生物多様性条約第10回締約国会議（COP10）を契機に、農山村地域での暮らしと自然のあり方、地域の自然資源や人的資源と地域らしさを見つめ直し、私たちが将来の地域のあり方を考え直す時代が到来したのではないか。多くの自然の恵みを享受していることを「生態系サービス」ともいい、私たちは生まれた時からその恩恵を受けながら生活している。2010年、私はスイスで長期研修の最中であった。国連が定める国際生物多様性年の年でもあり、様々なイベントがスイス国内で開催され、環境立国であるスイスやドイツでの情報を見聞し、自然と共存共栄している生活を目の当たりにし、環境との調和に配慮した公共事業や学問体系を身近に感じた（写真1）。

写真１　チューリッヒ（スイス）での生物多様性エクスカーション

日本に帰国後、2011年3月11日に大地震が発生、また津波に伴う被害と原発事故という複合災害が発生した。実は、これも自然がもたらす一面と言える。豊かな自然からの恵みをもたらす生態系サービスと人命や生活に必要な財産を奪う自然災害。二面性を持つ自然に対して、これからどのように向き合っていかなければならないのか？　地域で豊かに暮らす人々を含めて、取り組むべき課題は山積みである。人と自然が「対立」せずに、災害のリスクも含めて自然からの恩恵に感謝しながら日々を暮らす術(すべ)を知識として得ることで、次の世代に継承していくことが喫緊の課題である。

ここでは、これらの自然の基礎的情報となる地形や地質・地盤、さらに動物や植物などの生態系の位置情報を精度よく把握することのできるGIS（地理空間情報）の利活用について述べる。

## 2　位置取得のための最新技術

平成2016年10月11日に「みちびき4号」が打ち上げられ、順調に軌道にのった。この準天頂衛星とは、日本の真上を飛ぶ静止衛星のことである。従来、1978年に米国が打ち上げを始めたGPS（全地球測位システム）衛星を借用して、カーナビやスマートフォンなどの移動体通信の位置情報を取得していたが、日本版のGPS衛星を順次打ち上げ、軌道にのせることにより、メートル精度から数センチメートルのオーダー（約6 cm以下）で位置情報を取得できるようになる。農業面においては、精密農業（プレシジョンファーミング）でトラクターの位置制御自動運転やUAV（無人航空機）による農薬散布の飛行経路決定などにも利用が期待されている（写真2）。測位衛星を巡っては世界各国が開発にしのぎを削っている。

一国の衛星で全世界をカバーするには最低24基が必要とされるが、米国GPSが31基、ロシアのグロナスが27基を運用。中国の北斗が20基、欧州連合（EU）のガリレオが18基と続く。宇宙空間への進出を目指すどの国においても、「測位ビジネス」を世界規模で展開したいとの狙いがある。

写真2　徳之島でのサトウキビ農薬散布用ドローン

日本政府はみちびきの衛星個数を2023年度までに計7基に増やし、米国GPSに頼らない単独運用を目指しているが、これらの衛星も常に日本の上空にいるわけではない。みちびき1､2､4号機は､静止軌道を40～50度傾けた楕円軌道に配置し、日本上空を3基が交代でカバーするように操作される。衛星の軌跡を地上に投影すると､日本とオーストラリアの地上を8の字を描くように配置されている。みちびき3基が順番に日本上空に位置することから準天頂衛星と言われる。現在のGPSの精度は約10 mの誤差があるが、みちびきは約6 cm以下。誤差は100分の1以下と高精度であり、専用の受信機があれば位置情報のサービスを受けることができるため、様々なビジネスに利用可能である。

## 3　生物多様性の保全に地理空間情報を活用

現在、各自治体がつくる生物多様性地域戦略は、自然環境の保全に代表される環境政策に加え、地域の産業や経済、まちづくりなど多様な政策に関わる総合的な計画である。したがって、得られる成果は自然環境の保全はもとより、地域経済の発展や地域固有の歴史・文化の醸成を含むまちづくり計画に活かされる。戦略づくりでは、多様な主体が参加し連携して事業を進めることができるような「しくみづくり」がポイントとなる。地域住民やNPOなどの活動団体、地域内の中小企業や各種学校、商店街など、多様な市民が地域戦略づくりに関わることで、一見埋もれた地域の資源を再発見し、発掘することができる。その結果、その土地固有の技術が進歩し地域の経済が発展するなど、新たな社会的価値を見出すことができる。

実行の牽引役となる自治体の指導も問われる。生物多様性の要素は、環境、農林水産業、商工業、建設業等あらゆる分野にまたがることから、多様な部署の参加と連携が必然的に求められる。横断的な組織連携のなかで、それぞれの得意分野を組み合わせながら計画を実施してこそ、地域の総合的な課題解決が効果的に図られる。また、自治体だけではなく、自治体間の連携という手法も提案できる。稀少な植物や動物は、森林や河川、農用地など一定の面積の自然環境を生息域とするが、こうした自然環境は行政界を跨いだ領域で存在する場合がほとんどである。したがって、野生動物の保全管理や人との共生を図ろうとする場合、生息環境を共有している自治体間で考えられる課題を共有し、連携して統一した対策をとることが、最も効果的な課題解決となる。また、自治体の流域を跨ぐ災害時も同様で、非難や災害支援を近隣の自治体に要請した方が得策な場合もあり得る。

近年、日本経済は成熟期を迎え、人々の価値観は大きく変化しようとしている。繁栄した時代の価値観では社会は成立せず、多様な価値観を許容しようという動きもある。地域においても、過疎・高齢化、混住化などそこに住む人とともに昔とは異なる考え方にシフトせざるを得ない。生物多様性の保全は、こうした時代だからこそ有効な考え方ではないかと思われる。なぜなら、生物多様性の保全の根底には、新しく何かを造るのではなく、本来備わっていた要素や昔あった価値観を掘り起こし、時代に合った形に修正し再生するという考え方がある。

様々な植物や動物、人間の活動する地域の情報と位置情報（G 空間情報）を GIS（地理情報システム）というツールを使って、ディスプレイ上で「見える化」することで、新たな価値を地域の方々に気付いてもらえることに貢献できる。さらに、地域で何かをしたいと思っている人が行動できるような意思決定支援ツールとして利用し、様々な地域の制度づくりに生物多様性の保全が重要であることをわかりやすく説明できる。

## 4　空間情報の作成と地理情報システムの活用紹介

ここでは、生物多様性保全のための GIS ツールを活用した研究事例を紹介する。国の機関などから取得が可能な環境データを元に、様々な植物群生や希少動物の分布から最も重要な位置と判断される領域を客観的にゾーニングしたものである（口絵xiiページ参照）。なお、奄美大島や徳之島の世界自然遺産登録候補地決定よりも前の研究であり、現在の世界自然遺産登録場所のゾーニングとは異なることに注意されたい。

一方、2015 年は、日本におけるドローン元年と言われ、誰でも比較的簡単にドローンを入手できるようになったため、最新の空撮から三次元データ（基盤図）を簡単に作成できるようになった。

これまで、GIS に用いる地図作成には、時間とコストが必要であったが、

写真3　奄美大島住用のマングローブ林

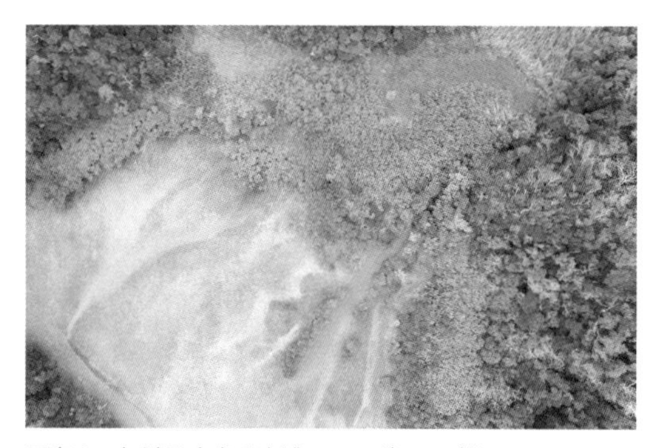
写真4　加計呂麻島呑之浦のマングローブ林

UAVやレーザープロファイラ技術のように精度を求められる地形データ、それに対して、ドローン（マルチコプター）のような安価で操作が簡単な空中写真データなど利用目的に応じたG空間情報の収集も可能となった。加えて、米国の報告書によると今後のUAV市場においては、80％が農業分野で占められると予想されているが、これらの最新の機器を利用した生物情報のデータベース化が今後も進展していくものと思われる。

現在、鹿児島県奄美大島の住用地区のマングローブ林(写真3)、加計呂麻島呑之浦湾に存在しているマングローブ林（写真4）のドローンによる空撮を行い、その拡大と地形の関連性について解析を進めている。ドローンによる空撮画像には、飛行高度により、撮影する画像の進行方向の間隔（オーバーラップ）や飛行する列ごとの重ね合わせ（サイドラップ）が合成画像の精度に関係してくるため、数回の空撮から合成写真を作成し、最適な飛行経路の検討を行った（図1、図2)。撮影された地形解析からは、マングローブ林の生長に必要な堆砂の関連性を評価できたら他の地域でも植生分布に関する知見を得ることができるため、定着のポテンシャルを評価することができる。さらに、マルチスペクトルカメラを用いた正規化植生指標（NDVI）の評価手法を援用することで、植生モニタリングからマングローブ林のさらなる拡大の可能性などを検討することが可能である。

最後に、GISは、位置と情報を併せ持ち、植物群の生態系に関する大量データの処理が可能である。さらに、ドローンなどによる空撮合成写真や人工衛星画像と重ね合わせて表示できることから、視覚的にも容易に理解でき、ストリートビューなどの車載カメラと位置情報技術の援用から観光面での利用も期待され、エコツアーなどのバーチャルリアリティ探索にも有望なICT（情報通信技術）ツールである。地方創生や地域再生が叫ばれる昨今、生物多様性地域戦略の議論においても、GISがコミュニケーション言語の役割を担ってくれる。

図1 ドローンによる呑之浦マングローブ林の合成画像

図2 ドローンによる住用マングローブ林の合成画像

## 参考文献

環境省（2017）http://www.env.go.jp/nature/biodic/lbsap.html

寺田仁志・大屋哲・前田芳久（2010）加計呂麻島呑之浦のマングローブ林について．鹿児島県立博物館研究報告（第29号）：29-50

日本自然保護協会（2012）日本自然保護協会資料集（第49号）生物多様性地域戦略ガイドブック：1-6

## ■ 執筆者紹介（50音順）

**相場慎一郎（あいば　しんいちろう）**
1969 年、東京都生まれ。現在、鹿児島大学理工学域理学系准教授。専門は植物生態学。北海道大学大学院地球環境科学研究科修了。著書に『森林生態学』（編著）（2011 年、共立出版）など。

**井村隆介（いむら　りゅうすけ）**
1964 年、大阪府生まれ。鹿児島大学理工学域理学系准教授。専門は地質学。東京都立大学大学院博士課程修了。博士（理学）。通産省地質調査所（現・産業技術総合研究所）を経て 96 年から鹿児島大学に勤務。国交省 TEC ドクター、屋久島世界史自然遺産地域科学委員会委員などを務める。著書に『鹿児島環境学 I/II/III』(2009 年、2010 年、2011 年、南方新社)、『日本の火山ウォーキングガイド』（2016 年、丸善）など。いずれも分担執筆。

**尾方隆幸（おがた　たかゆき）**
1973 年、東京都生まれ。琉球大学教育学部准教授。専門は地球科学（地形学・水文学）。筑波大学大学院博士課程修了。博士（理学）。著書に『科学大辞典 第 2 版』（2005 年、丸善）、『図説日本の山―自然が素晴らしい山 50 選―』（2012 年、朝倉書店）、『自然ツーリズム学』（2015 年、朝倉書店）、『シリーズ大地の公園―九州・沖縄のジオパーク―』（2016 年、古今書院）など。いずれも分担執筆。

**落合雪野（おちあい　ゆきの）**
1967 年、静岡県生まれ。現在、龍谷大学農学部教授。専門は民族植物学、東南アジア研究。京都大学大学院農学研究家博士後期課程修了。著書に『ものとくらしの植物誌―東南アジア大陸部から』（2014 年、臨川書店、共編著）、『国境と少数民族』（2014 年、めこん、編著）、『ラオス農山村地域研究』（2008 年、めこん、共編著）など。

**遠城道雄（おんじょう　みちお）**
1958 年、神奈川県生まれ。現在、鹿児島大学農水産獣医学域農学系教授。専門は熱帯農学。鹿児島大学大学院農学研究科修了。著書に『鹿児島の島々』分担執筆（2016 年、南方新社）など。

**可知直毅（かち　なおき）**
1953 年、神奈川県生まれ。現在、首都大学東京理工学研究科教授。専門は植物生態学、島嶼保全生態学。小笠原をフィールドとして、侵略的外来生物の生態系影響と生態系保全の研究に重点をおいている。東京大学大学院理学系研究科修士課程修了。環境庁国立公害研究所（現：環境省国立環境研究所）研究員、東京都立大学助教授、教授を経て 2005 年より現職。共著書に『植物生態学』（2004 年、浅倉書店）、『世界遺産の自然の恵み』（2013 年、文一総合出版）など。

**川西基博（かわにし　もとひろ）**
1976 年、香川県生まれ。鹿児島大学法文教育学域教育学系准教授。博士（学術）・横浜国立大学。専門は植物生態学・植生学。著書に「荒川の植生」（2011 年『流域環境を科学する』古今書院）、「奄美大島の河川に成立する植物群落の生態と多様性」（2016 年『奄美群島の生物多様性』南方新社）など。

**鈴木英治（すずき　えいじ）**
1953年、静岡県生まれ。現在、鹿児島大学理工学域理学系教授、同学グローバルセンター長兼務。専門は植物生態学。大阪市立大学理学研究科退学。著書に『植物はなぜ 5000 年も生きるのか』（2002年、講談社）、「生物多様性と保全　奄美群島を例に（上下）」（2016年、編著）など。

**竹井恵美子（たけい　えみこ）**
1955 年、東京都生まれ。現在、大阪学院大学国際学部教授。博士（農学）。専門は民族植物学。食文化研究。京都大学大学院農学研究科単位取得満期退学。編著『食とジェンダー』（2000 年、ドメス出版）、「タイワンアブラススキの民族植物学」（2013 年『栽培植物の自然史 II』北海道大学出版会）、論文「台湾原住民のシコクビエ：その歴史と現在のブヌンの栽培事例」（2011 年、台湾原住民研究 15:112-125）など。

**高宮広土（たかみや　ひろと）**
1959 年、沖縄県生まれ。鹿児島大学国際島嶼教育研究センター教授。Ph.D. in Anthropology, University of California, Los Angeles。専門は先史人類学。著書に『琉球列島先史・原史時代における環境と文化の変遷に関する実証的研究　研究論文集（共編）』（2014 年、六一書房）など。

**田畑満大（たばた　みつたけ）**
1935 年、鹿児島県大島郡天城町岡前生まれ。奄美市文化財保護審議委員、奄美の自然を考える会顧問、環境省レッドリスト奄美群島地域主任調査委員。主な研究テーマは奄美群島の植物相。著書に『天城町誌』「自然編」（1978 年、天城町）、『奄美の自然』「徳之島の植物」（1996 年、鹿児島県立博物館）、『龍郷町シマ（集落）遺産調査報告書』「屋敷林、アタリの植物と利用」（2016 年）、『宇検村誌』「自然、通史編」（2017 年、宇検村）など。いずれも分担執筆。

**寺内方克（てらうち　たかよし）**
1965 年、栃木県生まれ。現在、農研機構中央農業研究センター産学連携室長。専門はサトウキビの栽培・育種。北海道大学大学院農学研究科修士課程修了。博士（農学）。国際農林水産業研究センター、農林水産省、北海道大学、九州沖縄農業研究センターを経て、2016 年より現職。種子島で開発したサトウキビ品種に『Ni27』（さとうきび農林 27 号）や『黒海道』、『しまのうしえ』など。

**寺田仁志（てらだ　じんし）**
1953 年、屋久島生まれ。文化庁文化財部調査員。鹿児島大学・近畿大学非常勤講師。専門は植物生態学、植生学。元鹿児島県立博物館主任学芸主事、鹿児島県埋蔵文化財センター所長。広島大学理学部化学科卒業。著書に『日々を彩る　一木一草』（2004 年、南方新社）、共著・編集『川の生きもの図鑑』（2002 年、南方新社）など。

**冨永茂人（とみなが　しげと）**

1949年、鹿児島県生まれ。現在、鹿児島大学かごしまCOCセンター特任教授。専門は果樹園芸学。鹿児島大学大学院農学研究科(修士課程)修了。農林水産省四国農業試験場、果樹試験場興津支場、鹿児島大学農学部講師、同助教授、同教授を経て、2015 年 4 月から現職。著書に『柑橘類』(2015 年「果樹園芸学」p.23-58、文永堂出版)、「鹿児島県島嶼域の農業－屋久島と奄美群島の果樹産業を中心にして－」(2016 年『鹿児島の島々－文化と社会・産業・自然－』p.157-167、南方新社)、『Agriculture in the Islands of Kagoshima－Special Reference to Fruit Production in the Yakushima and Amami Island－』（2013 年「The Islands of Kagoshima」KURCPI）など。

**平　瑞樹（ひら　みずき）**

1964年、鹿児島県生まれ。鹿児島大学農水産獣医学域農学系助教。専門は農業土木学・農村計画学。鹿児島大学大学院農学研究科修了。九州大学にて博士（農学）の学位を取得。環境との調和に配慮した計画や設計のために、フィールドワークに基づく土と水、人と環境に焦点をあてながら共栄共存の地域づくりに興味を持っている。著著に『カシミール 3D と GPS・GIS を使ったオリジナルマップ作成講座』（2006 年、古今書院、共著）など。

**丸野勝敏（まるの　かつとし）**

1939 年、鹿児島県生まれ。鹿児島大学教育学部卒業。初島住彦先生・堀田満先生に師事。現在、環境省 5 次レッドリスト、鹿児島県調査主任。

**宮本旬子（みやもと　じゅんこ）**

1963 年、東京都生まれ。現在、鹿児島大学理工学域理学系教授。専門は植物系統学。千葉大学大学院自然科学研究科博士課程修了。博士(理学)。著書に『Flora of Japan IVb』(2016年、講談社)、『奄美群島の自然史学』（2016 年、東海大学出版部）など。いずれも分担執筆。

**盛口　満（もりぐち　みつる）**

1962 年、千葉県生まれ。現在、沖縄大学人文学部教授。専門は植物生態学、理科教育。千葉大学理学部生物学科卒業。自由の森学園中・高等学校教諭などを経て、2014 年より現職。著書に『生き物の描き方』（2012 年、東京大学出版会）、『自然を楽しむ　見る・描く・伝える』（2016 年、東京大学出版会）など。

**山本宗立（やまもと　そうた）**

1980 年、三重県生まれ。現在、鹿児島大学国際島嶼教育研究センター准教授。専門は民族植物学、熱帯農学。京都大学大学院農学研究科博士課程修了。2010 年より現職。著書に『ミクロネシア学ことはじめ　魅惑のピス島編』（共編著）（2017 年、南方新社）、「薩南諸島の唐辛子―文化的側面に着目して―」（2016 年『鹿児島の島々―文化と社会・産業・自然―』南方新社）など。

**山本雅史（やまもと　まさし）**

1964年、京都府生まれ。鹿児島大学農水産獣医学域農学系教授。博士(農学)。専門は果樹園芸学。京都府立大学農学部農学科卒業。農林水産省果樹試験場主任研究官、鹿児島大学農学部准教授を経て 2015 年より現職。主要著書は『新編原色果物図説』（1996 年、養賢堂、分担執筆）など。

# 奄美群島の野生植物と栽培植物


発　行　日　2018年3月20日　第1刷発行

編　　　者　鹿児島大学生物多様性研究会

発　行　者　向原祥隆

ブックデザイン　オーガニックデザイン

発　行　所　株式会社　南方新社

〒892-0873　鹿児島市下田町292-1
電　話　099-248-5455
振替口座　02070-3-27929
URL　http://www.nanpou.com/
e-mail　info@nanpou.com

印刷・製本　株式会社　朝日印刷

定価はカバーに表示しています　乱丁・落丁はお取り替えします
ISBN978-4-86124-374-5　C0045